本教材由河海大学教务处、河海大学公共管理学院提供出版资助。

环境社会学导引

陈阿江　主编
唐国建　耿言虎　王婧　副主编

中国社会科学出版社

图书在版编目（CIP）数据

环境社会学导引／陈阿江主编． -- 北京：中国社
会科学出版社，2024.12. -- ISBN 978-7-5227-4112-3

Ⅰ．X2

中国国家版本馆 CIP 数据核字第 2024QZ4084 号

出 版 人	赵剑英	
责任编辑	李　立	
责任校对	谢　静	
责任印制	李寡寡	

出　　版	中国社会科学出版社	
社　　址	北京鼓楼西大街甲 158 号	
邮　　编	100720	
网　　址	http://www.csspw.cn	
发 行 部	010-84083685	
门 市 部	010-84029450	
经　　销	新华书店及其他书店	

印　　刷	北京君升印刷有限公司	
装　　订	廊坊市广阳区广增装订厂	
版　　次	2024 年 12 月第 1 版	
印　　次	2024 年 12 月第 1 次印刷	

开　　本	710×1000　1/16	
印　　张	16.5	
字　　数	265 千字	
定　　价	89.00 元	

主编、副主编简介

陈阿江，江苏吴江人，社会学博士，现为河海大学二级教授、环境与社会研究中心主任，《环境社会学》（集刊）主编。兼任中国社会学会常务理事、环境社会学专业委员会学术委员会主任，国际社会学会环境与社会研究委员会理事。主要研究方向为环境社会学、农村发展等。主持国家社会科学基金项目三项，其他省部级课题多项。发表学术论文七十余篇。出版学术著作六部，主编一部，《次生焦虑——太湖流域水污染的社会解读》获江苏省第十二届哲学社会科学优秀成果奖一等奖。

唐国建，广西全州人，社会学博士，现为哈尔滨工程大学社会学系教授。主要研究方向为环境社会学、农村社会学。主持国家社会科学基金项目两项，在国内核心刊物上发表论文二十余篇，出版专著《"海洋渔村"的终结——海洋开发、资源再配置与渔村的变迁》《海洋渔业捕捞方式转变的社会学研究》。

耿言虎，安徽长丰人，社会学博士，现为安徽大学社会学系副教授。主要研究方向为环境社会学、农村社会学。主持国家社会科学基金项目两项，在国内核心刊物上发表论文二十余篇，出版专著《远去的森林——一个西南县域生态变迁的社会学阐释》。

王婧，江西井冈山人，社会学博士，现为贵州大学社会学系副教授。主要研究方向为环境社会学。主持国家社会科学基金项目一项、教育部人文社会科学研究项目一项，在国内核心刊物上发表论文十余篇，出版专著《牧区的抉择——内蒙古一个旗的案例研究》。

内容简介

本书以社会问题为视角，重点介绍了当前中外学者关于环境问题的社会影响、社会成因与社会应对的代表性理论。主要包括寂静的春天、受害结构论、受益圈·受苦圈、环境正义、公地悲剧、生产跑步机、环境问题的社会转型论、生态危机的历史文化论、生态现代化、生活环境主义、共域之治等重要理论。本书的一个显著特点是在重点阐释相关理论内容的同时，对理论形成的学术脉络、社会背景及人物生平展开细致分析，以帮助读者更好地理解和把握理论的来龙去脉。本书是一本独具特色的环境社会学教材，适合社会学及相关专业本科生、研究生以及关注环境保护、绿色发展的读者阅读使用。

前　言

　　环境社会学是一门年轻而又重要的社会学分支学科。说它年轻，从卡顿、邓拉普提出"环境社会学"倡议①之后到现在还不到半个世纪的时间，在中国有自觉的环境社会学学科意识时间更短。但它确实是一门重要的分支学科，因为环境是我们人类赖以生存和发展的基础，而工业化、城市化过程对环境的破坏直接影响了人类生存与发展，影响了社会的可持续性；在中国当下的"经济建设、政治建设、文化建设、社会建设、生态文明建设五位一体总体布局"中，环境社会学横跨了社会建设与生态文明建设两大领域。

　　正因为环境社会学横跨了环境与社会两大领域，所以环境社会学无法离开环境与社会两个最基本的要素。但关于具体如何理解环境社会学，在环境社会学学科的发展过程中存在着多种多样的定义。梳理环境社会学学科发展的历史可以发现，环境社会学的源起很大程度上可以归结为环境问题的爆发性增长，而学科的发展也很大程度上围绕着环境社会问题展开，因此本书以社会问题为主线编撰而成，具体以环境问题的社会影响、社会成因以及社会应对三大板块来建构环境社会学的理论体系。环境的破坏直接影响了人类生活的正常秩序，甚至威胁到了民众的生命安全，这正是环境社会学的逻辑起点。环境问题的社会成因可以从社会行动、社会体制机制以及历史文化方面加以探究。应对环境问题，在不同社会体制、社会文化背景下，呈现多样化的解决策略。

　　本书第一章，系统阐述了如何以社会问题为视角建构社会学体系。在比较分析中，选择了环境社会问题为主线建构环境社会学体系。第二

---

①　William R. Catton, Jr., Riley E., "Dunlap, Environmental Sociology: A New Paradigm", *The American Sociologist*, Vol. 13, No. 1, 1978, pp. 41-49.

章至第五章为环境问题的社会影响篇，分别选择了"寂静的春天""受害结构论""受益圈·受苦圈"和"环境正义"四个概念（理论）来展示环境问题所产生的典型社会影响。第六章至第九章为环境问题的社会成因篇，分别选择了"公地悲剧""生产跑步机""环境问题的社会转型论"和"生态危机的历史文化论"四个概念（理论）为读者呈现理论分析的脉络。第十章至第十一章为环境问题的社会应对篇，分别从"生态现代化""生活环境主义"和"共域之治"三个概念（理论）表达不同研究者的应对思路。

本书没有采用面面俱到、包罗万象的方式来展示已有的环境社会学研究成果，而是采用抓重点概念（理论）的方式试图呈现环境社会学的精髓。这样做，一方面可以避免与目前已经出版的教科书简单重复，另一方面也可以有重点地帮助读者准确把握相关的理论。

《社会思想名家》是大家熟知的社会学理论的优秀教材。本书的编写借鉴了《社会思想名家》的编法，在明确了概念（理论）的基本定义以后，编者特别重视概念（理论）产生的社会背景与学术脉络。读者对概念（理论）感到理解困难，有时并不是理论本身有多难，而是读者对理论产生的社会情境与学术脉络不了解。因此，增加社会背景信息与学术脉络知识，有助于读者又快又准地理解概念（理论）。此外，进一步阅读的文献清单可以帮助读者拓展到更广的知识领域里。

除了与其他的环境社会学教材结合起来阅读，如果读者有兴趣还可以与《环境社会学是什么——中外学者访谈录》结合起来，在比较轻松的阅读中拓展知识面。

目　录

社会影响篇

社会成因篇

社会应对篇

第一章　环境社会学体系之建构

一　环境社会学之建构逻辑

自从 1978 年卡顿和邓拉普提出环境社会学[①]这一分支学科的倡议之后，环境社会学逐渐被人接受。[②] 在日本，环境社会学已经成为会员最多的分支社会学之显学。中国也接受了美国、日本关于环境社会学的称谓，并在最近的十余年里有了快速的发展。其实，"环境社会学"这个称谓在逻辑上存有困境的，因为"环境"一词本身就暗含着"我"与"非我"二元对立的内在逻辑问题。"环境"之所指是不完整的，与之对应的还有没有明说的指向点——"我""我们"或"系统"。这个指向点与环境一起才构成一个完整的整体。把"我"与环境，或者社会与环境简单地二元分立，是西方文化的传统，却与当初把环境变量融合进社会的倡导相矛盾。然而，环境社会学作为社会学的分支学科，已被大家接受，习惯成自然，我在这里也遵循已经习惯的称谓。

---

①　William R. Catton, Jr., Riley E. Dunlap, "Environmental Sociology: A New Paradigm", *The American Sociologist*, Vol. 13, No. 1, 1978, pp. 41–49.

②　欧洲对环境议题的研究具有较多综合性，包容更多的学科和专业人员。阿瑟·摩尔的这段话可以说明："对美国社会学家而言，环境社会学应该与经典社会学研究相结合，这是至关重要的。而在欧洲，我们从不担心这一点。欧洲的环境社会学家同时也以其他多种学科为研究基础，并从中获得深刻见解。从这个意义上出发，欧洲并没有纯粹意义上的环境社会学研究团队或协会。例如，欧洲社会学协会中，研究环境问题的学者当中既有社会学家，也有政治学家、人类学家、历史学家、地理学家等等，他们来自不同的学科背景，都尝试理解和研究环境与社会的互动。"参见［荷兰］阿瑟·摩尔《生态现代化：可持续发展之路的探索》，载陈阿江主编《环境社会学是什么——中外学者访谈录》，中国社会科学出版社 2017 年版，第 44 页。

卡顿和邓拉普在定义环境社会学时，是从批判和反思经典的社会学开始的。他们认为经典社会学家忽视了环境这个变量，这样的研究是不完整的。[①] 因此，卡顿和邓拉普要把环境的变量纳入社会学中，建立一门新的分支学科，即环境社会学。沿着这一思路，他们认为环境社会学是研究环境与社会之间相互关系的一门分支学科。这一思路被广泛接受。例如，被日本环境社会学界尊称为"环境社会学之母"的饭岛伸子，也沿袭了这一传统，她说："环境社会学正是以研究这种非社会文化环境与人类群体的相互作用为宗旨的。"[②]

然而，如果我们再仔细地揣摩一下，这一说法实际上存在内在的逻辑矛盾。试想，如果认为社会学是研究社会的这一学科，而它的分支学科不再研究社会而是研究"环境与社会"的关系，就意味着有一只脚离开了社会学的核心领地，此其一。其二，如果我们真要研究环境与社会的关系，则进入哲学领域，除非我们可以把"环境与社会"操作化为具体的变量，但倡导者显然没有这样做。其三，无论是卡顿和邓拉普的新生态范式，还是饭岛伸子的研究，他们最终还是回归到了社会这个主阵地上，也就是说，研究重心并非环境与社会的关系。

那么，在环境社会学里，环境与社会的关系是怎样的呢？或者说，我们怎么去理解环境社会学中的环境变量呢？在环境社会学研究中，环境——比如，我们可以具体落实到环境污染这样一个议题——只是一个窗口，是我们看问题的一个通道，社会学研究者最终关注的还是借由窗口而呈现的社会议题。换言之，社会学研究者眼中的环境，是涉及环境的社会议题——依然还是在研究社会。[③] 比如，邓拉普的新生态范式，

---

① 但是后续的学者把马克思、韦伯等人的研究进行了系统梳理，发现早期的经典学者不仅没有忽略而且对环境议题进行了深入的研究。参见 John Bellamy Foster，"Marx's Theory of Metabolic Rift: Classical Foundations for Environmental Sociology"，*American Journal of Sociology*，Vol. 105，No. 2，1999，pp. 366–405；John Bellamy Foster，Hannah Holleman，"Weber and the Environment: Classical Foundations for a Postexemptionalist Sociology"，*American Journal of Sociology*，Vol. 117，No. 6，2012，pp. 1625–1673。

② ［日］饭岛伸子：《环境社会学》，包智明译，社会科学文献出版社 1999 年版，第 4 页。

③ 包智明一方面认同饭岛伸子的环境社会学定义，另一方面明确了环境社会学的研究对象是"与自然环境相关的社会现象"，回归社会了。"我对环境社会学的定义，从研究对象（与自然环境相关的社会现象）上区分了与其他社会学分支学科的不同，从视角 （转下页注）

主要是测试人的意识或行动，而饭岛伸子最为后学重视的理论是"受害结构论"，重心是研究社会层级内的社会关系，由环境污染而导入的社会研究。如果饭岛伸子研究水污染的自然环境、化学环境的话，她就走到自然科学领域去了。可能稍微特殊一些的是，环境社会学需要较多地了解作为背景的环境科学、技术知识。就中国目前的教育体系而言，由于是严格的分科教育，年轻的社会学专业人员从一开始就被分在了文科类内，所以对环境议题中的科学、技术问题可能会比较陌生。尽管环境议题的科学、技术机理需要研究者作为基本常识加以了解和应用，但环境社会学重心不在环境议题的科学、技术领域，而是在社会。总之，环境社会学中的"环境"与"社会"不是环境社会学研究中两个平行的变量，核心的研究变量还是"社会"，"环境"只是作为理解和分析"社会"这个核心变量的背景来进入环境社会学的。由此可知，称环境社会学是研究环境与社会之间相互关系的这一经典说法实际上是难以成立的。

崔凤、唐国建提出环境行为是环境社会学的研究对象，认为"环境社会学就是关于人们环境行为的社会意义及其社会学阐释"。为此，他们还试图对已有的环境社会学是研究环境与社会的以及环境问题的观点进行对话。[①]从韦伯等人认为社会学是研究社会行动的这一经典定义来看，环境社会学是研究环境行为（或环境行动）的这一定义无疑是恰当的。但如何具体去操作化这一定义，将环境社会学已有研究成果纳入这一体系中，还是有困难的。此外，崔凤、唐国建所编的《环境社会学》本身并没有严格地按照这个体系逻辑展开，或许也说明了"环境行为"概念框架对环境社会学知识体系包容的困难度。

另外一个观点认为环境社会学是研究环境问题的。洪大用认为："环境社会学是研究环境问题的社会学，它是在承认环境与社会相互影响、相互制约的前提下，着重探讨环境问题产生的社会原因及其社会影

（接上页注③）（结构/机制）上区分了与其他环境科学的不同。在环境社会学研究中，我们强调的社会学的问题意识和视角，在我看来，就是'结构/机制'的意识和视角。"参见包智明《环境社会学与西部民族地区生态环境问题研究——包智明教授访谈录》，《环境社会学》2022年第1期。

①参见崔凤、唐国建《环境社会学》，北京师范大学出版社2010年版，第17—22页。

响。"① 虽然在社会学学科的发展历史上，也有人认为社会学就是研究社会问题的，但就总体而言，把社会问题视为社会学的研究问题，显得包容性不够。同样，如果把环境问题作为环境社会学的研究对象，让人感觉失之偏颇。然而，从环境社会学教科书体系来看，以环境问题加以统辖，虽然无法包容所有的研究内容，但是重点明确，具有可操作性，而且可以有逻辑地展开。

无疑，所谓的学科体系是建构的结果。尽管如此，学科体系的建构仍然有其价值，特别是在以教科书的形式传授知识时，一个相对完善、清晰的体系有助于读者有效地、系统地掌握该知识体系。

我们尝试以社会问题为视角建构环境社会学的逻辑体系，呈现主要知识内容，有如下考虑。

首先，从环境议题的现实进展来看，环境社会问题的发生、认知以及解决的历程与环境社会学学科发展具有高度的一致性。环境社会学的起源、发展很大程度上被归结为环境问题的爆发性增加。纵观环境史，生态破坏、环境污染历来存在，但真正让它们成为社会问题的，即已经引发社会关系失调、影响社会成员正常生活、妨碍社会协调发展、引起社会大众普遍关注而需要采取社会的力量加以解决的问题，应该是"二战"以后，特别是20世纪六七十年代以后的一系列环境问题的爆发性增长所形构的。换言之，环境社会学诞生于环境演变为突出的社会问题之际。

其次，从学科内容来看，环境社会问题是环境社会学领域内最重要的议题。环境社会学的主要知识板块很大程度上可以环境问题为主线加以联结，即环境问题的社会影响、环境问题的社会成因以及环境问题的社会应对或社会治理。目前大部分的环境社会学理论或研究对象可以归入上述的三个板块里。环境问题的社会影响、社会成因及社会治理三大

---

① 洪大用：《中国环境社会学学科发展的重大议题》，载陈阿江主编《环境社会学是什么——中外学者访谈录》，中国社会科学出版社2017年版，第168页。在最新出版的教科书里，洪大用延续了这一观点，认为"环境社会学是以当代环境问题为主要研究对象……研究重点包括环境问题的社会原因、社会影响和社会应对三个主要方面"，但教科书框架本身并没有严格地按照环境问题的研究对象加以逻辑地展开。参见洪大用主编《环境社会学》，中国人民大学出版社2021年版，第10页。

板块既有内在的逻辑关联，又相对独立地呈现环境社会学学科发展的历史阶段。

　　社会问题视角的环境社会学体系建构虽然不能完全覆盖该领域，但它是最有可能体现环境社会学学科发展的历史，体现环境社会学的基本特色，也是与环境社会学进展的基本逻辑最贴近的。本章在简要说明环境问题的特征之后，以环境问题的社会影响、环境问题的社会成因及环境问题的社会应对为基本框架加以叙述，最后就环境问题的真实性与建构性进行简要的讨论。

二　环境问题的类型、呈现与问题化

　　环境问题由来已久。大象的南撤、黄土高原水土流失等环境问题的产生以千年计年。但现代意义上的环境问题，则主要是在工业化、城市化以后产生的问题。就当下关注的重点来看，这类环境问题包括生态系统失衡、资源短缺、环境污染以及全球气候变化等方面的问题。大约从人类开始从事农耕以后，水土流失等环境问题就局部地显露出来；但是传统农业强调可持续性，因此农业生产本身很大程度上是整合在生态系统内的。工业革命之后，由于人类对自然的改造能力极大地提高，相应地对生态的破坏力也大大增强。资源短缺首先是人口增长所致，而消费的增长则加剧了资源的消耗。化石能源的高强度开发，诸如家庭汽车的普及，使石油危机很快成为全球问题。与此同时，化石能源的大量使用，使二氧化碳等温室气体在大气中的浓度迅速提高，导致全球气候变化——有趣的是，全球气候变化与能源短缺是一个事情的两个不同方面的表达。环境污染是环境问题最触目惊心的表达形式，它直接危及人类的健康及生存质量。

　　环境问题具有自然特性与社会特性这样的双重属性。环境问题首先表达为物理的、化学的或生物学意义的特征，然而，当我们把环境问题作为社会问题来看待时，环境问题的社会属性则是我们关注的重点。就与其他社会问题相比较，环境问题既有一般社会问题的特点，也有其特殊之处。环境议题的社会属性与自然属性"纠缠"在一起，不易被人客观认识是其另外一个重要的特征。正因为如此，在早期的历史进程中，环境议题转化社会问题显得十分艰难。

环境议题并不一定会转化为社会问题，或者说它并不能轻易地转化为社会问题。比如碳排放议题，实际上从工业革命开始，西方开始大量使用煤炭，之后内燃机的发明及汽车的普及，又大量使用石油，大量的温室气体排放已经影响到气候。温室气体困境业已存在。但它最终能够转化为环境社会问题进入解决议程是经过了漫长的、复杂的进程。

这里先简要补充说明一下什么是社会问题。可以这么说，自人类社会产生以来，社会问题就已产生，或曰，社会问题是与社会共生的。但社会学意义上的社会问题是人类进入现代社会所特有的。在西方早期的工业化、城市化以及民主化运动中，产生了很多以前没有产生过的问题，这些问题往往无法通过个人或家庭的努力加以解决，而且通常会持续相当长的一段时间。逐渐地，社会问题也作为一个专门领域加以应对。社会问题的形成是一个复杂的过程。有学者把社会问题的形成过程划分为六个阶段，是一个从少数人感知到多数群体了解，从感受、认识与接受逐渐演变到呼吁和行动的过程。[1] 当由环境污染转变为社会问题，它既受制于科技，也受制于社会结构。[2]

以环境污染为例，从环境污染的产生到社会问题的形成是一个复杂的过程。首先，环境污染的产生是在环境中增加了有毒有害物质，或有毒有害物质的迁移与富集，形成特定地理空间范围内的物质形态或结构改变。其次，污染现象能否转化为环境社会问题，科学认知起着重要的基础性作用。20世纪50年代日本的水俣病问题就是一个典型案例。日本氮素株式会社生产过程中把汞排放到附近海域，在环境中演变为有机汞，通过食物链逐渐富集，最后进入人体产生致害作用。在科学家确定污染源与疾病之间的科学关系之前，当地渔民曾经怀疑当地的怪病与企业排污的关系，但因为缺乏健康损害与环境污染因果关系的确切证据，难以问题化。再次是恰当的技术呈现，把一般的科学原理通过技术手段转化民众可以看见或可理解的信息非常重要。科学家与普通民众的认知

---

① 参见朱力《社会问题》，社会科学文献出版社2018年版，第12—15页。
② 参见陈阿江《环境污染如何转化为社会问题》，《探索与争鸣》2019年第8期。

是有差异的，清晰的科学认知并不必然地为大众接受。我们以往的经验研究发现，有的水域水质检测发现水质很差，但却有媒体、民众视之为美景。① 最后，社会如何对环境污染作出反应，如何动员社会力量去解决这个问题。如碳排放与全球气候变化，科学家花费了数十年时间，在持续的争议中，被建构主义者定义为一个典型"社会建构"议题。② 后来各国展开艰苦的谈判，政府间试图达成一致，但因利益矛盾而难以协调立场。

总之，从环境问题产生到被认识、接受，到进入环境问题的解决议程，直至问题的最终解决，是一个复杂的社会过程。

三　环境问题的社会影响

环境问题之所以引起人们的关注，首要的其实不是物理环境或生物群落发生变化而引发人们的思考，而是由环境变化对人类社会或人们的日常生活产生的影响。经验事实呈现的逻辑是，自然环境变化以后，引发了人们赖以生活生产的环境改变，甚至威胁到人们的健康、安全，进而引起了大众的关注。环境社会学研究，正是循着民众的关切而展开的。因此，环境问题的社会影响，既是一个重要的话题，也是一个最先引起关注的研究领域。

对环境污染的担忧，尤其是化学物质大量使用对生物的影响，以及生态学学科的建立和发展，使得人类活动对生态系统的影响成为一个专门的议题。之后，在环境科学、环境工程、环境管理等领域发育出专门的影响评价，在社会学内发育出社会评价，或社会风险评估。但就方法论而言，我们可以把环境影响评价、社会影响评价或社会影响分析抽象为一般议题。换言之，虽然早期的环境社会影响研究是相对独立地进行的，但在当下，我们可以借助于影响分析这一方法论工具，将对环境问题社会影响的分析建立在一个相对成熟的方法论基础之上。

---

① 参见陈阿江《环境污染如何转化为社会问题》，《探索与争鸣》2019 年第 8 期。
② 参见［加］约翰·汉尼根《环境社会学（第二版）》，洪大用等译，中国人民大学出版社 2009 年版，第 30—31 页。

我们可以举例来说明其基本的理路。一个天然的池塘，平静如常，青蛙、鱼儿各安其所。突然池塘里扔进了一颗石子，池塘的平静即刻被打破。石子入水是来自池塘系统外部的干涉力量。我们不妨把这样因干涉而对池塘系统产生的影响分析称为影响分析或影响研究。影响分析可以简单地区分为两类：对自然生态系统影响的环境影响评价和对社会系统的社会影响分析。当然，许多的环境问题，既破坏自然生态系统，同时还会对人类社会产生重大的负面影响。环境社会学的诞生很大程度上是关注环境问题对人类社会的影响。

卡逊的《寂静的春天》虽然出版于环境社会学称谓正式提出之前，但对环境社会学的发展无疑具有里程碑意义——建立了对环境问题社会影响的基本认知，引发了以环境保护为主要目标的环境社会运动。"寂静的春天"描写的是一种大自然的状态：每到春天，百花盛开，嗡嗡的蜜蜂飞来飞去在花间采蜜；小鸟叽叽喳喳，在树丛上跳跃；鱼在河流中游荡……在滥用杀虫剂如 DDT（滴滴涕）以后，春天再也没有了飞来飞去的蜜蜂、跳跃的小鸟和游动的鱼儿，呈现了死一样的寂静。①

"寂静的春天"本身是一个隐喻，但我们可以将其再开发为一个环境社会学的理论概念。所谓"再开发"是想说，"寂静的春天"在卡逊那里并没有呈现理论化，但在后续的环境演变历史以及环境社会学的发展历史中，"寂静的春天"潜在地起着理论概念的作用，而在环境问题视角下我们可以尝试把它理论化为一个概念。对此，我们可以从以下几个层次展开理解。

"寂静的春天"首先给读者呈现了滥用农药对生态系统的影响，即大量动物死亡，生态系统失衡。但卡逊的意图绝不仅仅在于关注自然生态系统，而更关注与生态系统紧密关联的人。作为生态系统成员的人类，生态系统的突发性变化——鱼儿得病、母鸡孵不出小鸡、猪崽夭折，意味着人类的食物安全面临风险。滥用农药的结果，使一些人莫名其妙地得病，各种各样的怪病让人防不胜防，卡逊本人就罹患了乳腺癌。虽一时难以明晰环境污染与健康问题之间的科学关系，但种种迹象

---

① ［美］蕾切尔·卡逊《寂静的春天》，吕瑞兰、李长生译，上海译文出版社 2008 年版，第 101—149 页。

表明，环境污染正给人类社会带来巨大的健康风险。卡逊以她扎实的科学调查以及敏锐的直觉，敲响了 DDT 等农药及化学品对生态系统破坏和对社会影响的警钟。

《寂静的春天》的出版，唤醒了民众的环境意识，开启了环境保护运动。环境保护在美国朝野上下因此逐渐形成共识。1969 年，美国参众两院协商通过，并由总统签署了《国家环境政策法》（*The National Environ-mental Policy Act*），确定美国国家的政策与目标，成立环境质量委员会。《国家环境政策法》中的一个重要组成部分是"环境影响评价"制度的建立，后续加拿大、欧洲、日本纷纷仿效，① 中国环境影响评价制度的建立也与此关联。环境影响评价首先要评价人类活动对自然环境的影响，同时也评价对人类社会的影响。20 世纪 80 年代以后，在对发展项目的实践中，世界银行等机构总结和发展了项目中的社会影响分析或项目社会影响评价。环境影响评价与社会影响评价既有相对独立的领域，也有相互联系、相互重叠的部分，但就方法论层面而言则是一致的。

与卡逊的经历有些相似，饭岛伸子起初投身于环境污染所产生的公害研究。与卡逊不同的是，饭岛伸子所进行的环境健康研究，逐渐走向社会学自觉。她通过对足尾铜山的矿毒事件、东京的六价铬污染、福冈县三井三池煤矿煤尘爆炸与水俣汞污染等污染事件的调查，以及在《公害·灾害·职业病年表》制作的研究中逐渐梳理出"受害结构论"，系统地展示了环境污染影响的受害者所呈现的社会结构层次及受害程度。"受害结构论"展现了环境污染对人的负面影响及伤害涉及四个层次：（1）生命及健康；（2）生活状态；（3）人格；（4）社区环境及地域社会。② 污染物首先通过食物链对作为生物体的人的生命的直接造成伤害。与此同时，诸如水俣病这样的疾病对人的心理及精神健康产生影响，甚至出现了水俣病患者遭受社会歧视的情形。③ 此外，水俣病还会影响到整个家

---

① 参见赵绘宇、姜琴琴《美国环境影响评价制度 40 年纵览及评介》，《当代法学》2010 年第 1 期。

② Nobuko Iijima, "Social Structure of Pollution Victims", In J. Ui, eds., *Industry Pollution in Japan*, Tokyo: United Nations University Press, 1992, pp. 154-172.

③ 参见［日］鸟越皓之《环境社会学：站在生活者的角度思考》，宋金文译，中国环境科学出版社 2009 年版，第 48 页。

庭，如果家庭成员患病，就会影响家庭正常生活，若是主要劳动力患病，就有可能使整个家庭面临生计困境。如果一个村落出现大量水俣病患者，村落社区的正常运行就会受到影响，使村庄萧条甚至空壳化。饭岛伸子"受害结构论"不仅分析了环境污染对不同社会结构层面产生的影响，还分析了受害者的受害程度。[1] 事实上，饭岛伸子"受害结构论"还贯彻到后续的公害输出理论，尝试解释国际污染转移中的加害主体与被害主体关系，[2] 涉及环境资源上的"南北关系"，人种、民族差异及军事力量差距，以及精英集团与非精英集团之间的加害—被害关系。

如果说饭岛伸子"受害结构论"指向群体结构的受影响状态，那么舩桥晴俊等人提出的"受苦圈·受益圈"理论则呈现了受害群体的空间特征。舩桥晴俊等人在研究日本的新干线时发现，受新干线影响的人群呈现地域差异的特征：有的人群是新干线的受害者，有的则是受益者，而另有一些人则既是受害者同时也是受益者。这一分析框架拓展了对受环境影响群体的分布及受害—受益关系复杂性的认知。

或许受研究对象差异的影响，饭岛伸子对环境社会影响的研究侧重于结构；我们在研究环境污染时，自然而然地聚焦于功能，即环境污染问题在社会生活中所产生的负面功效。我们在对中国早期的环境污染经验研究进行总结归纳时发现，环境污染对社会的影响是一个系列，或者说是一个环境的社会影响链。我们在"人水不谐"这个理想类型中预设了水污染产生的社会影响。后来进行的"癌症村"及垃圾焚烧案例等研究，进一步丰富了我们早期的认识。可以归纳为：环境污染导致疾病增加，影响民众生计进而诱发贫困问题，有的还导致人口迁移问题，以及更多的次生社会影响，[3] 总之，环境污染产生了一系列的社会负面后果。

环境污染导致疾病，这是一个重大的社会影响，但由于环境—健康科学关系研究的困难性，在污染发生的早期很难得到确认。比如在中国曾经出现过的"癌症村"问题，曾引发了广泛的争议和冲突。首先，

[1] 参见［日］鸟越皓之《环境社会学——站在生活者的角度思考》，宋金文译，中国环境科学出版社2009年版，第99—100页。
[2] 飯島伸子：《地球環境問題時代における公害·環境問題と環境社会学：加害-被害構造 の視点から》，《環境社会学研究》2000年第6号，第5—22頁。
[3] 参见陈阿江《论人水和谐》，《河海大学学报》（哲学社会科学版）2008年第4期。

癌症的发病机理很复杂，环境污染作为风险因子之一，具体到个人、到某种疾病就有很大的不确定性。其次，作为科学，需要清晰的证据，而现实情形是等问题暴露出来时，证据差不多已经消失。科学家无法轻易地下结论，司法部门也很难有所作为。由此，环境污染不仅对生理的健康产生影响，还影响到相关人群的心理状态与社会团结。像"癌症村"这样的环境—健康议题，引发了许多次生社会问题。例如，"癌症村"的污名化，提高了村庄年轻人通婚的困难度，造成了村庄农产品销售的困难等问题。①

环境污染直接或间接地影响部分人群的生计。在南方水网地区，历史上形成一部分以天然捕捞为业的渔民。我们观察到，到 21 世纪初，苏南浙北一带的河流湖泊普遍被污染，以捕捞为生的"网船人"纷纷上岸。以天然水面养殖的渔户，也因为严重的水污染，导致倾家荡产。在污染严重的时候，甚至用水田开发的鱼塘也因水污染、无水可取而被迫放弃。水污染所致生计问题还引发了旷日持久的社会矛盾，2000 年还引发了"民间零点行动"的大型环境冲突事件。环境污染引致的间接的生计影响则更多，甚至会影响到房产的价格波动。

环境问题还诱发人口迁移，导致地区性的衰败。有的村民因饱受环境污染之苦痛而锁门外出打工——诚然，有生计需要而常年外出打工的是常态，我们也观察到确因环境侵害而离家的。此外，有的家庭考虑到孩子的健康问题，把孩子寄养到亲戚家读书以规避环境污染的风险。从更广的范围来看，有一群被称为"环境移民"的人，他们因为环境问题而自发地或由政府规划组织而迁移他处。

总之，环境社会影响往往是因环境问题对社会产生影响而引发社会学研究者关注。从环境社会学学科发展阶段来看，在早期阶段，研究者很自然地选择环境社会影响议题进行研究。

四　环境问题的社会成因

从长时段来看，不难发现环境议题有很强的阶段性特征；从结构层

---

① 参见陈阿江、程鹏立、罗亚娟等《"癌症村"调查》，中国社会科学出版社 2013 年版。

面来看，环境议题又有丰富的层次性。基于对环境社会学学科发展的系统梳理，我们可以借助社会学的一般理论从三个层次上去理解环境问题的社会成因。一是社会行动视角的环境问题成因，即通过分析相关主体的行动特点，尤其是不同主体之间的合作、竞争与冲突，尝试理解型构环境问题的社会行动基础。二是环境问题得以产生的体制与机制，即什么样的体制机制产生了诸如此类的环境问题。三是探讨深层次的历史文化是如何作用于环境的，如某些稳定的文化价值可能会世代沿袭，其背后的深层结构具有历史逻辑的一致性，在不同的历史条件下对不同类型的社会问题有着相似的影响。

环境意识的研究是探讨环境问题成因的一个重要视角。之所以从环境意识去探讨环境问题的成因，是基于这样一个常识性假设，即如果社会中相当数量的人缺乏生态知识、缺乏环境领域的相关知识[1]，如果民众缺乏环境保护的意识，环境问题就有可能产生。这是基于环境问题是因为人们的环境行为不当而造成的，而环境行为的发生动机则可以通过环境意识的测量研究而获知。然而，大量的调查表明，被调查的人虽然有比较高的环境意识，甚至能对环境保护说得头头是道，但并不表明在现实中他能付诸环保行动，即表现为环境意识与环境行为相分裂的状态。这里存在两种可能的情形。一是测量本身的问题，即"测非所测"——某些流于形式的问卷，使被调查者给出了调查者所期望的回答，或者被调查者知道社会倡导的价值，给出一个"适宜"的回答以顺应"主流"。二是实际存在的环境行为与环境意识的分离，"我觉得应该这样"，但在实际情形中，我往往"不是这样做的，而是那样做的"，这种情形不仅在环境领域存在，在其他领域也存在，某种程度上是一种较为普遍的情形。

统计意义上的环境意识、环境行为研究，遵循了量化研究所固有的方法论特点。但由于知与行之间关系的复杂性，若从社会结构中的关系视角去分析，则可能呈现另一类样态。我们在分析太湖流域的水污染问

---

[1] 如1976年美国南卡罗来纳州制定了"环境素养"指标体系，包括知识性环境素养、技能性环境素养、态度性环境素养三大部分34个指标（参见王民《环境意识及测评方法研究》，中国环境科学出版社1999年版，第116—118页）。后续发展为对环境意识、环境关心的测量。

题时，在环境议题的表达上，发现不同主体其态度、利益、价值有明显的差异，而这些主体的态度、利益、价值的差异恰恰是环境行为的基础。就水污染案例来看，大致分为三个主要的攸关群体，即污染者、被污染者以及关联的第三方，而每个主要攸关群体的内部又呈现差异化的特点。借用利益相关者（stakeholder）分析的方法对水污染事件中的各有关方进行分析，就各主体的态度、利益等进行分析，进而探讨环境问题的成因。① 如果超越利益相关者分析视角，还可发现环境污染或环境问题关联的各方，不仅有利益上的关联或冲突，还有意识形态、价值观念、宗教信仰等诸多方面的关联、竞争、冲突与合作。

第二个层次是超越个人行为，从社会制度、社会运行机制来理解环境问题的成因。体制机制分析历来受到社会学研究者重视，甚至有的学者认为社会学"是一门从结构/机制视角出发对于各种社会现象进行分析和解读的学问"②。当我们把环境问题置于特定时段、特定的体制机制背景时，环境问题产生的机理就具有更为宏观的理解。生产跑步机理论把环境问题置于资本主义体系，特别是美国这一典型的资本主义体系在 20 世纪七八十年代的运行背景下。施奈伯格把资本主义的运行形象地比喻为跑步机机制，帮助人们直观地体悟资本主义机制的运行特征。跑步机是一种常见的健身器材，健身者在跑步机启动之后，只能不停地运动；跑步加速之后，就不能慢下来——这样的设置保障了健身活动的持续进行。资本主义生产体系是无数生产者、消费者的集合，它的运行就类似于跑步机这样一个系统，一旦运转就不能停止，而且也不能慢下来。一旦停止或慢下来，不仅企业难以承受，依赖于税收的政府以及相关部门也都难以承受。③

在这样的跑步机机制中，若没有专为环境要素设置的保障机制，环

---

① 参见陈阿江《次生焦虑：太湖流域水污染的社会解读》，中国社会科学出版社 2009 年版，第 9—85 页。

② 赵鼎新：《什么是社会学》，生活·读书·新知三联书店 2021 年版，第 9 页。

③ 参见 Schnaiberg, A., "Social Syntheses of the Societal-Environmental Dialectic: The Role of Distributional Impacts", *Social Science Quarterly*, Vol. 56, No. 1, 1975, pp. 5-20; Schnaiberg, A., *The Environment: From Surplus to Scarcity*, New York: Oxford University Press, 1980; ［美］大卫·佩罗《生产跑步机：环境问题的政治经济学解释》，载陈阿江主编《环境社会学是什么——中外学者访谈录》，中国社会科学出版社 2017 年版，第 19—30 页。

境就有可能被跑步机机制"碾压"。在不断地加速生产的过程中，就需要增加原材料供应，刺激森林砍伐、矿藏开采，加剧生态系统破坏和环境污染；生产过程本身又产生大量废弃物，影响环境。生产与消费是两位一体的，要维持生产就必须不断地消费，而消费过程同样产生大量的环境问题。典型的如汽车，不仅在生产阶段会产生大量的环境问题，而且在汽车的使用中消耗石油、占用空间，产生大量的环境问题。然而在这样一个体系中，只有不断地生产、不断地消费，企业才得以运转，政府的财政才有依靠，社会生活才能正常进行。跑步机理论从经济运行切入来理解环境问题产生的社会机制，有其独特的魅力，但总的基调是悲观的。事实上，资本主义体系也存在调节机制，就如跑步机是人为设置的一样，这样的生产体系虽然庞大而个人又很无奈，但也还是可以通过立法来改变人的行为、调节企业行为，后续从欧洲发展起来的生态现代化理论就是一种改变的尝试。

中国市场化改革使中国经济快速增长，与此同时环境问题也日益突出，从 20 世纪 90 年代开始环境问题日趋严重，到 2005 年前后成为中国当代环境问题的"谷点"。张玉林以"政经一体化"解释从 20 世纪 90 年代至 2005 年前后一个时段环境问题日益严峻背后的社会体制的运行逻辑。他认为，环境问题的恶化往往被归咎为"认识问题"，但就他所关注的区域而言并非如此，地方政府实际上具有环保的战略性目标和举措。在"压力型体制"中，基层政府面临经济增长的巨大压力，"以经济建设为中心"，现实中主要考量经济总量和增长速度。加之，在农业剩余提取的重要性下降甚至消失的情况下，维持政府的财力主要依赖于工商企业税收，加剧了对工商业发展的压力。在现实的压力之下，抽象的"发展是硬道理"转变成了具体而可操作的"增长是硬道理"。张玉林总结道，基层政府在某种程度上"演变为一种'企业型的政府'或者说'准企业'，也就是说与提供'公共产品'相比，它更加关注经济的增长、扩张和由此滋生的'利润'……在'增长'与'污染'的关系上，基层政府往往更加关注增长，而不是污染及其社会后果"①。他进而解释，

---

① 张玉林：《政经一体化开发机制与中国农村的环境冲突》，《探索与争鸣》2006 年第 5 期。

在向市场经济过渡了多年以后，部分地方的政企关系甚至超过了原来"政企合一""政企不分"的计划经济时期，某些地方的政府与企业、企业家结成牢固的"政商同盟"，形成"政经一体化"开发机制。它成为中国当时经济增长的主要动力机制，在实践中，企业的排污和侵害行为得不到有效制止，环境保护基本国策常常被异化为"污染保护"。[①]

与张玉林关注中国某个特定地区、特定时段的环境问题形成机制不同，洪大用从宏观的角度关注中国环境问题形成的一般机制。他借助社会转型这一理论视角尝试理解环境问题的成因。一般认为，中国社会转型是指从传统社会到现代社会的转变以及从计划经济向市场经济的转变，这一重大的、剧烈的社会转变必然会带来社会问题。洪大用从当代社会结构转型去探讨环境问题的产生机理，讨论了工业化与环境问题、城市化与环境问题、区域分化与环境问题；从当代社会体制转轨讨论了市场经济失灵、改革放权以及城乡二元体制对环境的影响；此外，他还探讨了社会转型期的价值观念变化，即道德滑坡、消费主义、行为短期化、流动变化等与环境问题形成之间的关系。[②]

有些看似现代的问题，可能只是历史问题在新的时代的新表现，或者虽然是全新的问题却可以找到发生社会问题的历史"基因"。因此，历史文化是环境问题成因的第三个理论解释层次。事实上，现实议题与历史关联的社会学研究，我们并不陌生，其中最为经典的莫过于涂尔干的宗教与自杀、韦伯的新教伦理与资本主义精神关系的研究，而怀特关于犹太—基督教是美国生态危机历史根源的论述，从方法论上看具有一致性。

怀特从基督教与科学技术的关系入手，认为环境问题不可能脱离现代科学技术，而现代科学技术"对自然的鲜明态度深深根植于基督教教义"[③]。怀特认为："目前人类对全球环境日益严重的破坏，是技术和科学互动的产物。……如果不能认识到根植于基督教教义的种种看待自然

---

① 张玉林：《政经一体化开发机制与中国农村的环境冲突》，《探索与争鸣》2006 年第 5 期。

② 参见洪大用《社会变迁与环境问题——当代中国环境问题的社会学阐释》，首都师范大学出版社 2001 年版，第 265—272 页。

③ ［美］迈克尔·贝尔：《环境社会学的邀请》（第 3 版），昌敦虎译，北京大学出版社 2010 年版，第 179 页。

的态度，我们就无法从历史的角度明白技术和科学究竟为何兴盛。……我们当下的科学和技术实在是沾染了太多传统基督教对待自然的傲慢态度，以至于我们无法期待仅凭科学技术我们就能解决生态危机。"①

怀特的解释有趣而独特，但似乎只能解释具有犹太—基督教传统文化地域。陈阿江在做太湖流域水污染研究时，一直在思考，像中国这样一个没有犹太—基督教传统的国家，它的环境问题有没有社会历史根源？如果有，它的历史根源又是什么呢？他从中国长时段的历史进程分析中发现，重视人口增殖进而上升到日常伦理是中国农耕社会的基本传统，而庞大的人口基数是中国进入现代社会环境问题的潜在根源。进入近代以来，中国的落后、挨打，选择追赶现代化的激进路线，在追赶型发展道路上屡欲"跃进"，但由于中国人口多、地域差异很大，中国的文化历史传统深厚，并不像一些小的民族国家可以快速地实现转型，因追赶而呈现普遍的社会性焦虑。② 后续的研究发现，这样一种社会性的焦虑，同样存在于晚近的环境治理实践中。

五　环境问题的社会应对

无论是对环境问题形成的机理或社会机制进行分析，抑或直接地去干预，最终的目标实际上都指向环境问题的解决。环境问题不是个人的、个别企业或机构的事，而是现代化进展到某个阶段后形成的一个整体性的、普遍性的问题。因此，应对环境社会问题也必然会牵涉政府、市场与民间社会的总体性力量的调动，以及整个社会体制、机制的调整。

由于社会学专业自身特点，环境社会学的研究领域就有其核心旨趣。与工程技术专业以及法学、管理类专业不同，社会学通常并不直接提供解决问题的操作性方案，③ 而是针对已有环境治理进行反思或批

① Lyn White, "The Historical Roots of Our Ecologic Crisis", *Science*, Vol. 155, No. 3767, pp. 1203–1207.

② 陈阿江：《次生焦虑——太湖流域水污染的社会解读》，中国社会科学出版社 2009 年版，第 1—17 页。

③ 如果把社会工作广义地视为社会学的组成部分，那么可以认为社会学也是解决实际问题的。

判，借此为政策制定或实务操作提供借鉴或建设性的理论架构。在环境问题没有得到重视的时候，环境社会学的研究可能有助于推动问题的解决；在环境议题得到足够重视的阶段，环境社会学则有可能提供另一种批判或反思，即对治理进程中产生问题的研究。

环境运动可以视为社会运动的一个组成部分。环境运动既可能以和平的方式进行，也可能以激烈的对抗的方式出现；既可以是纯草根的运动，也可以是上下结合的多主体的联合活动。通过环境运动，使某个环境议题广为人知，而发达的现代媒体介入，则加剧了信息的传播。与一般意义上的宣传不同，经由环境运动的认知——无论是温和的还是激烈冲突的方式——具有更强的参与性和体验性，更易让民众理解环境议题。由此，环境运动向上可以改变政府的政策，向下可以影响大众的环境意识和行为方式。

作为解决环境问题的重要机制和策略，环境运动在东亚的韩国表现得淋漓尽致。韩国的环境社会学研究是与环境运动紧密结合在一起的。在我们所接触到的韩国的主要环境社会学家中，他们几乎都在从事环境运动，他们的研究也主要聚焦于环境运动。韩国的环境运动与民主运动是同步进行的，这可能与韩国在 20 世纪后半叶特定的历史发展阶段及国际国内的政治格局有关。为了推动新制度建设，韩国民众进行了大量的抗争活动，有的时候，环境运动本身就是重要的政治运动。[①] 李时载等人还创建了韩国环境运动联盟等环保组织，后期做了大量的倡导工作。具度完把韩国环境运动划分为两类，即反污染运动和新环境运动。韩国的环境运动起源于受害者运动和反污染运动，它聚焦于污染受害者，同时具有民主化运动的特点。新环境运动是在 20 世纪 80 年代末期逐渐产生的，主要以生态合作运动与社区建设运动等生态替代运动形式呈现起来。[②]

如果说"北方"更多地关注工业化产生的环境污染问题，而"南

---

① 参见［韩］李时载《韩国环境社会学的起源与发展》，载陈阿江主编《环境社会学是什么——中外学者访谈录》，中国社会科学出版社 2017 年版，第 154 页。

② 参见［韩］具度完《韩国环境运动的环境社会学研究》，载陈阿江主编《环境社会学是什么——中外学者访谈录》，中国社会科学出版社 2017 年版，第 146—147 页。

方"的生态恶化则与"北方"的环境问题有很大的差异。古哈（Ram-achandra Guha）和马丁内兹·阿里尔（Joan Martinez-Alier）提出的"穷人环境主义"（Environmentalism of the Poor），揭示穷人为生存进行的挣扎实际上隐含了生态意识，南方国家下层民众为捍卫生存利益的而抗争是另一类环境主义。[①] 它与发达国家占主导的"富人环境主义"形成鲜明对照，"穷人环境主义"是为了生存，而"富人环境主义"则是关心生活质量或保存自然。

生活环境主义是日本社会学学者在参与琵琶湖水环境问题研究及其治理过程中形成的理论。琵琶湖是日本最大的淡水湖泊，但随着工业化、城市化，以及农业耕作方式与农村生活方式的改变，湖泊的污染日益严重。1982年几位社会学家受滋贺县委托开始调查。对如何看待琵琶湖的开发和环境保护，有两种主要观点。一种是"自然环境主义"，认为"不经过任何人为改变的自然环境是最理想的自然环境"，另一种是"近代技术主义"，认为"近代技术的发展有利于人们修复遭到破坏的环境"。如果按照"自然环境主义"的思路，就可能尽量让人们远离森林、湖泊、河川等自然环境，类似美国国家森林公园之类的构想，但从琵琶湖周边的情况来看，显然是不切合实际的。如果按照"近代技术主义"的思路，就需要在琵琶湖的岸边建废水处理厂，修建许多工程，不断地改造自然，加速对自然的影响。通过实地调查，研究者从当地人处理问题的思维方式中获得启示，通过挖掘并激活当地人的智慧去解决环境问题，形成"生活环境主义"。鸟越皓之认为生活环境主义除了吸取了日本社会学擅长分析民众"生活"的优势，还受到了中国、韩国及日本传统的思想与方法论的影响。[②]

日本学者舩桥晴俊提出了环境控制系统对经济系统干预与环保集群的理论。他花费了20多年时间来建构环境控制体系。他觉得他的理论是一个基础理论。客观来说，比之生态现代化理论，他的理论具有更加明

---

① 参见 Martinez-Alier J. , *The Environmentalism of the Poor: A Study of Ecological Conflicts and Valuation*, Edward Elgar Publishing, 2002。

② 参见［日］鸟越皓之《日本的环境社会学与生活环境主义》，闫美芳译，《学海》2011年第3期。

确的指向性和可操作性。他假设了人类社会与自然和谐的初始（前工业社会）和未来的两个理想类型。在初始的人类社会与自然和谐的类型里，由于个人的经济利益与环境利益是一致的，生态系统内的物质实现循环；而在最终的阶段，因为环境关切作为首要的管理任务，环境控制系统整合到经济系统中，可以实现循环。舰桥晴俊以其独特的风格，图文并茂地设定这一演变的四个主要阶段，即，对经济系统缺乏制约、对经济系统设定约束、环境保护内化为次级管理任务以及环境保护内化为核心管理任务。作为一种规范理论，他还提出了提升干预的七种途径。①

　　沿着西方的现代化发展路径，欧洲的学者提出了解决环境问题的生态现代化的方案。生态现代化的理论最初是由德国的马丁·耶内克（Martin Jänicke）和约瑟夫·胡伯（Joseph Huber）等学者提出来的。当时在德国和欧洲其他国家，环境运动主要来自左翼团体，对当时的体制进行批判，把环境问题的原因归结于经济结构及国家对经济体制的依赖。马丁·耶内克和约瑟夫·胡伯认为消极的结构性分析无助于解决问题，与此同时他们发现水污染状况改善、空气污染问题得到重视以及固体废弃物也得到循环利用等现象。② 与跑步机理论或生态马克思主义的批判倾向不同，生态现代化理论尝试寻找资本主义或现代社会的出路。批判是纯粹的，而出路则是中庸的甚至是庸俗的，就是说，生态现代化试图对现有的现代化模式加以改造以合乎生态的现代化社会。③ 资本主义生产与消费的本质与生态是相互抵牾的，因此其间的矛盾是内生性的，很难协调。然而，就现实而言，把生态维度纳入现代化的发展路径，不失为一条优选的道路。因此，在阿瑟·摩尔看来，"生态现代化理论强调的是……在环境或自然资源不恶化的情况下可以获得资本增长，或资本发展的经济增长"④。简而言之，生态现代化可以破解资本

---

　　① 参见 ［日］ 舰桥晴俊《环境控制系统对经济系统的干预与环保集群》，程鹏立译，《学海》2010 年第 2 期。

　　② 参见 ［荷兰］ 阿瑟·摩尔《生态现代化：可持续发展之路的探索》，载陈阿江主编《环境社会学是什么——中外学者访谈录》，中国社会科学出版社 2017 年版，第 45 页。

　　③ 参见 Arthur P. J. Mol and David A. Sonnenfeld, *Ecological Modernisation Around the World: Perspectives and Critical Debates*, London and Portland, Frank Cass & Co. Ltd. , 2000, pp. 6-7。

　　④ ［荷兰］ 阿瑟·摩尔：《生态现代化：可持续发展之路的探索》，载陈阿江主编《环境社会学是什么——中外学者访谈录》，中国社会科学出版社 2017 年版，第 49 页。

主义发展与资源、环境之间的矛盾。

从经典马克思主义传统来看，资本主义内部固有的矛盾是很难破解的。或许，在此意义上，中国并没有采纳生态现代化作为国家发展的框架，而是采用了"生态文明"这样一个具有超越性的话语来引领中国未来的发展。从当前阶段的生态环境保护或治理策略来看，中西方的做法具有很大程度的相似性，但从远景来看，中国在生态环境方面似有更高的期待。

根据对知网文献的检索，"生态文明"一词最早出现在1982年的一篇译文《论人类生存的环境——兼论进步的辩证法》[①]。通过对早期中文文献的梳理，笔者发现中文的"生态文明"一词，源自两个视角。一是与工业文明比对而言的生态文明，意指比工业文明还要高一阶段的新的文明阶段，这一用法来自国外。[②] 这一说法，其实有其矛盾性。早期的工业阶段确实缺乏生态的维度，但工业化的后期阶段，或者从我们现在的认知来看，无论进展到什么阶段都无法离开农业和工业，所以所谓的生态文明阶段就总体而言还是在工业文明阶段内，只是比之早期的工业文明阶段有所不同，它在重视农业、工业的基础上，重视生态的维度，而不能视为只有生态的维度而没有现代产业发展的维度。生态文明的另外一个用法是与"物质文明""精神文明"相平行的"生态文明"，这是根据当时中国的现状而提出的一个本土概念。如1988年刘思华提出了"物质文明、精神文明、生态文明"的三分法，认为"社会主义的现代文明，是社会主义的物质文明、精神文明、生态文明的高度统一"[③]。

另有学者用与生态文明相近的词语来表达生态维度背后的社会文化意蕴。20世纪70年代，余谋昌从对环境问题的思考出发提出了生态文化的概念。他认为生态危机实质上是一种文化危机，是文化问题，因此需要有一种新的文化——生态文化来代替。[④] 余谋昌从人类

---

① ［德］Ⅰ.费切尔：《论人类生存的环境——兼论进步的辩证法》，孟庆时译，《哲学译丛》1982年第5期。

② 另一个用法，参见宋俊岭《城市发展周期规律与文明更新换代——美国著名城市理论家路易斯·曼弗德的理论贡献和学术地位》，《北京社会科学》1988年第2期。

③ 刘思华：《社会主义初级阶段生态经济的根本特征与基本矛盾》，《广西社会科学》1988年第4期。

④ 参见余谋昌《生态文明：人类社会的全面转型》，中国林业出版社2020年版，前言第7页。

的发展演变历史去理解生态文明。他说，人类已经经历了两次大的文化革命——1 万年前产生的农业文明，300 年前由工业文明替代了农业文明，而到 21 世纪将发生第三次革命，将由生态文明替代工业文明。① 因此，余谋昌的生态文化或生态文明论，本质上是文明阶段论，是一个宏大概念。

2007 年，党的十七大报告首次把建设生态文明作为实现全面建设小康社会奋斗目标的新要求提出来：

> 建设生态文明，基本形成节约能源资源和保护生态环境的产业结构、增长方式、消费模式。循环经济形成较大规模，可再生能源比重显著上升。主要污染物排放得到有效控制，生态环境质量明显改善。生态文明观念在全社会牢固树立。

从这段文字的表述来看，国家层面上的生态文明既包含具有可操作性的生态环境保护举措，也有抽象意义上的生态文明观念，但以前者为重。总体而言，这不同于前述的学界基于文明阶段论的生态文明含义。

2012 年，党的十八大报告提出"全面落实经济建设、政治建设、文化建设、社会建设、生态文明建设五位一体总体布局"，首次把生态与经济、政治、文化、社会其他四个维度并提。在第八部分"大力推进生态文明建设"中，重点列举了四个方面：（一）优化国土空间开发格局；（二）全面促进资源节约；（三）加大自然生态系统和环境保护力度；（四）加强生态文明制度建设。显然，党的十八大报告所要推进的生态文明建设，在强调合理利用资源、保护环境的同时，也强调生态环境相关的制度建设。

2015 年发布的《中共中央 国务院关于加快推进生态文明建设的意见》（以下简称《意见》），对生态文明建设进行了系统的表述，细化了推进生态文明建设的具体要求。《意见》提出的基本原则是：坚持把

---

① 参见余谋昌《生态文明：人类社会的全面转型》，中国林业出版社 2020 年版，前言第 9 页。

节约优先、保护优先、自然恢复为主作为基本方针；坚持把绿色发展、循环发展、低碳发展作为基本途径；坚持把深化改革和创新驱动作为基本动力；坚持把培育生态文化作为重要支撑。可以发现，《意见》提出的主要目标是具体的、可操作的，以解决当时存在的生态环境问题为主要导向。

相比较已有的环境问题应对策略，当前中国政府倡导的生态文明建设，既着眼于解决当下的环境问题，注重制度建设，更有长远的基于中国国情的战略考量。

就像发展在过程中遭遇了非预期后果，在环境治理的实践中也衍生了新的问题。面对当下环境治理中"用力"过度或"用力"不当的问题，陈阿江尝试重新理解传统社会的治水之道。就重视地方性与民间智慧的方法论旨趣味而言，他的研究与鸟越皓之等人提出的生活环境主义有相似之处，但不同的是，他不是借传统而直接地用于解决当下的问题，而是系统地构建了传统的共域①（commons）治理框架，即建构了有治（共治）、兼治与无治三个理想类型。从"公地悲剧"议题提出开始，学人们一直在探寻有效的治理，至奥斯特罗曼研究发现多方合作治理成为公共事务治理的有效治理之道。借助于中国传统的农业生产实践以及道家思想资源，陈阿江发现在有治（共治）之外还有两个通常被忽视的治理类型：一种是不太费力的"兼治"，即借助必要的生产活动，兼顾解决环境问题，形成以环境治理为主兼顾生产或者以生产为主兼顾环境治理的产治融合模式；另一种是"无治"模式，源于传统水域"准无限"的资源特性，达成人与自然、人与人之间的平衡，使无须刻意用力而可自动达成秩序的无治策略成为可能。

六 环境问题的真实性与建构性

如前所述，我们从社会学学科发展的历程及演化逻辑来看，尝试以环境问题的社会影响、社会成因及社会治理来呈现环境社会学的知识体

---

① 参见陈阿江《共域之治：传统水域的治理研究》，《环境社会学》2023年第1期。考虑学界原有的译法，英文同为commons，在不同的语境下用共域或公地，请读者注意。

系。所论及的环境问题在很大程度上是基于"真实"问题这样一个基本立场上展开的。

从社会问题的发展历程来看，研究者对社会问题的认识是不断发展的。Rubington 和 Weinberg 提供了认识社会问题的社会病理学等七种理论视角。① 如果以客观—主观来划分社会问题，那么有的视角持真实主义的或接近真实主义，而另外的观点则把主观变量作为重要的因素加以考量。社会建构主义一改社会问题为"真实"问题的思路，成为晚近社会问题的重要分析视角，在环境社会学中也有重要的影响，如汉尼根 1995 年出版的第一版环境社会学教材，就是以"社会建构主义者视角"为副标题的。

秉承建构主义的理论传统，建构主义视角的环境问题更重视其过程，主张本身、主张的提出者以及主张的提出过程成为建构主义的分析工具。就环境问题而言，汉尼根认为环境主张的集成、环境主张的表达、竞争环境主张成为环境问题建构的关键任务与过程。② 汉尼根在接受我们的访谈时，谈到了他的教科书采用建构主义的原因："我有意选择建构主义……是因为我认为现实的钟摆已经过度偏向'客观主义'或'现实主义'的方法。"③ 换言之，当研究者理所当然地认为这些环境问题是"客观的""真实的"，那么研究者已有可能偏离了研究对象。然而，当我们仔细研读建构论或环境问题的建构论时，我们发现建构论在刻意回避着什么。建构论者对他们自己所要提出的理论主张实际上是含混不清的、晦涩的，如果不是过于深奥就是因为未能阐释清楚。读过建构论的人大多还想知道，就其选定的议题而言，如果具有主观的成分，那么多大程度上是主观的，多大程度上是客观的？又如，建构论者似乎刻意回避某些虚假的成分，把明显的作假也泛泛地称为"建构"。不确定性是现代社会的重要特征，建构论生存于不确定社会的学术旅程

---

① 参见 Earl Rubington and Martin S. Weinberg, *The Study of Social Problems：Seven Perspectives*（6th ed.），NY：Oxford University Press，2003。

② 参见［加］约翰·汉尼根《环境社会学（第二版）》，洪大用等译，中国人民大学出版社 2009 年版，第 68—81 页。

③ 参见［加］约翰·汉尼根：《社会建构主义与环境》，载陈阿江主编《环境社会学是什么——中外学者访谈录》，中国社会科学出版社 2017 年版，第 140 页。

里，但如果无法真实地、确定地面对现实，也会降低其理论生命力。

前述的关于环境问题的讨论，很大程度上把环境问题视为真实的、客观存在的问题。然而，如果借用建构主义视角重新审视我们所遇到的环境问题或环境议题，问题就不是那么简单了。确实，早期关注的环境问题，大多数是人们可以看得见，或者环境影响是可以被感受到，或可以被技术测得出的"真实"问题，环境问题的科学事实与社会事实具有高度的一致性。然而，随着对环境议题理解的深入、对环境治理需求的急迫，我们通常认定的环境问题正在呈现它的多面性，环境议题的社会事实与科学事实分离，或者科学事实缺席正成为一个较为常见的现象。

在"癌症村"研究中，我们切实体会到了环境问题的新特点。一个村庄，被本村人或外人声称为"癌症村"（癌症高发村），但往往找不到科学证据。这里存在多种可能性：癌症高发确实与环境有关联，而且有证据；癌症高发与环境有关联，但在当时当地的条件下找不到证据；在科学上，当地的环境与癌症高发没有关联，但是，当地人或外村人声称污染导致了癌症高发，于是某村成为著名的"癌症村"——在第三种情境之下，虽然环境污染与癌症高发不再是科学事实，但是，声称为"癌症村"并被广泛传播以及被认同为"癌症村"，这本身已成为社会事实。它已不是通常意义上由环境污染而造成的直接的社会影响，而是由环境议题引发的社会问题——如果我们还要称它为社会问题——但与我们常规思维中的环境问题已大相径庭。

在垃圾分类研究中遇见了另一类相似的建构性环境问题。它是被建构的，但已不是西方建构主义者所通常关注的那种类型。由于城市人口集中、城市周边用地紧张，城市垃圾造成资源浪费、"垃圾围城"等问题。地方政府基于某种认知，强推垃圾分类，但由于湿垃圾（厨余垃圾）没有找到技术经济合理的工艺，分离出来的湿垃圾没有实际意义，而这样的垃圾分类本身构成了新的社会问题。在水环境治理、生态治理等领域也遇到了类似的议题，环境事项被建构为环境问题，或建构了环境问题的严重性，却找不到其解决环境问题的方式方法，形成了一类新的"环境问题"。诸如此类的新建构的环境问题，正成为当下中国理解环境问题的新挑战。

社会影响篇

第二章　寂静的春天

一　什么是"寂静的春天"

　　大自然的春天是生机盎然的，而"寂静的春天"（The Silent Spring）展现的则是一个相反的世界。果树林中百花盛开，却没有飞来飞去的蜜蜂授粉采蜜。山间、田野和树林中听不见各种鸟儿的合唱与虫儿的鸣声，本应蜂拥而至的候鸟也不见其踪影。从山中流出的小溪不再洁净，没有鱼在溪水中游荡，而饮用这种溪水的动物都会得各种莫名的疾病。母鸡孵不出了小鸡，猪崽夭折。空气中弥漫着刺鼻的味道，一种白色的粉粒像雪花一样飘落在屋顶、草坪、田地、池塘和小河上。孩子们不再在旷野中嬉闹玩耍，人们莫名其妙地患上了各种奇怪的疾病。这个被生命抛弃了的春天，被美国环境运动的先驱蕾切尔·卡逊称为"寂静的春天"。在《寂静的春天》一书中，她用大量的科学事实证实了正是人类的某些行为导致了这种状况。

　　在学术上，作为一个隐喻词，"寂静的春天"的含义有本义与引申义之分。按卡逊的本义，"寂静的春天"是指大量的鸟类、昆虫等生物因人类滥用杀虫剂等有毒化学物质而被毒杀，进而导致本该喧嚣的春天变得死寂的一种现象。在这个意义上，"寂静的春天"展现的是人类在大自然中滥用DDT等有毒化学药剂所导致的生物性影响。引申地理解，"寂静的春天"是指人类对自然的肆意破坏而导致包括人类在内的整体生态系统失衡的一种现象。在这个意义上，"寂静的春天"展现的是人类在自然界肆意施放有毒化学物质、排放重金属等污染物后，这些物质通过食物网、生态链等系统逐步从生物界侵入人类社会的后果。

　　人类在自然界滥用化学物质的生物性影响是渐进式的。最初，人们使用DDT等混合杀虫剂的目的是消灭害虫（pest）保护农作物。在人类农业发展史上，蚜虫、白蚁、蝗虫等昆虫，内稗草、鸭舌草、水苋菜等野草，以及老鼠、野兔等啮齿动物在现代日常用语中都被称为对农作物有害的生物。20世纪40年代以来，蓬勃发展的现代化学工业至少创造出来200多种化学物品来"消灭"这些有害生物，1942年正式投入市场的工业合成杀虫剂DDT就是这些化学物品的典型代表。DDT不仅能毒杀"害虫"而且还能防止鼠疫、黄热病、疟疾等瘟疫，因而被英国首相丘吉尔称为"神药"。正是这些化学物品所产生的巨大效益，使得其"二战"之后被世界各国大量地生产且广泛地应用。其次，因为杀虫剂无法自主做出只毒杀"害虫"的选择，所以大规模喷洒杀虫剂的结果实际上是自然界中所有接触到的生物都被无差别地毒杀。砷、氯化烃、对硫磷等是让各种杀虫剂和除草剂产生巨大生物效能的核心化学物质，也是所有这类化学药物中最具毒性的基本成分。当这类化学药物以喷雾剂、粉剂、气雾剂等形式普遍用于农场、园地、森林和住宅所时，这些有毒物质就对每一种"好的"或"坏的"生物发挥出了巨大的药力，要么直接毒杀，要么就是破坏生物内在的生理机制。进而，在食物网的作用下，这些有毒物质进入以花草、昆虫等为食的鸟类、鱼类或爬行类动物身体中，弱小的生物直接死去，强大的生物则变得虚弱。最后，砷、氯化烃等有毒化学物质的可积聚性在生态链的运行规律作用下聚集于生物体内、渗透进根系土壤、溶解在山川水系，其毒性影响到了包括人在内的整个自然生态系统，于是就出现了由静谧的森林、死亡的河流、空寂的旷野所构成的"寂静的春天"。

　　作为自然生态系统中的一员，人及其社会最终不可避免地会尝到自然环境变化的恶果。首先，对个体来说，由于大规模地喷洒杀虫剂和除草剂，人们在日常生活中直接接触到这些有毒物质的概率提升，呕吐、恶心、头晕等急性中毒事件在那些抵抗力相对弱的小孩和老人身上经常出现。其次，这类化学药物的有毒成分藏在各类食物中出现在人们的餐桌上，所有进入人体内的砷、有机磷酸酯等物质都会积聚于血液、肝肾等器官中，进而破坏人体的生物机能，让人们患上各种疾病，甚至是通过毁坏染色体而导致遗传基因的突变①。最后，在杀虫剂和除草剂的应用所带来的巨大经济效益面前，化学工业巨头、农场主、政要官员等受益群体通过各种方式促使这些化学药物进行更多的生产和更广泛的使用，伴随而来的是生态系统的日益恶化和更多的人受到毒害。因此，与"沉寂"的大自然相反，因这些化学药物而分化出的不同社会利益群体之间爆发出了"喧嚣"的对抗。

作为一个极具丰富想象力和感染力的词语，"寂静的春天"不仅仅揭示了人类不当行为所带来的环境恶化现象，更是唤醒了人们重新去审思人与自然之间的关系，使得人与自然和谐共存的发展理念初入人心。这是20世纪五六十年代欧美生态中心主义思想的核心主张，这种主张在卡逊那里具体体现为她的"自然平衡观"，即自然界中没有任何孤立存在的东西，相互联系、相互依赖和相互制约的万事万物遵循大自然自身严格的内在构成和奇特的运演规律而处于一种活动的、永远变化的、不断调整的平衡状态中，而人作为这个平衡状态中的一分子，任何无视大自然平衡的人类活动必将对人自身产生不利影响。② 因此，卡逊将人类滥用化学药物所导致的大自然失衡现象概括为"寂静的春天"。

二 学术脉络

生态中心主义思想之所以在20世纪五六十年代的美国兴起，有两个重要的思想渊源：一是美国学界对西方传统人类中心主义（Anthropo-centrism）的反思，二是生态学与生物学的发展和现实中日益严峻的生态危机让人们重新认识到了人与自然之间的关系。尽管卡逊是以海洋科学家和文学家闻名于世，但后人在她的"寂静的春天"中可以清楚地看到上述两种思想渊源所透露出的光芒。同时，《寂静的春天》是一本关于化学药物的科普性著作，在人类环境保护思想史上树立起一座丰碑。

---

① 参见［美］蕾切尔·卡逊《寂静的春天》，吕瑞兰、李长生译，上海译文出版社2011年版，第20—23、36页。

② 参见［美］蕾切尔·卡逊《寂静的春天》，吕瑞兰、李长生译，上海译文出版社2011年版，第243页。

1. 美国反思传统人类中心主义的先行者

"生态中心主义自然观是作为人类中心主义自然观的对立面而出现的。"[1] 在人与自然的对立关系上强调人的中心地位，是西方主体文化的核心传统，也是人类中心主义的主要思想。古希腊智者普罗泰戈拉的"人是万物的尺度"和阿波罗神庙中的"认识你自己"展现的就是人与自然的分离，而普罗米修斯的反抗精神则象征着人与自然决裂的决心。基督教的教义圣典——《圣经》（《创世记》1：26-30）明确地表示神希望"按照他的样式所造的人"能够"生养众多，遍及地面，占据并征服陆地，进而管理海中的鱼，空中的鸟，以及地面上所有爬行的生物"。

随后，在文艺复兴中通过批判宗教意识而兴起的西方人道主义思想只是用人性取代了神性的中心地位，将主体意识最终落实到了个体的人身上。从培根的"知识就是力量"，到康德的"人为自然立法"，再到黑格尔的"理性统治一切"，正是近代欧洲意识形态中这种人类自我迷信精神树立起了人的绝对权威，推动了人类征服自然、控制自然的近代工业革命，而近现代科学技术的发展成就了工业革命。但是，人类对自然环境的征伐所导致的资源浪费与环境破坏，让越来越多的思想先锋开始批判与质疑传统的人类中心主义自然观，并提出了各种非人类中心主义的环境观念，美国学者所倡导的生态中心主义自然观就是其中的代表之一。

被誉为"美国环境主义的第一位圣徒"[2] 的亨利·梭罗是"美国环境观念变迁史上的一座丰碑"[3]。这座丰碑的标志就是 1854 年出版的文学作品《瓦尔登湖》。尽管卡逊在其著作与演说中都未直接表明梭罗对她的思想产生过何种的影响，但想必从小就喜爱自然并立志做一个文学家的卡逊应该是读过《瓦尔登湖》的。在当前所有想了解美国环境保护主义思想发展史的人的推荐必读书单中，《瓦尔登湖》必定位居书单前列，而紧随其后的就应该有作为美国环境变迁史上另一座丰碑的《寂

---

① 付成双：《美国现代化中的环境问题研究》，高等教育出版社 2018 年版，第 430 页。

② Joel Myerson, *The Cambridge Companion to Henry David Thoreau*, New York：Cambridge University Press，1995，p.171.

③ 付成双：《美国现代化中的环境问题研究》，高等教育出版社 2018 年版，第 436 页。

静的春天》。

　　作为超验主义自然观的倡导者，梭罗不仅继承了西方文学艺术中歌颂大自然壮美的传统浪漫主义，而且还将批判人类破坏自然的行为的生态学视角融入了其思想中。"超验主义是 19 世纪上半期在美国东北部兴起的一种文学和哲学运动。"梭罗的导师哲学家爱默生（Ralph Waldo Emerson）就是该理论的代表人物。① 在《论自然》中，爱默生写道："每个自然物，如果观察得当，都展示了一种新的精神力量。"② 因此，超验主义提倡通过远离物质社会的诱惑，以回归自然来获取最高的精神体验。不过，源自传统浪漫主义文学家将自然世界看作一个统一有机体的思想影响，梭罗超越了其导师的神秘主义自然观，认为大自然是有生命的有机体。因此，通过瓦尔登湖畔的两年隐居式生活，梭罗不仅以亲身的体验来重新认识人与自然的关系，也对美国人迅速地将无数的森林和荒野转变成农田和城镇的现象进行了严厉的批驳。

　　与梭罗相比，美国 19 世纪后期生态中心主义自然观的另一个重要代表约翰·缪尔（John Muir）的思想似乎对卡逊的影响要明显得多。除了继承浪漫主义者和超验主义者对自然荒野的热爱，缪尔更是直接投身于环境保护的运动中。在其代表作《我们的国家公园》中，约翰·缪尔认为自然万物都与人类具有同等的生存权利。③ 这种观念应该对卡逊产生了重大的影响，因为卡逊也明确地表示："我们必须与其他生物共同分享我们的地球。"④ 当然，作为自然保护主义（Preservation）理念的提出者、"山峦俱乐部"的创始人和主持人，约翰·缪尔在美国环境保护运动史上的地位确立应该主要源自他与总统西奥多·罗斯福（美国第 26 任总统，任期为 1901—1908 年）之间的友谊，他们于 1903 年在约塞米蒂国家公园进行了一次长达 4 天的野营之旅。⑤

---

　　① 付成双：《美国现代化中的环境问题研究》，高等教育出版社 2018 年版，第 433 页。

　　② ［美］拉尔夫·瓦尔多·爱默生：《论自然》，吴瑞楠译，中国对外翻译出版公司 2010 年版，第 18 页。

　　③ 参见 ［美］约翰·缪尔《我们的国家公园》，郭名惊译，吉林人民出版社 1999 年版。

　　④ ［美］蕾切尔·卡逊：《寂静的春天》，吕瑞兰、李长生译，上海译文出版社 2011 年版，第 295 页。

　　⑤ 参见 ［美］艾伦·布林克利《美国史（Ⅱ）》，陈志杰、杨昊天等译，北京大学出版社 2019 年版，第 874—875 页。

尽管罗斯福政府注重经济发展的自然资源保护主义（Conservation）与缪尔的自然保护主义理念之间有很大的差异，但两者在观念与实践上对19世纪末期至20世纪初期美国的自然研究运动兴起都具有明显的推动作用。美国的自然研究运动与提高妇女地位的解放运动又有着密切的关联，① 因此，作为一个"不可多得的自然研究教师"的玛丽亚·卡逊和她生于1907年的女儿蕾切尔·卡逊不可避免地参与到了当时火热的自然资源保护运动当中。正是母亲的教导与引领，让蕾切尔·卡逊在幼年的时候就确立了"野生动物是我的朋友"的观念。②

2. 生态学视域中的生态危机

人类对自然的肆意妄为和自然对人类的反噬是相伴随的。德国环境史学家拉德卡的研究表明，早在19世纪末，担忧环境引发疾病的浪潮就已席卷了整个工业国家。③ 只不过第一次和第二次世界大战让人们的关注焦点更多地停留在直接威胁生存的战争上。19世纪末期，化学工业在农业生产上的巨大成就是以磷肥和氮肥为主的化肥的产生及其应用。这种被称为"土壤炼金术"的化肥大幅度地提高了土壤的肥力，让全世界不断增长的数十亿人口有了饭吃。正是这一基础性的成就使得这个会严重污染土壤和水系的"凶手"在人类社会，尤其是在处于发展中的社会中至今"逍遥法外"。与此相比，同样是化学工业支柱之一的冶金业就没有这么"好命"了。采矿、冶金、炼油等资源开发行为将大量金属（如铅、铜、镉、锌、汞）从无害的矿物质分离出来或从固体状态转变成液体、气体状态，进而作为空气污染物或者通过土壤，进入自然界的食物链。④

生态危机迫使生态中心主义者在理论主张上发生了视角的转变。作

---

① 参见李婷《19世纪的美国女性与自然研究》，《历史教学》（下半月刊）2019年第11期。

② 参见［美］林达·利尔《自然的见证人：蕾切尔·卡逊传》，贺天同译，光明日报出版社1999年版，第4—15页。

③ ［德］约阿希德·拉德卡：《自然与权力：世界环境史》，王国豫、付天海译，河北大学出版社2004年版，第303页。

④ 参见［美］J. R. 麦克尼尔《阳光下的新事物：20世纪世界环境史》，韩莉、韩晓雯译，商务印书馆2012年版，第20—25页。

为一种反对人类中心主义的观念，早期的生态中心主义自然观（传统的自然资源保护论）是建立在美学或道德基础上的。直到 20 世纪中期，生态学的应用才使环境保护主义理论拥有了科学的基础。"生态学是关于自然世界内在联系的科学。……生态学告诉人们，空气污染、水污染、森林破坏、物种灭绝和有毒废弃物都不是孤立存在的问题。地球环境中的所有因素之间存在着紧密而微妙的联系。因此，对其中任何一个因素的破坏都会危及其他所有环境因素。"①

1949 年，被后人称为"生态伦理之父"美国作家奥尔多·利奥波德（Aldo Leopold）出版了其环保主义代表作《沙乡年鉴》（*The Sand County Almanac*）。在这本书中，利奥波德为大众普及了生态学的基本认识，他认为"真正的文明"应该是人类与其他动物、植物、土壤互为依存的合作状态，而真正的伦理应当是基于"土地共同体"的"大地伦理"，即土地本身是一个活的生命存在体，它不仅包括土壤、气候、水、植物、动物，人类也是这个共同体的一个成员而不是土地的征服者，也要自觉地维护大地共同体的伦理。为此，他提出了生态中心主义的核心准则，即有助于维持生命共同体的和谐、稳定和美丽的事就是正确的，否则就是错误的。② 因此，"美国历史学家认为，奥尔多·利奥波德及其思想是把世纪之交的自然资源保护运动和后来兴起的、意识到了自然界的复杂性及其各部分之间生物的相互依赖性的现代环境主义运动连接起来的关键"③。

与利奥波德相比，在卡逊的《寂静的春天》中，生态学思想的影响要更为明显。这是因为卡逊的生物学知识背景使她在运用"食物链""生态系统""生物多样性"等生态学概念分析问题时显得游刃有余。1929 年，蕾切尔·卡逊成为约翰霍普金斯大学动物学专业硕士学位候选人。该校的动物学实验室（切萨皮克动物学实验室）由伟大的美国海洋生物学家和胚胎学家布鲁克斯所创建，而他在脊椎动物起源以及动

① ［美］艾伦·布林克利：《美国史（Ⅲ）》，陈志杰、杨昊天等译，北京大学出版社 2019 年版，第 1246—1247 页。
② 参见［美］奥尔多·利奥波德《沙乡年鉴》，侯文蕙译，吉林人民出版社 1997 年版。
③ ［英］贝纳特、科茨：《环境与历史：美国和南非驯化自然的比较》，包茂红译，译林出版社 2011 年版，第 102 页。

物结构的同一性的深邃造诣，使得该实验室成为研究动植物形态和结构的同一性的形态学研究中心。卡逊进入切萨皮克动物学实验室学习时，实验室的主任是布鲁克斯的学生 H. S. 詹宁斯的学生雷蒙德·伯尔教授。作为一位成功的生态学家，伯尔认为"生物研究必须以人为本"，并将其研究与结论"集中于遗传的问题和诸如人口密度、饥饿、气温和日常饮食等影响人类寿命的诸多环境问题"，"伯尔的这一观点被卡逊自觉吸收并将在她的名著《寂静的春天》中得以淋漓酣畅的表述"。①

总之，融入了生态学与生物学的科学知识体系的生态中心主义思想在理论研究和社会运动上都有着重大的影响。理论研究上的影响体现在两个方面：一是美国哲学家霍尔姆斯·罗尔斯顿创建的系统的自然价值论，他在坚持大地伦理学的生态中心主义思想的基础上，全面系统地梳理了自然的十四种工具价值，如生命支撑价值、经济价值、文化价值、美学价值、娱乐价值等；二是由挪威著名哲学家阿伦·奈斯（Arne Naess）在 1973 年提出"深层生态学"（deep ecology），主张生态哲学是一种关于生态和谐或平衡的哲学，强调从整个生态系统的角度，在人与自然的关系中把"人—自然"作为统一整体来认识、处理和解决生态问题。这两个学说都成了 20 世纪六七十年代西方绿色运动兴起的理论基础。但是，生态中心主义思想在社会运动领域中的深远影响却是由理论性并不强的"寂静的春天"所带来的。尽管卡逊的《寂静的春天》被定性为一本科普性读物，但作为一种思想启迪的"寂静的春天"却真正地唤醒了大众的环境意识，毫无疑问地成了 20 世纪 70 年代世界环境保护运动的集结号。

3. 启迪性思想的张力

作为当时环保主义的最强音，"寂静的春天"很快就唤醒了人们强烈的环境意识。1962 年 12 月该书就卖出了 10 万册。英国、西德、荷兰、瑞典、加拿大、日本、埃及等许多国家都引进出版了该书，就连当时的苏联也翻译且印发 200 册作为内部资料送给政府高级官员参阅。人

---

① ［美］林达·利尔：《自然的见证人：蕾切尔·卡逊传》，贺天同译，光明日报出版社 1999 年版，第 60—61 页。

们不仅从这本书中系统地了解到了以 DDT 为代表的化学产品是如何毒杀昆虫、侵蚀土壤、污染水源的，进而入侵食物链而损害到人的健康，而且人们也对书中所描述的那个小镇的"寂静的春天"感到震惊与忧虑，并且更多的人就在自己生活的区域中直接感受到了"寂静的春天"。各种关于环境保护的行动在世界各地开始爆发。不管过程怎样，反对之声与赞同之音都让"寂静的春天"作为一种启迪性思想深入人心。

　　"寂静的春天"的第一个社会影响是改变了关于使用化学药物的环境政策。作为一个基于科学论据的环境概念（Environmental Concept），"寂静的春天"描述了一个无可争辩的客观事实，这就迫使美国政府在关于 DDT 等杀虫剂使用的环境政策上不断地做出变革，以应对民意和生态危机的压力。1963 年 5 月，肯尼迪总统指示的总统科学顾问委员会发布了其生命科学专案小组关于杀虫剂使用情况的调查报告，这个关于杀虫剂的使用的报告不仅证实了卡逊的观点，而且还"特别地批评了政府的现行虫害控制计划和整个虫害根除观念"[1]。1964 年，美国国会修正了《联邦杀虫剂、杀菌剂、灭鼠剂法案》，"该修正案加强了政府在管制杀虫剂方面的权力，是杀虫剂立法管制的一个里程碑"。1969 年美国国会又通过了《国家环境政策法》。为此，联邦政府成立了世界上第一个主要负责维护自然环境和保护人类健康不受环境危害影响的政府独立行政机构——美国环境保护署。很快，美国国会在 1972 年又通过了《联邦环境杀虫剂控制法》（*The Federal Environmental Pesticide Control Act*），"该法扩大美国环保署在杀虫剂管制方面的权力"。这一系列的政策变迁所导致的结果就是，"1969 年美国农业部用 DDT 喷洒的土地降低为零"，"1971 年美国最终禁止了 DDT 在本国的生产与使用"。[2]

　　"寂静的春天"的第二个社会影响是引领了世界环境保护运动。作为一个具有启迪性的环保理念（Green Ideas），"寂静的春天"是一个敦促人们采取行动的号角，它引领了各种环境保护组织的成立及其相关的

---

　　[1]　［美］林达·利尔：《自然的见证人：蕾切尔·卡逊传》，贺天同译，光明日报出版社 1999 年版，第 383—384 页。

　　[2]　高国荣：《20 世纪 60 年代美国的杀虫剂辩论及其影响》，《世界历史》2003 年第 2 期。

实践活动。"寂静的春天"告诫道："我们必须与其他生物共同分享我们的地球。"而要达成这一目标就必须付诸行动。保护性环境政策的出台助推了环境保护运动的兴起，而环境保护运动的发展反过来又对环境政策提出了新的挑战。① 1970 年 1 月 1 日，《国家环境政策法》在美国正式实施；1970 年 4 月 22 日，标志着美国环境保护运动走向高潮的首个"地球日"大游行在美国进行；1970 年 12 月 2 日，美国环境保护署成立。"渐渐地，环保主义运动发展成一系列简单的示威游行和抗议活动。环保主义成为绝大多数美国人思维中的一部分——被大众文化吸收，成为中小学教育的内容，几乎所有的政治家都对环保主义表示赞赏。"②

持续不断的民间环境保护运动产生了更广泛的国际影响，其突出的表现就是各种环保组织的出现。例如，创建于 1956 年的国际自然保护联盟，1961 年的世界野生动物基金会，1969 年的地球之友，1971 年的绿色和平组织。至 1972 年 6 月第一次人类环境与发展会议在瑞典首都斯德哥尔摩召开，这是国际社会第一次共同召开的环境会议，标志着人类对于全球环境问题及其对于人类发展所带来影响的认识与关注。1973 年 1 月，作为联合国统筹全世界环保工作的组织，联合国环境规划署（United Nations Environment Programme，UNEP）正式成立。自此，"自然"与"人类"终于站到了对等的位置，人类社会的各种主流思想以及相关的社会行动都不得不将"自然"纳入考虑的范畴。

"寂静的春天"的第三个影响是促使了学术界的大反思。作为一种带有强烈反思性的环保思想（Eco-friendly Thoughts），"寂静的春天"揭示了一种新的"人与自然之间的关系"，更多的人开始基于这种新的关系去思考，进而掀起了 20 世纪 70—90 年代的绿色思潮。"寂静的春天"就是人在自然界中滥用化学药物所导致的一种自然失衡现象，它反过来又损害到了人的健康与发展。因此，经济学家不再将水、空气等看

---

① 参见徐再荣等《20 世纪美国环保运动与环境政策研究》，中国社会科学出版社，2013年版。

② 参见［美］艾伦·布林克利《美国史（Ⅲ）》，陈志杰、杨昊天等译，北京大学出版社 2019 年版，第 1250 页。

成是取之不尽、用之不竭的"无偿资源"，而是将公共资源、环境污染纳入了"成本—效益"的范畴中，这就是 20 世纪 70 年代出现的环境经济学。同样是在 20 世纪 70 年代，美国社会学家卡顿与邓拉普在批判传统社会学的"人类豁免主义范式"基础上，认为社会学应该将生态的维度纳入研究中，并由此而提出"新生态范式"，环境社会学自此问世。

三　社会背景

1. 20 世纪中期的美国

纵观美国 200 多年的历史，蕾切尔·卡逊的一生（1907—1964）正是美国历史发展的鼎盛时期。

第一次世界大战之前，凭借优厚的自然资源、良好的内外发展环境、第二次科技革命的影响等助力，经东部工业化的快速发展和以西部开发为特色的农业现代化，美国实现了现代化，并在经济总量上开始超越世界上其他传统强国。第一次世界大战，美国不仅在战时因欧洲对美国产品的需求增加而实现了经济高速增长，而且也凭借短暂的参战而获得了战胜国的政治地位。"人类历史上规模最大、最可怕的战争发生之时，也是美国跃升为世界领先地位的重要时刻。"[1]

战后，美国经济再次经历短暂的繁荣，之后很快衰落并带来了影响全世界的 1929—1933 年的经济大萧条。尽管罗斯福新政未能终结大萧条，但它还是有效阻止了 1933 年灾难性的经济滑坡。"第二次世界大战对美国国内生活最深刻的影响就是结束了经济大萧条。"[2] 不仅如此，美国还因为战争损失小于其他重要盟国，以及作为战胜国所获得威望而在战后一举成为世界上最繁荣、最强大的国家。

之后，美国社会进入五六十年代的黄金时期，"美国社会五六十年

---

① ［美］艾伦·布林克利：《美国史（Ⅱ）》，陈志杰、杨昊天等译，北京大学出版社 2019 年版，第 928 页。

② ［美］艾伦·布林克利：《美国史（Ⅲ）》，陈志杰、杨昊天等译，北京大学出版社 2019 年版，第 1075 页。

代最显著的特征之一就是经济蓬勃发展，20 年代的迅猛发展与之相比都黯然失色"①。但同时"另一个美国"也展示了完全不同的一面：快速城市化导致的农村贫困和城市贫民窟、反对种族隔离和种族歧视而兴起的民权运动、生态危机与民众环境安全意识的提高而引发的新一轮环境保护主义浪潮，等等。经济发展的黄金时期诞生的"垮掉的一代"（Beat Generation）就是这个矛盾社会的最好证明。

对于大多数美国人来说，生活于如此波澜壮阔且又跌宕起伏的美国社会历史时期是幸运的，也是不幸的。幸运的是他们躲过了战争的灾难，并且见证了美国经济的腾飞和繁荣；不幸的是他们不仅经历了经济萧条所产生的失业恐慌，也遭受了沙尘暴、水污染、城市烟雾、有毒食品等环境恶化结果的侵害。同样，对于卡逊来说，这个矛盾的社会造成了她生前的苦难，也成就了她死后的辉煌。

2. 科技支撑的经济发展与赞美自然的资源保护

19 世纪结束时自然科学领域中的根本性变革让人们认识到：塑造未来世界的是科学。这种认识在 20 世纪前半叶得到了证实，在这 50 年中近 4 个世纪的科学研究成果得到了快速且充分的利用，尤其是诸如化学物理学、分析化学、生物化学等新兴交叉学科的产生及应用，使得人类整体都迷失于科学的成就中，人们的日常生活和思想习惯，甚至是人类文明的整个面貌因此都发生了改变。② 卡逊在《寂静的春天》中能够使用科学的论证逻辑和实验数据来阐述其观点，无疑也是受益于这些科学技术的发展。

科学技术的进步为美国的农业现代化与工业现代化提供了加速器，但伴随着经济高速发展的往往是自然资源的快速消耗和生态环境的日益退化。例如 1917 年问世的链锯，"用链锯伐木的速度是用斧头的 100 或 1000 倍。……数以百计像链锯一样平淡无奇的低端技术改写了 20 世纪

---

① ［美］艾伦·布林克利：《美国史（Ⅲ）》，陈志杰、杨昊天等译，北京大学出版社 2019 年版，第 1141 页。

② 参见［英］C. L. 莫瓦特编《新编剑桥世界近代史. 第 12 卷，世界力量对比的变化：1898—1945 年》，中国社会科学院世界历史研究所组译，中国社会科学出版社 2018 年版，第 93—100 页。

的环境史"①。

卡逊最先感受到的应该是美国东部工业化所带来的环境污染。1914
年至1918年的第一次世界大战改变了世界经济格局，在欧洲各国国内
经济严重失调的同时，美国国内经济却出现了规模空前的暂时繁荣。
1913年至1920年，欧洲总人口实际减少了200万，制造业产量下降了
23%，而美国制造业在此期间却增长了22%。② "贝西默转炉炼钢法及
马丁平炉炼钢法的发明、应用和不断改进带来了美国钢铁工业的崛
起。"③ 作为现代工业发展的重要基础，钢铁业的发展带动了交通运输、
能源和机器制造等重工业的快速发展，而电力机械的应用无疑为工业生
产添加了更大的动力。宾夕法尼亚州的哈里斯堡在美国工业化初期的
1850年就成了美国的制造业中心，尽管1890年中心移到了俄亥俄州中
部的坎顿附近，但制造业的发展给宾夕法尼亚州所带来的经济影响和环
境污染在20世纪初期仍然是很严峻的。1900年卡逊的父母在宾夕法尼
亚州泉溪镇西区定居并购买了一大片土地时，流经该区的阿勒格尼河以
及周边的山林仍然保持着比较传统的田园风光。但这种境况实际上已经
开始被无情的工业机器所破坏，"大地留下疤痕、大气遭到污染、河流
漂浮垃圾"。卡逊依稀记得童年时期小镇火车站边上的胶厂经常发出难
闻的气味。而当成年的卡逊到离家16英里远的匹茨堡的宾夕法尼亚州
女子学院上大学时，"匹茨堡成为赫赫有名的世界钢铁之都所付出的代
价是制造出肮脏的大气和污染的水源"，"蕾切尔在该学院就读的4年
期间，匹茨堡的大气变得越来越污秽，有时浓重的煤灰几乎可以遮天蔽
日"。④ 可能正是这样的经历让卡逊对环境保护给予了特殊的关注。

经济发展所带来的环境破坏引起了人们的关注，自然资源保护运动

---

① ［美］J. R. 麦克尼尔：《阳光下的新事物：20世纪世界环境史》，韩莉、韩晓雯译，
商务出版社2012年版，第315—316页。

② 参见［英］C. L. 莫瓦特编《新编剑桥世界近代史 . 第12卷，世界力量对比的变化：
1898—1945年》，中国社会科学院世界历史研究所组译，中国社会科学出版社2018年版，第
58页。

③ 付成双：《美国现代化中的环境问题研究》，高等教育出版社2018年版，第50页。

④ ［美］林达·利尔：《自然的见证人：蕾切尔·卡逊传》，贺天同译，光明日报出版社
1999年版，第4—25页。

在这一时期表现得尤为抢眼。19世纪末期之前美国自然资源开发和使用相关的法规政策都是"以先占权基础的资源开发政策"，鼓励自由开发和无限使用，如1862年的《宅地法》、1872年的《采矿法》、1873年的《植树法》等。对于农场主而言，土地上的森林不是资源，而是建立农场的障碍。所以，"到1920年，美国东北部和中西部已经失去96%的原始森林"[1]。面对日益枯竭的资源和不断恶化的自然环境，涌现出了许多反思人与自然关系的代表性人物，如著有《人与自然》的现代环境主义先驱乔治·帕金斯·马什（George Perkins Marsh）、受梭罗影响的自然保护主义者代表约翰·缪尔等。在这些先驱的推动下，美国在19世纪末期至20世纪20年代期间掀起了大规模的资源保护运动。1891年，美国国会在废止《植树法》的同时，通过了授权总统可以用行政告示的方式宣布联邦任何公共土地为森林保留地的《森林保留法》，这一事件被看作北美资源保护运动的转折点。[2] 1901年被誉为"美国保护主义的急先锋"[3] 的西奥多·罗斯福就任总统之后，自然资源保护问题成为政府工作头等重要的大事，而对森林资源的保护则在所有保护政策中占据了首要地位。

但是很明显，这一时期的自然资源保护运动与20世纪六七十年代的环境保护运动有着本质的差别，即政府的行动本质仍然是为了保证经济的持续发展，而民间的行动更多的是基于赞美自然需求的倡导，它们的目的并不是真正地要保护自然环境。蕾切尔·卡逊的母亲玛丽亚·卡逊显然深受这个时期资源保护主义思想运动的影响。在卡逊的童年时代，母亲不仅让她阅读自然研究的倡导者弗洛伦斯·梅里亚姆·贝利、安娜·科姆斯托克等人为儿童及青少年撰写的关于生物的自然科普书籍和文章，而且经常带着她去泉溪镇野外的树林和果园里散步、寻找泉水、给花鸟和昆虫起名。儿时的这种经历，不仅塑造了卡逊敏锐的观察力和对细节的关注，更重要的是她从母亲那里接受到了赞美自然和尊重

---

① 付成双：《美国现代化中的环境问题研究》，高等教育出版社2018年版，第366页。

② 参见付成双《美国现代化中的环境问题研究》，高等教育出版社2018年版，第400—402页。

③ ［英］贝纳特、科茨：《环境与历史：美国和南非驯化自然的比较》，包茂红译，译林出版社2011年版，第76页。

野生动物的精神力量。在《寂静的春天》出版之前，让卡逊声名远播的《环绕我们的大海》（1951）、《海边》（1955）等都是在赞美自然。

但基于赞美自然需求的民间力量是薄弱的。最典型的案例就是1906年关于是否在赫奇山谷建造水坝的争论，代表民间审美派的是身为罗斯福总统的朋友且自身也拥有相当号召力的自然保护主义者约翰·缪尔反对建造，功利派的官方代表则是自称"自然资源保护者"的国家森林管理局局长吉福德·平肖赞成建大坝。"这场争论耗尽了缪尔的余生"，也"葬送了他"，因为争论的结果是在1908年公民投票中旧金山居民以绝对优势通过了建造大坝的提案。[①]"在这个意义上，'资源保护主义'与美国的资源利用有限思想是非常一致的，有效利用资源是为了追求商品产出的最大化而不是要在农地上维持物种的多样性。"[②]

3. 高科技生化农业、大众传媒与环保主义运动

相比于缪尔的结局而言，卡逊是幸运的。1963年，美国环境危害委员会在参议院召开关于杀虫剂的危害与控制的听证会，卡逊就环境污染问题，尤其是杀虫剂对自然的污染作了40分钟的陈述，听证会主持人参议员阿伯拉罕·科比科夫肯定了卡逊的论点："毫无疑问，是你唤起了公众对杀虫剂的警觉。"而另一位参议员格鲁宁则预言《寂静的春天》与《汤姆叔叔的小屋》一样会改变环保历史的进程。[③] 随后，在整个60年代全美关于杀虫剂的大讨论中，支持卡逊的环保主义者们也获得了最终的胜利。

之所以卡逊关于杀虫剂危害的辩护获得肯定，以及《寂静的春天》问世之后能引起全美国轰动，得益于当时的美国社会为其提供的三大助力：问题源头的高科技生化农业、传播争议的大众传媒和日益壮大的环保主义。

---

① 参见［美］艾伦·布林克利《美国史（Ⅱ）》，陈志杰、杨昊天等译，北京大学出版社2019年版，第874—876页。

② ［英］贝纳特、科茨：《环境与历史：美国和南非驯化自然的比较》，包茂红译，译林出版社2011年版，第77页。

③ 参见［美］林达·利尔《自然的见证人：蕾切尔·卡逊传》，贺天同译，光明日报出版社1999年，第386页。

美国农业现代化的三大要素是生产工具的机械化、生产技术的科技化和生产方式的专业化。

早在 20 世纪 20 年代，以燃油为动力的拖拉机的广泛使用就标志着美国农业机械化的实现。机械化意味着劳动效率的提高和生产成本的下降。1 英亩玉米的生产时间由手工操作的 38 小时 45 分下降到机械化生产的 15 小时 7.8 分，生产费用也从 3.63 美元下降到 1.51 美元。发展到 1960 年，美国农场上有 468.8 万辆拖拉机，卡车 283.4 万辆，谷物联合收割机 104.5 万辆，玉米收获机 79.2 万辆，捡捆机 68 万台，牧草收割机 31.6 万台。[①] 农业机械化的结果不是土壤污染，而是土壤破坏。尽管导致 20 世纪 30 年代美国南部大平原的尘暴灾难有多重原因，但机械化的强力耕作肯定是其中的主因之一。[②]

污染土壤、污染农作物进而导致有毒食物是农业生产技术高科技化的一个结果。农业生产技术改良的初衷是提高粮食作物产量，以动植物品种改良为核心的农业绿色革命和以化肥、杀虫剂、除草剂为主的生物化学农业技术都是为了实现这一目标。"与机械化相互呼应的是绿色革命，这是一次主要依靠育种形成的农业重大突破。……绿色革命造就了大宗高产的农作物品种，主要是小麦、玉米和水稻。""1930 年，美国播种的玉米只有 1% 是杂交品种……1950 年是四分之三，1970 年是 99%。美国玉米的产量提高到 20 世纪 20 年代水平的 3 到 4 倍。"[③] 当然，农作物产量的提高是离不开提升土地肥力的化肥和消除病虫杂草的化学药剂的。号称"土壤炼金术"的化肥 1849 年首次在巴尔的摩出售，1949 年美国年消费化肥达 1854.2 万吨，1959 年达 2531.3 万吨。[④] 而杀虫剂与除草剂的使用量、效果与结果正是卡逊在《寂静的春天》中探讨的主题。

---

① 参见付成双《美国现代化中的环境问题研究》，高等教育出版社 2018 年版，第 64 页。
② 参见［美］沃斯特《尘暴：1930 年代美国南部大平原》，侯文蕙译，生活·读书·新知三联书店 2003 年版，第 111—117 页。
③ ［美］J. R. 麦克尼尔：《阳光下的新事物：20 世纪世界环境史》，韩莉、韩晓雯译，商务印书馆 2012 年版，第 224—225 页。
④ 参见付成双《美国现代化中的环境问题研究》，高等教育出版社 2018 年版，第 67—68 页。

　　高度专业化的农业生产方式实质上是机械化和科技化的必然结果。农业现代化的这三大要素之间存在着密切的关联：高效率的机械生产工具让农民用大面积农田取代了分割式的小块农田，农民们纷纷改种可以用机器收割的作物——因为每一种作物要求一套专门的机械，所以越来越多的农民选择用单一种植代替原来的混种——单一种植会更快地降低土地肥力以及会遭受更多的病虫杂草的侵害，且害虫们还有抗药性的特性，为确保产量的增加农民们不得不逐年往田地里倾倒更多的化肥、杀虫剂和除草剂——幸运的是，市场化原则让农民们因大规模购买同一农作物种子以及针对该作物的专用化肥和杀虫剂可以节约投入、降低成本，于是，农业生产方式的专业化程度越来越高。[①] 高度专业化的农业生产带来了更多的食物，也造就了一大批富有的农场主、化工巨头。所以，当卡逊揭露这种高效率的农业生产模式会带来有毒食物、水土污染、动物灭绝时，大多数民众是震惊的，农场主和化工巨头们则是愤怒的。

　　这个时候，发达的大众传媒为卡逊及其支持者与农场主、化工巨头及其他反对者之间的对战提供了舞台。早在 20 世纪 20 年代，美国的大众传媒就已经很发达了。"1920 年，美国第一个商业广播电台（匹茨堡的 KDKA）首次播音。……1923 年，美国已有超过 500 个广播电台"，"20 世纪 30 年代，几乎每个美国家庭都有了一台收音机"。[②] 至今仍然很有名的书刊也已出现，如创刊于 1921 年的《读者文摘》（*The Reader's Digest*）、1923 年的《时代》（*Time*）、1925 年的《纽约客》（*The New Yorker*）。到 1957 年，被称为"有史以来最强大的大众传播媒介"的电视拥有量达 4000 万台，几乎和全美国的家庭数量一样多。[③] 因此，当《寂静的春天》第一期连载刊登在 1962 年 6 月 16 日的《纽约客》上时，立刻引爆了人们关注已久的杀虫剂话题。之后，双方的对战在其他

---

　　① 参见［美］J. R. 麦克尼尔《阳光下的新事物：20 世纪世界环境史》，韩莉、韩晓雯译，商务印书馆 2012 年版，第 222—229 页。

　　② ［美］艾伦·布林克利：《美国史（Ⅱ）》，陈志杰、杨昊天等译，北京大学出版社 2019 年版，第 942、984 页。

　　③ 参见［美］艾伦·布林克利《美国史（Ⅲ）》，陈志杰、杨昊天等译，北京大学出版社 2019 年版，第 1156 页。

刊物、哥伦比亚广播公司（CBS，美国三大无线电广播公司之一）、参议院听证会等平台上全面开展，引发了著名的美国 20 世纪 60 年代关于杀虫剂的大讨论。

面对着农场主、化工巨头以及恶意污蔑者的强大攻讦，卡逊本人的立场是坚定，而她的同盟军是正在壮大的环保主义力量。20 世纪 50—60 年代，美国的环保主义与当时改革主义大气候中活跃的其他抗议运动（如反消费主义、反战运动、女权运动、民权运动）共同成长起来了。他们不像 20 世纪 20 年的自然资源保护主义前辈们那样将运动主题停留于保护树木、土壤或者野生动物等某个特定的组成部分，而是要全面对抗工业主义产生的阴险的副产品。[①] 1950 年，联邦政府垦务局与环保主义者们就在回声公园的格林河上修建大坝的计划展开了激烈的讨论，与 20 世纪初以缪尔为代表的自然资源保护者们在赫奇峡谷修建大坝一案上的惨败不一样，这一次环保组织将环保主义者、自然主义者和野外休闲度假的人们动员起来结成联盟来共同反对，至 1956 年，国会迫于民意停止了修建大坝的计划，这次环保主义力量获得的重大胜利为新兴环保意识的发展提供了助力。[②] 因此，不管是杀虫剂生产贸易组织全国农用化学品联合会不惜耗费 5 万美元巨资来抨击卡逊，还是化学工业界和营养基金会的诸多专家学者发出的疑问和嘲讽，支持卡逊的民众和环保主义者们都坚定地站在了卡逊的一边。幸运的是，这一次肯尼迪政府也站在了卡逊这一边，官方的肯定无疑为这次环保主义运动的胜利提供了最大的保障。

尽管美国因为《寂静的春天》的出版以及后续影响终结了杀虫剂的命运，但以 DDT 为代表的人工合成杀虫剂却因其功效而被众多发展中国家不断改良并沿用至 20 世纪末。这种情况一直到卡逊的《寂静的春天》问世才得以转变。尽管也有科学家认为卡逊的研究结论缺乏足够的科学证据，但是后来许多经验研究却证实了卡逊的推断，如日本学者

---

① 参见［英］贝纳特、科茨《环境与历史：美国和南非驯化自然的比较》，包茂红译，译林出版社 2011 年版，第 118—119 页。
② 参见［美］艾伦·布林克利《美国史（Ⅲ）》，陈志杰、杨昊天等译，北京大学出版社 2019 年版，第 1158 页。

关于水俣病和痛痛病的研究。当前，各种新型的、声称无环境影响的真菌制剂、DNA 杀虫剂等农药层出不穷。人们似乎"刻意忘却"了最初同样声称无害的 DDT 所带来的危害，也忘却了"寂静的春天"真正告诉我们的是关于人与自然和谐相处的生态中心观。的确，与烟雾等化学工业污染能够给人们带来直观的感知不一样，除非是大规模的中毒事件，化学农药的多数危害都是隐性的、曲线性的，很难为人们所直接感知。这就为化学工业集团、农场主和政客们的欺骗假说和掩盖真相提供了空间。现在的问题是，面对当前全球的生态危机，我们是应该沿着卡逊开辟的道路继续前进，还是走另外一条新路？

四　个人生平①

当蕾切尔·卡逊于 1907 年 5 月 27 日降生在宾夕法尼亚州泉溪镇时，她的父亲罗伯特·卡逊 43 岁，母亲玛丽亚 38 岁，10 岁的姐姐玛丽安读小学五年级，8 岁的哥哥罗伯特·麦克莱恩才读小学一年级。这时候的泉溪镇仍然保留着相对原始的田园风光。

因为远离第一次大战战场以及战后国内经济的暂时繁荣，让卡逊的少年时代充满了对美好生活的幻想，文学之梦就是这种幻想的最好诠释。1918 年，年仅 11 岁的卡逊给一本名为"圣尼古拉斯"的儿童杂志投递了她的第一篇故事《白云中的战役》，该文不仅被杂志发表，还荣获了最佳散文银质奖。这次的成功开启了卡逊的文学之梦，坚定了她要成为一名作家的决心。随后，卡逊不断地在《圣尼古拉斯》以及其他杂志上成功地发表了各类文章。

1925 年，卡逊高中毕业并成功考入距离泉溪镇 16 英里远的宾夕法尼亚州女子学院（PCW）。出于对文学的喜爱，卡逊选择了主修文科。然而，很快卡逊就遇到了她终身的良师益友——玛丽·斯科特·斯金克，正是她的"生物学导言"课程让卡逊看到了自己在生物学上的潜

① 关于卡逊的个人事迹引自〔美〕林达·利尔《自然的见证人：蕾切尔·卡逊传》，贺天同译，光明日报出版社 1999 年版；〔美〕保罗·布鲁克斯《生命之家：蕾切尔·卡逊传》，叶凡译，江西教育出版社 1999 年版。

力，将主修科目转向了生物学。这次转变也改变了卡逊的人生轨迹。

即将爆发的经济大萧条提前降临到了卡逊身上，也给其产生了更长久的影响。1925 年至 1929 年是美国经济大萧条爆发之前乐观主义的盛行期，而这正是卡逊的大学时期。尽管她通过考试轻松地考入了大学并获得了每年 100 美元的奖学金，但为了她的学业，全家必须通过银行借贷和出卖小块田产才能筹备出 800 美元的寄宿费。之所以如此，就是因为她的哥哥即使是以"一战"复员兵的身份也一直未能谋得一个有稳定收入的工作，而她的姐姐经过两次失败的婚姻后带着两个女儿也住回了娘家，使得全家人的生活越发窘迫。因此，在 1928 年 4 月申请进入约翰·霍普金斯大学动物学系攻读研究生时，她不得不因为未能获得 200 美元全额奖学金的事情而延迟到 1929 年的夏天才入学，而这时她实际上还欠着女子学院 1500 美元的学费。

1929 年至 1933 年是美国的经济大萧条时期，也是卡逊完成其硕士学位的时期。经济大萧条所带来的影响几乎都是负面的，幸运的是，刚入学不久，卡逊就在系主任的推荐下被该校动物学实验室的主管雷蒙德·伯尔教授聘为实验室助理。伯尔关于生物研究必须以人类为本的观点对卡逊阐述"寂静的春天"的思想产生了深刻的影响，当然实验室助理的薪酬对卡逊完成学业也同样重要。但是，经济大萧条所带来的生活困顿，不仅让卡逊不得不半工半读，也让本来 1931 年就该完成的学位资格考试被推迟到 1932 年 5 月。可惜，由于父母身体健康每况愈下，卡逊不得不放弃了攻读博士学位的计划，她必须找到一份稳定的工作来维持全家的生计。

经济大萧条的主要特征就是经济衰退和失业增加。严峻的就业形势使得卡逊在硕士毕业后很难找到一份稳定的工作。1932—1933 年，她不得不一边做学术研究一边在马里兰大学口腔医学院做一名代课教师，而她寻求的正式教师职位到 1935 年都未能如愿。直到 1936 年 7 月，卡逊被美国渔业局科技咨询部聘任为中等水生生物学研究者，其主要工作是协助办公室副主任研究切萨皮克湾的鱼类，这标志着她终于获得了一份每周 38.48 美元收入的正式工作。1939 年，联邦政府将商务部的渔业局和农业部的生物调查局合并成立了渔业与野生动物管理局。出色的工作经验让她在 1942 年晋升为管理局的助理水生物学者。

为了改善生活以及还债，卡逊不得不在工作之余再次通过创作文学作品来增加收入。显然，生物学的知识以及工作职位的便利条件让她以海洋生物及海洋自然为主题的文学作品很有市场价值。1941 年卡逊发表了其处女作《海风下》，这本描述海洋及其生命的科普读物，被众多科学家评论者赞誉为是关于海洋和海岸生命的具有科学精准性的阐述。遗憾的是，1941 年 12 月日本偷袭珍珠港，美国参战问题成为人们关注的焦点，使得卡逊的这本书仅售出了 2000 册。事实上，在整个第二次世界大战的混乱秩序期间，卡逊跟大多数普通人一样做着各种应付战争的平淡而烦琐的事务。

作为渔业与野生动物管理局情报部门的情报专员，卡逊不仅能够接触到众多有影响力的野生生物学家，还能利用工作便利到自然保护区进行自己喜爱的野地现场考察，因此，卡逊关于环境污染对鸟类、鱼类及其栖息地的影响有着科学的认知和切身的体会。1946 年至 1947 年，卡逊在细致的现场研究基础上出版了"资源保护在行动"系列小册子。在这些册子中卡逊阐述了生态学在自然循环和自然规律中的作用以及自然栖息地和野生生物生存要求之间的相互制约关系，正是这样的观念以及翔实的数据使得该系列小册子被认为是渔业与野生动物管理局出版过的最佳保护区自然历史作品。

1951 年出版的《环绕我们的大海》自出版起一直处于脱销状态，她也因此获得了颁发给每年自然历史领域最优秀作品的约翰·勃拉夫奖章和图书贸易组织授予的年奖——国家图书奖。1955 年出版的《海边》则彻底地奠定了卡逊"海洋生物学家"的地位，这本讲述海洋生物及其生存环境的作品也给她带来两项荣誉——美国高校女性协会成就奖和美国国家妇女委员会颁发的"年度最佳作品奖"。相比较而言，《寂静的春天》的出版却让她面临着更多的争议，甚至是谩骂和威胁。尽管早在 1945 年，卡逊就已经开始怀疑人造化学杀虫剂（以 DDT 为代表）对生态环境的影响，但一直到 1958 年她才下定决心写一本关于杀虫剂的书。事实上，作为一位已经成功的公众人士，卡逊完全可以过上名利双收的舒适生活。但她却选择站出来质疑杀虫剂的使用以及向公众阐述其危害，她的行为不仅仅损害了农场主、化学公司等经济巨头的利益，也遭到了诸多拥护杀虫剂的科学家或化学工业界及其组织的代言人的批评与攻击。

由《寂静的春天》所引发的杀虫剂大讨论其实也是 20 世纪 60 年代人们争论经济发展与环境保护之间究竟应该选择哪个的缩影。1962 年 6 月 16 日《纽约人》开始连载《寂静的春天》，立刻在全美国引起了轰动。9 月 27 日全书正式出版，围绕杀虫剂和卡逊的争论也达到了顶峰。直到 1963 年 5 月总统科学顾问委员会发布了证实卡逊论点的调查报告《杀虫剂的使用》，这份报告改变了争论的本质，没有人再否认问题的存在，焦点转向了如何解决问题。遗憾的是，正是在新一轮环境保护主义浪潮因这个大讨论而掀起的前夜，卡逊却于 1964 年 4 月 4 日因乳腺癌引发突发冠心病离开了人世。

尽管卡逊一生单身，也未能给亲人留下巨额财富，但她自身无疑成了全世界环保主义运动的最大财富之一。因此，当美国著名刊物《时代》在 2000 年 12 期，即 20 世纪最后一期将蕾切尔·卡逊评选为 20 世纪最有影响的 100 个人物之一时，《寂静的春天》再次唤醒了即将进入 21 世纪的人们的环境保护意识。

五　拓展阅读

付成双：《美国现代化中的环境问题研究》，高等教育出版社 2018 年版。

［美］艾伦·布林克利：《美国史（Ⅰ，Ⅱ，Ⅲ）》，陈志杰、杨昊天等译，北京大学出版社 2019 年版。

［美］巴里·康芒纳：《封闭的循环：自然、人和技术》，侯文蕙译，吉林人民出版 1997 年版。

［美］保罗·艾里奇、安妮·艾里奇：《人口爆炸》，张建中、钱力译，新华出版社 2000 年版。

［英］贝纳特、科茨：《环境与历史：美国和南非驯化自然的比较》，包茂红译，译林出版社 2011 年版。

［美］J. R. 麦克尼尔：《阳光下的新事物：20 世纪世界环境史》，韩莉、韩晓雯译，商务印书馆 2012 年版。

［美］蕾切尔·卡逊：《寂静的春天》，吕瑞兰、李长生译，上海译文出版社 2011 年版。

［美］小弗兰克·格雷厄姆：《〈寂静的春天〉续篇》，罗进德、薛励廉译，科学技术文献出版社 1988 年版。

高国荣：《20 世纪 60 年代美国的杀虫剂辩论及其影响》，《世界历史》2003 年第 2 期。

侯文蕙：《20 世纪 90 年代的美国环境保护运动和环境保护主义》，《世界历史》2000 年第 6 期。

李光：《DDT 杀虫剂的发现及其科学方法》，《科学技术哲学研究》1987 年第 2 期。

第三章　受害结构论

一　什么是受害结构

1. 受害结构理论

受害结构论是饭岛伸子以劳动灾害（三井三池煤矿煤尘爆炸①）、药害（SMON）和公害（熊本水俣病②）研究为基础提炼出来的理论概念。虽然受害结构论最初所依据的是三个不同的案例，但饭岛伸子发现其受害的扩展和衍生机制非常相似。此外，它们都有一个共同的原因，即都基于资本主义逻辑而追求经济利润。私营企业都有一个共同点，即优先考虑利益，而不是优化劳工管理和环境。当公司疏于注意工人的安全和管理工作时，工厂就容易发生伤害工人的劳动事故。当环境污染的影响超出工厂范围，事故性质则成为公害问题。区别只在于它是发生在工厂内部还是工厂外部。

---

① 1963 年 11 月 9 日，日本战后最大的事故发生在三井集团的一家公司经营的矿场（福冈县大牟田市）：458 人死亡，839 人因一氧化碳中毒。幸存者遭受后遗症的折磨，一部分人失去了记忆。

② 20 世纪 50 年代，熊本县水俣湾地区发生了有机汞中毒事件。最初，它被称为一种不明原因的"怪病"，但事实上，它是由氮公司水俣工厂的乙醛（acetaldehyde）生产过程中产生的含甲基汞的废水被排入水俣湾，以及渔民多年来食用被污染的海产品所导致。受害者的中枢神经系统受到影响，严重的还会死亡。第一批病例于 1956 年被正式确认，但氮公司拒绝接受与工厂污水的因果关系，国家和熊本县政府也忽视了污水排放。患者提起诉讼并取得了胜利，2004 年，最高法院裁定国家和熊本县对"未能防止损害的蔓延"负有责任。截至 2021 年，已有 2283 人被认定为水俣病患者，但仍有数万人未被认证。2009 年，《水俣病受害者救济法》颁布，为未经认证的水俣病患者提供救济，约 36000 人获得一次性付款和医疗费用。但是，有 1700 多人仍在诉讼中。1965 年，在新潟县的阿加诺河流域发现了罹患水俣病的患者，这被称为新潟水俣病。

受害结构论的基本思想是"根据受害者作为一个活生生的人的角度来掌握他们的损害和痛苦,而不是单单从生物,或者是作为人体的受害者来掌握"①。饭岛伸子从受害者和当地居民的立场出发,系统掌握了他们实际的生活状况。基于对实际情况的理解,她归纳出了受害扩展和衍生的社会机制。

受害结构论自 20 世纪 70 年代中期被提出以后,经过多次修订。饭岛伸子的著作《环境问题与受害者运动》(1984)② 呈现了受害结构论的核心观点。③ 受害结构包括受害层次(日语称为"被害レベル")④和受害程度(日语称为"被害度")两个基本维度。图 3-1 是浜本笃史对饭岛伸子的阐释所作的图。

(1)受害层次

受害层次一共有四个,个人、家庭范围内的受害层次有生命/健康、生活、人格三个层次,另外加上地域社会或地域环境的层次。

个人、家庭范围内受害者的生命/健康与生活是紧密关联的。在公害受害中,受害者的健康状况受到损害,有时甚至会死亡。健康受损和身体残疾是一种巨大的痛苦。除了医学意义上的健康损害,饭岛伸子认为,健康的损害只是综合性受害的起点,受害还包括生活上的受害。如果健康状况不佳和肢体残疾,家庭经济会遭受影响,而且家庭内部的关系和角色也会受到影响。当受害者是家庭经济支柱时,家庭将很快陷入困境。如果受害者是家庭中负责家务的成年人,那么孩子们就会受到影响。家庭生活的正常秩序,如何时上学、找工作、结婚等,也会因健康

---

① 舩橋晴俊:《公害問題研究の視点と方法——加害・被害・問題解決》,載舩橋晴俊、古川彰編《環境社会学入門:環境問題研究の理論と技法》,東京:文化書房博文社 1999 年版,第 98 頁。

② 飯島伸子:《環境問題と被害者運動》(改訂版),東京:学文社 1993 年版。

③ 包智明(2010)根据饭岛伸子在 1976 年发表的一篇论文,对受害结构的相关关系进行了清晰的解释。本章基于饭岛伸子的第一本完整的著作《环境问题与受害者运动》(1984)阐述受害结构论的核心观点,包含饭岛伸子本人在 1976 年以后对该理论的修订,所以这里的解释与包智明有些不同。

④ 饭岛伸子在这里所说的"被害レベル"在日语中也有些含混不清。如果我们把它翻译成中文,它可能是某个"等级"或"阶层",也可能是一个空间的"范围"。在这里借鉴李国庆(2015)的文章,使用"层次"一词。参见李国庆《日本环境社会学的理论与实践》,《国外社会科学》2015 年第 5 期。

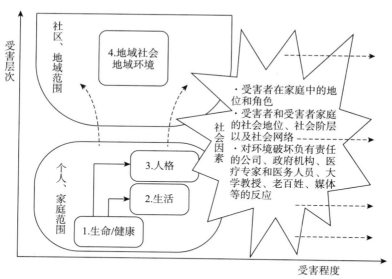

图 3-1 受害结构

问题而受到影响。

对人格的影响，可能比前两种更难想象。以饭岛伸子所研究的三井三池煤矿为例。卷入事故的矿工遭受了一氧化碳中毒，而中毒后遗症则导致了人格上的改变。例如，其中一位妻子觉得，"我的丈夫在事故发生前是一个温和的人，从不生气，但事故发生后，他总是生气，似乎变成了另一个人"。大脑和神经系统受到工业事故或医药品伤害的影响，后遗症造成了非常不同的人格。除此之外，受害者往往会想"为什么我遇到这么糟糕的事情""为什么没有人承认我受害""为什么政府不照顾我"，这导致了对社会越来越多的不信任。受害者的经济困难也可能使日常生活变得令人不舒服和烦躁，进而影响到他的人格。

虽然上述这些都发生在个人、家庭范围内，但人们的受害状况也经常向外蔓延进而出现地域社会、地域环境，即第四层次的受害。其中特别是歧视问题。人们因健康、生活、人格受害遭受极大痛苦的同时，非但没有得到立即的救济，还经常受到歧视，可谓承受着"双重痛苦"。

为什么会发生这种情况？我们可以通过熊本县水俣病案例来理解这一问题。在水俣病的发生地熊本县水俣市，排放污染物的氮公司（Chisso cooperation）是当地一家大型公司。它为当地政府提供税收，并为当地劳动力提供了大量的就业机会。大多数有机汞中毒的受害者是渔民，他们是社会底层。轻度和中度患者的健康问题只有他们自己能够理解，如手脚颤抖和麻木，感觉障碍使患者难以感觉到冷热，并且视力模糊等，但这类患者仍然可以走动，在别人看来很健康。这类受害者往往被有偏见的人视为"假病人"，并没有多少痛苦，只是为了赚钱而起诉。在许多水俣市民看来，氮公司对当地经济很重要，渔民们则被认为是自私的指责者。在水俣市，这些没有任何过错的受害者不仅被中伤，甚至走在街上时会突然被陌生人推倒。除了受害者和社区普通民众之间的一些人际冲突外，在受害者之间也存在冲突。在水俣市，绝大部分受害者最初往往不会要求赔偿或起诉政府或公司。这是因为受害者认为，即使他们或者说像他们这样的人采取行动，政府或公司也不会听取他们的声音、给予任何帮助或赔偿。尽管如此，仍有少数人敢于站起来起诉。这些人在当地社区中面临偏见和被歧视的巨大风险。而当判决书承认了政府或公司的责任，这些发起诉讼的第一批人得到了赔偿后，没有参与起诉的一部分人在心理上受到鼓励，也开始主张自己的要求，说"我们也是受害者"。虽然同样都是受害者，但有时第一批和第二批受害者之间存在裂痕。对于从一开始就站起来的人来说，那些后来者被视为"免费的搭便车者"。另外，政府和公司往往设有严格的标准来认定受害者，所以那些没有得到承认的后来者可能会嫉妒那些早期获得赔偿的人，认为"我们受到了不公平的待遇，尽管我们遭受了同样的损害"。由于上述原因，当居民们彼此不和，出现情感裂痕后便很难恢复。因此，受害结构论很好地解释了健康损害的负面"螺旋"：它从个体健康损害开始，各种损害像多米诺骨牌一样一个接一个地发生。

（2）受害程度及相关社会因素

受害结构论除了阐释了受害层次，还阐释了受害程度，即受害的严重程度。受害程度是指受害者所遭受伤害和苦难的轻重程度。饭岛伸子解释中重要的一点是，受害程度不仅由身体状况和身体残疾程度决定，还与各种社会因素交织在一起。首先是内部因素，即健康受害者在家庭中的角色和位置，受害者本人或他的家庭的社会地位/阶层以及他所属的群体。正如在受害层次中已经提到的，对家庭生活的实际影响取决于哪些家庭成员受害。家庭的贫富状况同样是一个重要因素，虽然富裕家庭可能暂时能够自费负担治疗费用，但贫困家庭没有同样的机会。此外，如果受害者的家人或亲戚与政府或企业有联系，可以较好地了解这些机构一般如何处理问题，也更有可能了解到这些机构提供的免费健康检查和咨询服务等。一般来说，受害者很难知道自己该怎么做才能摆脱困境，但如果他们与化学或法律专家有联系，就可能会得到一些解决问题的建议。总之，弱势群体得不到治疗所必需的信息、没有足够的经济基础，导致跟其他受害者相比，他们得到救助的可能性变小。

除此之外，还有一些外部因素，例如，肇事企业、政府、医疗专家、大学教授、老百姓和大众媒体等行为者。加害者是否会真诚地回应，政府是否会及时回应等，这些都是影响因素。这些行为者中既有支援活动的主要参与者，也有以冷漠的眼光看待受害者的。有时，一群科学家只会为一家公司或政府说话，不会帮助受害者；有时，许多研究人员会支持受害者。大众媒体在增加公众舆论方面给受害者鼓励和帮助，但耸人听闻的报道常常也在进一步伤害受害者。

如果以这种方式来考虑受害者的受害问题，我们可以更加清楚地理解迄今为止人们尚未形成清晰认知的社会性受害。饭岛伸子明确指出，假设有两名患者被医学诊断为具有相同等级的健康问题，这两名患者的社会损坏并不一定处于相同等级，而是因其周围社会环境的不同而不同。饭岛伸子的受害结构论阐明了上述损坏的多样性以及因此而扩展的多层性质。

2. 什么是加害结构与损害忽略

饭岛伸子为阐明受害结构及其概念化做出了很多努力，同时她也早早注意到加害结构的存在。显然，对受害支撑损害的是不同层次的群体或机构。对劳动者、消费者和当地居民造成损害的原因不仅是我们直观可以感受到的加害公司，也包括没有起到监督作用的国家和地方政府。例如，水俣病的源头企业氮公司，不采取预防措施，即使发现问题后也不承担责任，还对加害行为予以隐瞒，政府也没有采取污水处理措施，这导致了疾病的蔓延。这类只追求利润的公司，以及不进行监管的国家和地方政府，与整个社会的状况一起，构成了加害机制。根据这一事实，对加害结构的分析是解决问题的关键，因为"加害结构不消失就无法消除受害结构"[①]。从这一观点出发，舡桥晴俊在与饭岛伸子在新潟水俣病的研究中，阐明了存在受害结构论中所阐述的各种直接伤害，还存在进一步的附加性受害、衍生性或者说派生性的受害，以及长期被忽视这样的受害。[②] 在舡桥晴俊看来，这些都是"政府失败"的表现。他指出，由一群"负责"的政治家和行政机构组成的政府，由于其固有的缺陷和局限性，往往不能解决问题。基于饭岛伸子、舡桥晴俊等研究者从受害结构分析到加害结构分析的探索，在日本环境社会学中，加害结构和受害结构被定位为一组概念。因此对加害结构的理解，需要把它与受害结构置于一组对应的关系中加以解读。

与受害结构分析一样，加害结构分析也是通过对日本环境冲突的实例分析展开的。20 世纪 90 年代初凸显了一个重要的社会问题，即濑户内海的丰岛上发生的非法倾倒工业废物事件。为什么对这家非法倾倒约 90 万吨废物的企业拥有管理监督权的香川县政府忽视了这一点，为什么在发现问题后很长时间没有采取行动呢？香川县政府的默许、沉默的态度使情况变得更糟。换句话说，香川县政府是一个行为者，是加害结构的一部分。

对痛痛病等镉中毒的研究进一步深化了加害结构的研究。饭岛伸子、渡边伸一和藤川贤等人对痛痛病等镉中毒的研究中，发现政府、公司和整个社会对受害者不承担责任的现象。[③] 加害结构包含附加性受害（日语中是"追加性受害"，其形式包括否认因果关系、否认损害）和忽视受害（低估受害），而结果就是衍生了潜在损害和冷漠。对受害的低估即使是在加害责任主体承认受害者诉讼判决的结果并且做出相应回应的情况下也有可能发生。这是因为，即使加害企业或行政组织对此负

[①] 飯島伸子：《地球環境問題時代における公害・環境問題と環境社会学：加害－被害構造の視点から》，《環境社会学研究》2000 年第 6 号，第 5—22 頁。

[②] 参见舡桥晴俊《公害問題研究の視点と方法：加害・被害・ 問題解决》，舡桥晴俊、古川彰编《環境社会学入門：環境問題研究の理論と技法》，東京：文化書房博文社 1999 年版。

[③] 参见飯島伸子、渡辺伸一、藤川賢《公害被害放置の社会学：イタイイタイ病・カドミウム問題の歴史と現在》，東京：東信堂 2007 年版。在出版时，饭岛伸子已经去世，但由于该书是基于她生前的研究，所以饭岛伸子是作者之一。

责，经济上也无法提供无限的赔偿。此外，在 1959 年的水俣病事件中，加害企业氮公司提供了"慰问"金额非常低的"慰问金合同"。氮公司虽然已经知道这是由工厂废水造成的，却隐瞒甚至拒不承认，并在慰问金合同中设立了"将来即使发现更多相关性问题，也不能再要求赔偿"这一附加条件。此后，熊本地方法院于 1973 年裁定氮公司水俣工厂没有尽到必需的警告义务，并且裁定慰问金合同无效。由于环境局对患者认定范围的缩小，长期以来出现了许多"未经认证的患者"，成为未解决的问题。即使在 1995 年村山富市的政权下与患者团体达成了一次性付款的协议，许多人认为它"已解决"，但并非所有问题都得到了解决，行政责任仍不明确的一些诉讼仍在继续。这里重要的一点是，在认为重大问题已经解决的情况下，其他问题很容易被忽略。总之，这些"解决方案"看起来像是解决了问题，但对于那些被忽略的人来说，是"政府帮助别人，却不照顾我们"，存在着"在解决过程中的忽视"。这种现象也是加害结构的一部分。

饭岛、舩桥及其追随者的加害结构论虽然与受害结构论没有相关的图景，但其意义在于指出了一个经常被忽视的问题。在日本，给当地居民带来痛苦的不仅仅是污染企业，政府和地方当局没有积极解决问题，没有进行监督和指导，也是导致问题扩大化、复杂化和长期化的重要因素。这一点有助于对问题的成因进行调查，从而解决问题。

二　学术脉络

1. 生活构造论的影响

饭岛伸子的受害结构论概念，是从实地研究中归纳而形成的。但很显然，日本的生活构造论对饭岛伸子形成受害结构论有一定影响。

生活构造论最初源于战时国民生活研究。它是从如何在贫困和不健康的工人和农民生活条件下保障劳动力的角度进行的社会政策研究。[①]

---

① 参见中山ちなみ《生活研究の社会学の枠組み：生活構造論と生活の概念》，《京都社会学年報》1997 年第 5 号，第 171—194 頁。

另一方面，篦山京①强调人是生活的主体，并从更全面的角度看待生活，将工作生活与消费生活联系起来，而不是劳动能力的再生产过程。根据对工人生活时间的调查，篦山揭示了这样一个事实：工作时间越长，休息时间就应越长；但事实上，人们工作时间越长，睡眠时间就越少。

继这些研究之后，20 世纪 50—70 年代，日本的经济学、社会学和其他社会科学都开始讨论生活的变化。在经济学领域，"为什么人们在收入下降的时候即使减少饮食费用，也会继续社会文化支出呢？"基于这样的疑问，一些经济学家对贫困阶层和工人阶级的生活状况特别是对家庭财务状况进行了调查。②在社会学领域，特别是在社会分层论和城市社会学中，对生活构造进行了讨论。其中，生活水平、生活时间和生活空间等概念主要用于比较和把握不同地区、不同职业和不同阶层的人们的生活行为，但不同理论家对生活构造概念的理解和适用方式却各不相同。一些研究从马克思主义的立场出发，以动态的视角看待人们的生活变迁过程，指出社会分层与贫困之间的联系，而另一些研究则以帕森斯的 AGIL 图为基础，从结构—功能分析的角度进行讨论。

即使在社会学领域，关于生活构造概念的讨论也是五花八门，其中福武直的学生，如青井和夫和松原治郎的研究属于后一种类型。③饭岛伸子直接接触了这些研究者的社会学讨论，但她并没有将生活构造论与一般系统理论联系起来。相反，她把生活构造论解释为一种从个人实际生活条件的角度来讨论社会结构理论的方法，并把重点放在实地的经验事实上。因此，饭岛伸子借鉴生活构造论，将家庭生活的六个因素归纳为"家庭构造和生活史""家庭构造和生活水平""人际关系构造""生活空间构造""生活时间构造"和"生活设计构造"，④并将它们与

---

① 参见篦山京《国民生活の構造》，東京：長門屋書房 1943 年版。
② 参见中钵正美《生活構造論》，東京：好学社 1956 年版。
③ 参见青井和夫、松原治郎、副田義也《生活構造の理論》，東京：有斐閣 1971 年版。
④ 参见饭岛伸子《公害環境悪化による健康破壊と家庭生活被害》，載增川重彦编《一般家庭の公害·環境悪化被害状況とその把握方法》，東京：政策科学研究所 1975 年版，第 63—86 頁。

污染损害的实际情况联系起来（友泽悠季，2014）。①饭岛伸子后来在受害结构论框架的过程中去掉了这些术语中的"构造"一词，但可以说，生活构造论的各种论点成了受害结构论的基础。

2. 对受害结构论的批评

饭岛伸子的受害结构论往往被认为是已经完成的分析模型。到目前为止，对受害结构论还没有很多直接的批评，但是可以整理出一些观点，可以视作间接的批评。②

（1）受害并不总是从生命和健康问题开始的

受害的起点问题。饭岛伸子的受害结构论以生命和健康的受害为出发点，但实际上，受害过程取决于研究问题的特征。饭岛伸子认为，家庭、生活、性格上的受害和社区中的歧视，并不总是以生命和健康受害的发生为前提，即使生命和健康问题没有发生，这些家庭、日常生活、性格和社区中的歧视问题也会发生。③饭岛伸子早期观察的案例大多来自环境的健康损害，但现实中的环境问题有可能不从健康损害开始。

鹈饲照喜在一项以冲绳县新石垣机场的建设为例、以日常影响为问题的研究中发现，地区分裂甚至在建造开始之前就已经发生了。④像这样不是或不会因为健康受害而被发现的地区社会性受害，探明其社会和精神损害的结构才是环境社会学的一大课题。在浜本笃史关于岐阜县德山大坝搬迁居民受害过程的研究中⑤，水坝搬迁居民在项目进展

① 参见友澤悠季《"問い"としての公害：環境社会学者・飯島伸子の思索》，東京：勁草書房 2014 年版。
② 参见浜本篤史《戦後日本におけるダム事業の社会的影響モデル：被害構造論からの応用》，《環境社会学研究》2015 年第 21 号，第 5—21 頁；浜本篤史《被害構造論の理論的課題と可能性》，載環境社会学会編《環境社会学事典》，東京：丸善出版社 2023 年版。
③ 参见飯島伸子《被害の社会構造》，載宇井純編《技術と産業公害》，東京：東京大学出版会 1985 年版，第 155 頁。
④ 参见鵜飼照喜《環境社会学の課題と方法》，載飯島伸子編《環境社会学》，東京：有斐閣 1993 年版，第 203 頁。
⑤ 参见浜本篤史《公共事業見直しと立ち退き移転者の精神的被害：岐阜県・徳山ダムの事例より》，《環境社会学研究》2001 年第 7 号，第 174—189 頁。

的每个阶段，受害特征各不相同，即使在搬迁 10 年后，若让他们再对大坝进行重新审视和讨论，仍然会感到巨大的精神损害。换句话说，即使没有对生命和健康形成损害，也仍然可能有大量的精神痛苦。

（2）与问题变迁相对应的受害特征还没有得到解释

在饭岛伸子的受害结构论模型中，问题发展中的阶段性受害过程是模糊的。例如，公害事例有问题潜在阶段、诉讼阶段、判决阶段等，不同阶段出现的受害模式有一定的特征，但受害结构论并没有纳入这一点。

当然，饭岛伸子本人也非常注意事例内在的社会问题的变化。例如，在分析新潟水俣病问题时，饭岛伸子从"受害的开始"，到"第一阶段受害"（身体／精神／人际关系），再到"第二阶段受害"（地域社会关系），最后到"最终受害"（生命结构损害），展示了整个受害情况。[1] 然而，她没有直接解释这些损害和痛苦的特征分别对应于新潟水俣病的问题变迁中的哪个具体的时期。

事实上，社会学研究中的一些经验证据表明，在许多环境污染的案例中，存在一定的问题变迁和阶段过渡模式。起初，源头企业和政府往往低估了损害和痛苦，并逃避责任。一旦原告获得一定数额的赔偿，许多受害者会加入第二轮诉讼。然而，在那个时候，政府严格化了受害认定的标准。正是在这一节点上，"假病人"的问题以及对参与诉讼的人的偏见歧视问题加剧了。饭岛伸子所说的"第二阶段受害"（地域社会关系）在这个节点上表现得很明显，而在此之前很少发生。因此，有可能通过将问题转换的时间与各种类型的损害的特征对应起来，进一步发展受害结构的理论。

在对痛痛病事例的研究中，渡边伸一和藤川贤指出"在职业病时期和矿井中毒理论开始渗透到该地区的时期，歧视的含义是不同的"[2]。最初，人们认为痛痛病是农民特有的职业病，但在 1957 年宣布该病是由上游工厂排放的含镉（Cd）废水引起的重金属中毒后，这种歧视逐渐

---

① 参见饭岛伸子、舩桥晴俊编《新潟水俣病問題：加害と被害の社会学》，東京：東信堂 1999 年版，第 195—197 頁。

② 渡辺伸一、藤川賢：《イタイイタイ病をめぐる差別と被害放置》，載飯島伸子、渡辺伸一、藤川賢編《公害被害放置の社会学：イタイイタイ病・カドミウム問題の歴史と現在》，東京：東信堂 2007 年版，第 257 頁。

从有病人的家庭扩散到整个地区，如人们抵制购买富山县生产的大米。①

3. 受害结构论的应用与发展

受害结构论未来的发展潜力不仅局限在狭义的环境社会学研究中，还将扩展到其他领域的研究中。这里主要探讨"公害输出"和东日本大地震后的理论发展。

（1）全球视野中的"公害输出"问题

日本环境社会学会成立（1992）②的背后，是全世界对全球环境问题的关注。饭岛伸子将受害结构论如何能够有效地分析全球环境问题作为研究任务。在这一时期，日本有一种看法，认为公害是过去的问题，而主要研究公害问题的受害结构论在分析全球环境问题时也是无用的。③然而，饭岛伸子认为该模型在分析全球环境问题时是有用的。她认为，"全球环境问题"的话语自20世纪90年代以来得到加强，而且我们谈论全球环境问题时，世界上每个人都受到环境影响，每个人都有环境责任。在被称为全球环境问题的现象中，加害者和受害者之间的关系也往往是明确的。

饭岛伸子本人在其第一本环境社会学著作《环境社会学》（1993）④中将"国际环境破坏"和"全球环境破坏"定位为受害结构论的延伸。她在晚年（2000）提出了自己的分析观点（见表3-1）。饭岛伸子指出所谓最基本的因素"现代化程度差距"是指发达国家对发展中国家的自然资源和劳动力的剥夺。她提出了"公害输出"问题——将工厂从有严格环境法规的日本迁往海外，造成环境污染转移。饭岛伸子之后，有一

---

① 参见渡边伸一、藤川贤《イタイイタイ病をめぐる差別と被害放置》，载饭岛伸子、渡边伸一、藤川贤编《公害被害放置の社会学：イタイイタイ病・カドミウム問題の歴史と現在》，東京：東信堂2007年版，第257页。

② 在1990年5月成立环境社会学研究小组之后，于1992年10月成立了环境社会学会，饭岛伸子被选为首届理事长。

③ 受害结构论在环境社会学的学术制度化过程中往往被认为是污染问题的分析工具，饭岛伸子本人也承认，"加害—受害结构的分析框架，以及受益圈与受苦圈的概念，作为公害问题的分析，它尤其锋利"。参见饭岛伸子《地球環境問題時代における公害・環境問題と環境社会学：加害-被害構造の視点から》，《環境社会学研究》2000年第6号。

④ 参见飯岛伸子编《環境社会学》，東京：有斐閣1993年版。

些研究使用了加害—受害结构模型，但目前尚没有形成更进一步的理论上的发展，有待进一步的突破。

表 3-1　　　国际公害·环境问题的要因和加害—被害关系

要因	加害主体	被害主体
现代化程度差距	高度现代化国家	现代化发展中国家
助长要因 1 产业差距	第二次产业 基础设施建设	第一次产业
助长要因 2 地域差距	城市	农村
人种·民族差距	支配的人种·民族	原住民 少数民族
军事力差距	强大军事国·集团	弱小军事国·集团
阶层差距	精英集团	非精英集团

此外，饭岛伸子对国际环境问题加害—受害关系的讨论，倾向于强调加害—受害的宏观关系，而不是了解事例内在的受害实际情况，并且容易忽视对受害结构论的现实分析。[①] 即使在讨论森林、矿产资源、食物和废塑料时，也要首先关注受影响的家庭和当地社区，并在每个问题阶段都了解涉及的因素以及与加害者的关系。未来在将这一理论模型应用至国际环境问题领域时，需要在这一方面给予重视。

（2）东日本大地震后的再度关注

2011 年东日本大地震和福岛核电站事故后，该理论重新受到关注，并诞生了很多基于加害—受害理论的研究。环境社会学会还成立了一个专门研究地震和核事故的委员会，该委员会在过去的十年中一直很活跃，其研究成果经常在日本的《环境社会学研究》杂志上出现，受害结构论在它们的研究中也经常被提及。相关的研究主要体现在以下几方面。

其一，家庭避难地点的选择对受害结构有很大影响。例如，福岛县

① 参见友泽悠季《"問い"としての公害：環境社会学者·飯岛伸子の思索》，東京：勁草書房 2014 年版。

61

许多有小孩的家庭，担心辐射对健康的危害，只转移了母亲和孩子，丈夫则留在东北的家乡工作。在这种情况下，家庭在地理空间上被分开，相关的损害和痛苦与那些家庭成员没有分开的家庭不同。灾后一段时间后，这部分外出避难的人群还要做出一个重大决定：是回到以前的居住地重建生活，还是继续在避难地或新的地方生活。

其二，政府支援和社会关注的重点是那些明显遭受严重损失的家庭和地区，如家人死亡、受伤和房屋损坏，看不见的不安全感和未来的健康风险往往被忽视了。此外，物质损失较小的家庭和地区，实际上正在遭受痛苦，也不太可能获得政府照顾。这种情况类似于前文所说的"解决过程中的忽视"的现象。关于受害结构的起点问题，可以说它不是从生命/健康问题开始，而是从无形的恐惧和风险开始。福岛核电站事故的另一个特点是，辐射的健康风险是长期的，持续几十年。此外，即使在没有受到实际影响的地区，也存在无法销售农产品和海洋产品的"声誉损害"（受害于不实流言），因为整个东北地区，甚至整个日本，都被外国视为危险，被消费者避开。

对辐射风险的认识因人而异，甚至科学家们也有不同的认知，没有形成确定的观点。因此，在健康危害不明确的情况下，人们如何感知或不感知风险的认识论是该实例分析的关键之一。饭岛伸子的模型是基于这样的假设：健康损害对每个人来说都是显而易见的。但在东日本大地震和福岛核电站事故的情况下，这个假设不一定成立。同样，居民和外部观察者对受害的看法往往不同，加害者和受害者并不总是可以区分的，而是可以有两个方面，而且两者可能是可以互换的，这些事实并没有被直接纳入原来的受害结构论模型中。①

三　社会背景

战后日本经历了被联合国盟军总部（GHQ）和美国占领，以及战后

---

① 参见浜本篤史《被害構造論の理論的課題と可能性》，載《環境社会学事典》，東京：丸善出版社2023年版。然而，堀川三郎指出，只关注这样的认识论会削弱受害结构论的原始意义，参见堀川三郎《日本における環境社会学の勃興と"制度化"：ひとつの試論》，《法学研究》2017年第90卷第1号。

改造。而后为追求战后复兴和经济增长，主要在太平洋沿海城市中推行工业化，但也有地区差异。缩小太平洋沿岸城市和乡村之间的差距被认为是当时日本的一个重要社会问题。因此，日本在 1962 年制订了《全国综合开发计划》，旨在实现"均衡发展"，目的是通过"重点城市发展模式"实现地区分权。① 具体而言，日本政府在全国范围内指定了 15 个"新产业城市"，并通过重工业和化学工业促进这些城市的工业化，并从重点城市开始。在这一国家政策的支持下，自 1955 年到 1973 年的石油危机发生前的这段时间内，日本经济增长率超过 10%，实现了经济高速增长，并且举办了象征着这个时代的国际盛事——1964 年的东京奥运会和 1970 年的大阪世博会。然而，经济高速增长的背后也存在很多问题。虽然目标是"均衡发展"和"社会发展"，但由于偏重工业发展，生活福利的发展被推迟了。② 而且对于严重公害的处理也不够及时。以（熊本）水俣病、新潟水俣病、痛痛病和四日市哮喘病这"四大公害"③ 为首的环境污染引起的居民健康问题变得显著。不仅如此，日本还出现了河流和湖泊污染，工厂所在地的土壤污染，食品和药品中混入有毒物质的事件等。特别是在 20 世纪 60 年代到 70 年代的日本社会，与工业化和产业化相关的各种污染和健康受害问题频繁发生。虽然自 1970 年以来，与四大公害关联的诉讼案几乎都是受害原告胜诉，且日本在 1970 年制定了与公害对策有关的法律，并设立了环境局，但此后对环境保护的强调并不协调一致。石油危机发生后，经济措施成为社会关注的问题，环境政策依旧被忽视。虽然出现了使受害者认定变得更

---

① 该计划由池田勇人内阁决定，并将 1970 年定为目标年。之后，二全综（第二次全国综合开发计划的简称，1969）、三全综（1977）、四全综（1987）和五全综（1998）的持续召开为国土计划奠定了基础。另外，这里的地区分权，意指改变过去预算资源和权力集中在中央政府或大城市的格局，将之交给区域城市。

② 此外，虽然农村地区作为开发的"场所"，但利润被收回到中央，很少返还给地方。一些"新产业城市"虽然也想推进工业发展，但是在某些地区，如北海道苫小牧东部地区，没有实现工业吸引力。

③ "公害"一词在中文中不常使用，大约 20 世纪 60 年代在日语中变得常见。一般来说，它是指私营企业的生产活动造成的环境污染和环境破坏，对当地居民的健康和生活产生了负面影响。1967 年颁布的《公害对策基本法》规定了七种公害类型：空气污染、水污染、土壤污染、噪声、振动、地面沉降和恶臭。

加严苛的政策，但也未能解决问题。

饭岛伸子关注的是在工业化和产业化过程中被抛在后面的人，或者说那些在与经济增长相伴随的污染阴影下受苦的人。这意味着资本主义社会的矛盾。这些人的处境并非一目了然，他们的处境固然与加害企业和健康状况有关，但不仅限于此，饭岛伸子从社会文化的角度去了解并探明了受害者的生活及其受害问题的复杂性。

四　个人生平①

饭岛伸子于 1938 年 1 月出生在殖民地朝鲜。战后全家返回日本，饭岛在父亲的故乡大分县度过了童年。1956 年 4 月，饭岛考入九州大学，主修社会学。1960 年毕业并移居东京，进入对金属等做表面处理的工厂工作。作为白领，她每天乘坐电车上班，感受着东京横滨工业区的大气污染和恶臭。饭岛伸子在日常生活以及上班途中，渐渐对劳动者的健康状况产生了兴趣。1965 年她参加了现代技术史研究会的灾害分会，对劳动者健康问题的兴趣变得更加浓厚。这个研究小组中虽然有许多技术研究者，但对社会有强烈关心的成员注重在现场把握事实，拥有社会学背景的饭岛伸子被期待在研究小组中作出社会学贡献。

随后，饭岛伸子参加了东京大学福武直教授②关于公害问题的公开讲座，因为这样一个契机，1966 年她进入研究生院就读。此时的饭岛伸子 28 岁。福武直是战前在中国从事农村研究的日本著名的农村社会学和地域社会学学者之一，尽管公害问题不是他的研究对象，但福武直的学生们正在从事经济成长背后发生的地域社会矛盾问题的研究，饭岛

---

① 这一部分的内容主要基于以下两个文献来源。友澤悠季：《"問い"としての公害：環境社会学者・飯島伸子の思索》，東京：勁草書房 2014 年版。飯島伸子先生記念刊行委員会编《飯島伸子研究教育資料集》2002 年版。

② 福武直是在日本社会学研究者中做中国研究的先驱之一，与费孝通等中国学者有很多交流。在 20 世纪 80 年代中国恢复和重建社会学的时期，福武直率领日本社会学会友好访华团给予了支援。同时，福武直任职在日本设立的日中社会学会会长等，为了日中社会学交流尽心尽力。

伸子在研究生院进行了许多关于地域问题的学习。当时公害问题被认为是自然科学的一个领域，而不是社会学的研究主题。① 饭岛伸子作为一名女性在工作之后又重返校园，并以公害问题作为研究课题。饭岛伸子一直努力向她从事公害研究的同事和社会学界展示着公害社会学研究的重要性。

饭岛伸子于 1968 年 3 月获得硕士学位。随后获得了东京大学医学院保健学科保健社会学助理职位，但这个工作对于饭岛伸子来说并非称心如意。因为东京大学医学院站在政府和大企业的立场，这与饭岛伸子站在受害者角度的立场完全相反。对于饭岛伸子来说，这是一个痛苦的工作场所，所幸她还是能够从事自己的研究活动。在东京大学医学院工作的十一年间，饭岛伸子去了足尾铜山矿毒事件、东京江东区六价铬污染、福冈县大牟田市三井三池煤矿煤尘爆炸、高知县高知市纸浆工厂废液污染 、群马县安中市镉污染等事件的现场，进行了深入的调查研究。其中最让饭岛伸子费尽心力的是关于药害 SMON 的研究。所谓 SMON，是指服用了市面上销售的肠道调节药物而引起了全身麻、痛、视力受损等症状的疾病，也就是亚急性视神经脊髓病（Subacute Myelo-Optico-Neuropathy，SMON）。从 1960 年到 1970 年，全日本出现了约 1 万名患者。这一时期的调查研究特别是药害 SMON 的研究，为饭岛伸子受害结构论奠定了基础。

饭岛伸子在东京大学医学院做助理时期投入了巨大的精力去完成的《公害·劳动安全事故·职业病年表》② 在公害研究者及相关者中得到了很高的评价，并常被借鉴。③ 它记录了从 1469 年到 1975 年大约 500 年的社会灾难历史，涵盖了公害、劳动安全事故和职业病，并在所有文章中清楚地显示了原始文献，这在当时可以说是付出了空前的努力。年表制作虽然是为研究所做的准备，但饭岛伸子在制作年表时带着问题意

① 关于这件事，饭岛伸子如是说："公害现象是高度复杂的，不仅仅是社会学，同样也是其他学科的研究对象。换句话说，应该把它放在边界的位置。"
② 饭岛伸子：《公害·劳灾·职业病年表》，东京：公害对策技术同友会 1977 年版。
③ 饭岛伸子去世后，以舩桥晴俊为中心，2007 年附上索引后再次出版。而且舩桥晴俊组织了大规模的研究组，发行了收录世界动向的年表，并通过包括中国在内的海外学者的协助发行了英文版。经过这样的经验积累，舩桥晴俊还制作了关于福岛核电事故的年表。

识，可以说这不仅是一部年表，更是一部学术作品。①

实际上这次年表制作的工作不仅可以作为公害史研究，也与受害结构论的诞生有着密不可分的关系。正如饭岛伸子自己所说，年表制作对受害结构论有重要影响："去年，我以总结编制关于公害和劳动事故相关的时间序列年表为契机，调查了包括药害在内的这三种灾害的关联性。这是受害结构中对三者比较分析的一次尝试。"② 在动态把握伴随工业化、产业化出现的问题的同时，注意分析各种问题之间的相关性，这是受害结构论的基础。③

饭岛伸子随后于1979年4月作为副教授调入了大阪府堺市的桃山学院大学（次年成为教授），并于1984年出版了她的首部专著《环境问题与受害者运动》（環境問題と被害者運動），在书中她以连贯的形式阐述了自己的受害结构论。1986年，她出版了《头发的社会史》（《髪の社会史》），该书基于她对职业病的研究，例如用于洗发、烫发和染发的化学物质对美发师和理发师造成的健康问题。④在此期间，饭岛还进行了大阪西淀川的空气污染研究，以及大学所在地堺市的工业综合体开发。

20世纪80年代末，在全球环境问题日益受到社会关注的背景下，开展环境社会学研究的势头也日益高涨。1990年5月，饭岛邀请舩桥晴俊和鸟越皓之成立了环境社会学研究会，1992年10月又成立了环境社会学会，饭岛作为核心人物当选为两个学会的代表和首任会长。

1991年4月，饭岛被东京都立大学聘为教授。搬回东京后，在大约十年的时间里，她一直是环境社会学的推动者。1993年首次出版的《环境社会学》就是饭岛主编的。她还在日本国内外主持了多项研究项

---

① 参见舩桥晴俊《飯島伸子：環境社会学のパイオニア》，载《公害・環境研究のパイオニアたち：公害研究委員会の50年》，东京：岩波書店2014年版，第188頁。

② 飯島伸子：《公害・労災・薬害における被害の構造：その同質性と異質性》，《公害研究》1979年第8卷第3号，第57—68頁。

③ 之后，1979年饭岛伸子去了大阪府堺市的桃山学院大学，在那里从事头发的社会史研究。从1991年起作为东京都立大学环境社会学研究的第一人致力于研究。

④ 1991年2月，这项研究成果为饭岛伸子获得了母校九州大学的博士学位。当时，在日本的人文和社会科学领域，在读博士期间获得博士学位的情况并不常见，因此像饭岛伸子这样在工作后申请博士学位的情况并不例外。

目，涉及镉污染（如新潟水俣病和痛痛病）、青森县六个所村的核燃料设施、东京的水环境、亚洲的环境意识等问题，并取得了一系列成果。她还通过国际研讨会促进与海外研究人员的交流。2021 年 3 月从东京都立大学退休后，她就职于富士常叶大学，不久于同年 11 月去世，享年 63 岁。[①]

1998 年在蒙特利尔召开的世界社会学会议（ISA）上，饭岛伸子被美国环境社会学家赖利·邓拉普（Riley Dunlup）称为日本的"环境社会学之母"。

五　拓展阅读

舩橋晴俊編：《加害・被害と解決過程（講座環境社会学 2）》，東京：有斐閣 2001 年版。

舩橋晴俊、飯島伸子編：《環境（講座社会学 12）》，東京：東京大学出版会 1998 年版。

谷川公一、山本薫子編：《原発震災と避難：原子力政策の転換は可能か》，東京：有斐閣 2017 年版。

環境社会学会編：《特集：環境社会学にとって〈被害〉とは何か》，東京：有斐閣 2012 年版。

藤川賢、渡辺伸一、堀畑まなみ：《公害・環境問題の放置構造と解決過程》，東京：東信堂 2017 年版。

藤川賢、友澤悠季編：《なぜ公害は続くのか：潜在・散在・長期化する被害（シリーズ環境社会学講座 1）》，東京：新泉社 2023 年版。

宇田和子：《食品公害と被害者救済：カネミ油症事件の被害と政策過程》，東京：東信堂 2015 年版。

---

① 总之，饭岛伸子的职业生涯在三所大学各度过了约十年。其中，11 年（1968.4—1979.3）在东京大学医学部担任助教，12 年（1979.4—1991.3）在桃山学院大学社会学部任职，10 年（1991.4—2001.3）在东京都立大学人文学院/社会科学研究科任职。

第四章　受益圈・受苦圈

一　什么是受益圈・受苦圈

日本学者在对公害・环境问题进行社会学分析时，主要有受害论、加害・原因论和解决论的"三论"①。"受害论"详细分析受害的实际状况，"加害・原因论"探究问题原因、确定加害特征及其具体内容，"解决论"则探索解决问题所需要的诸多重要条件。而"受益圈・受苦圈"正是"加害・原因论"中的主要概念之一。

受益圈是"主体基于某种活动项目或社会制度，能够获得一定受益的社会圈域"，受苦圈指"主体因身处其中而不得不遭受一定损害、痛苦、危险的社会圈域"。② 简要说就是"由受害者组成的'受苦圈'和由直接/间接加害者组成的'受益圈'"③。

定义受益圈・受苦圈需要如下四项要件：

第一要件：需求满足
第二要件：圈域
第三要件：主体的重合/分离
第四要件：圈域的重合/分离

---

① 参见舩橋晴俊《環境問題の社会学的研究》，载飯島伸子、鳥越皓之、長谷川公一、舩橋晴俊编《環境社会学の視点》（講座環境社会学第 1 巻），東京：有斐閣 2001 年版。
② 舩橋晴俊编：《環境社会学》，東京：弘文堂 2011 年版，第 14 頁。
③ 参见舩橋晴俊《社会学をいかに学ぶか》（現代社会学ライブラリー第 2 巻），東京：弘文堂 2012 年版，第 41 頁。

　　第一要件，看某种需求是否得到满足。得到满足者属于受益圈，不得满足者属于受苦圈。舩桥的定义如下："（受益圈）是这样一种社会圈域，使身处其内部的主体能够参与各种消费品或享受性资源的分配（参与满足需求机会的分配）、得到处于外部时无法获得的固有机会"①。与之相对，"受苦圈"指"主体因身处其中导致需求受限，被迫承受痛苦和损失的社会圈域"②。

　　第二要件，对第一要件进行空间性延展的地域集合体，从范围上对圈域进行把握。分析的基本单位是地域范围，而不是范围内的个体成员。理论上认为圈域内部是统一的。

　　第三要件，看主体需求满足、主体需求不满足二者处于重合还是分离状态。因为重合或分离的状态，在主体做行动与否的决策时具有重要意义。

　　第四要件，进一步将第三要件的需求状态置于地域社会中进行理解，即对受益圈·受苦圈的圈域是重合还是分离状态进行问题探讨。

　　如果以日本新干线公害问题为例，具体分析受益圈·受苦圈的理论原型及其模型构建，那么对定义的四个要件可以理解如下。

　　第一要件，"（解释对象）是否能够满足其社会成员的需求"（"需求满足"要件）。以新干线来说，从对快捷便利交通的需求来看，能够得到满足的一方，就可以称之为"受益"，而从需要安静生活、不受新干线噪声干扰这一需求来说，无法得到满足的一方，则被称为"受苦"。

　　第二要件，"受益·受苦是否形成了一个可概括的范围（圈域）"。用一种具有空间扩展性的"地域集合体"来定义，受益圈就是使用新干线的全体国民及其所在范围，受苦圈则是承受新干线噪声扰害的沿线地域。不过需要注意的是，第二要件并不一定局限于空间。舩桥认为，"这个社会性圈域的定义，虽然从空间的视角来定义最具有代表性，但从社会阶层的角度，或者从抓住代际之间利害对立的时间角度等等也都是可以的"③。当然，在解读新干线公害问题时，我们可以先确定这一

　　① 舩橋晴俊：《社会制御過程の社会学》，東京：東信堂 2018 年版，第 79 頁。
　　② 舩橋晴俊：《社会制御過程の社会学》，東京：東信堂 2018 年版，第 79—80 頁。
　　③ 舩橋晴俊：《受益圏·受苦圏》，載日本社会学会社会学事典刊行委員会編《社会学事典》，東京：丸善書店 2010 年版，第 752 頁。

空间维度的定义。

不过"加害者和受害者有时候重合、有时候分离"这一分布关系①，只用上述两个要件还无法体现出来。因此，需要导入第三个要件，即"主体的重合"要件，看"一种需求（功能要件）得到满足、而另一种需求（功能要件）得不到满足，这种状态是存在于同一主体之内，还是同时存在于其他多个主体之间"②③。一个主体同时属于受益圈和受苦圈，即为主体"重合"，如果只能属于受益圈或受苦圈的其中之一，即为主体"分离"。因此，主体的重合/分离本身也是一个议题。

第四要件，是圈域的重合/分离（"圈域的重合"要件）。可以分为受益圈·受苦圈在空间上重合、分离两种情况。圈域重合的实例，比如在某一个基层社区的地域范围内建一个垃圾焚烧厂。圈域分离的例子，以新干线公害为典型。

基于上述四个要件，受益圈·受苦圈得以定义。这样的概念能够揭示什么呢？下面结合图4-1来具体分析。

首先，可以看到图4-1上半部分的"平面图"部分，深浅程度不一的受益区域在铁道线的左边成片状扩展开来。理论上来说，所有能利用新干线的人都能划入受益圈，所以全日本都可以说是受益圈，其圈域是非常广泛的。其次，新干线车站周边的工商业者因为上下车乘客带来经营收益，日本铁路公司集团（Japan Railways，"国铁"、JR）及关联业界也因为新干线的运行而获益，当然也属于受益圈。

与此相对，受苦圈则是沿着铁道以线状分布的，与受益圈的宽泛形成了鲜明对比。噪声、振动与铁道的距离呈负相关，距离越远，影响越

---

① 梶田孝道《テクノクラシーと社会運動——对抗的相補性の社会学》（现代社会学叢書15），東京：東京大学出版会1988年版，第10頁。

② 梶田孝道《テクノクラシーと社会運動——对抗的相補性の社会学》（现代社会学叢書15），東京：東京大学出版会1988年版，第11頁。

③ 当然，这里要分析的两种需求A和B应是相关的，以文中新干线为案例，所指的就是想要利用新干线实现快速移动（需求A）和希望免受新干线噪声与振动烦扰安静生活（需求B）这样两个互相密切关联的需求。

平面图（受益—受苦的广与狭）

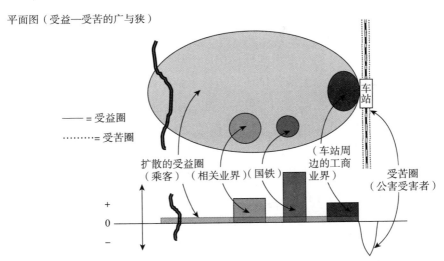

立面图（受益—受苦的深与浅）

图 4-1　新干线公害的受益圈·受苦圈①

小，于是受苦圈就限定在铁路沿线的狭长范围内。正是由于这种分布状况，"受害居民的抗议虽然渐次在沿线区域发生，但相对独立的散布形态使他们处于相互不知存在的情况中"②。所以在提出"新社会运动""资源动员论"等理论之前，还是应该先把受苦圈的分布形态所带来的结构性问题弄清楚。

　　然后，再看图 4-1 下半部分的"立面图"部分。平面图表现了区域的范围与延展，而这里所呈现出来的是受益之多和受苦之深。如图 4-1 所示，"国铁"通过运营得到了莫大的利益。车站前的工商业者以及铁道关联行业也因为新干线受惠，所以其柱形图也向正方向延伸出一定的高度。相比之下，偶尔利用新干线出行的一般乘客享受的便利则是在水平轴上横向展开，以较低的浅色柱形分布。

　　同时，在水平轴以下，表示受苦圈的狭窄而深入的锥状部分显而易见。住在铁路沿线的狭窄圈域中的人们，每隔几分钟就要被剧烈的噪声

---

　　① 舩橋晴俊：《社会学をいかに学ぶか》（現代社会学ライブラリー 2），東京：弘文堂 2012 年版，第 41 頁，図 2。

　　② 舩橋晴俊、長谷川公一、畠中宗一、勝田晴美：《新幹線公害——高速文明の社会問題》（有斐閣選書 749），東京：有斐閣 1985 年版，第 14 頁。

和振动搅扰一次，从近在眼前的电视声音，到正在通话中的电话声音，都会被吞没。① 所以"受苦"部分被绘制成山谷深渊的形状向负的方向深扎下去。持续暴露在噪声和振动中的沿线住宅，通常在房地产市场的估价不会很高，不论土地价格还是房租租金都比较便宜。正因如此，低收入阶层更倾向于在此范围内聚集居住，而这些人基本上是不会乘新干线的。可见深受其害的受苦圈和获益的受益圈在新干线案例中并不重合，而是互相分离的。从图4-1可以看出的甚至不只是受益圈和受苦圈的分离，同时还有"广泛的浅度的受益圈"和"狭窄的深度的受苦圈"这一不对称结构的存在。

通过上述四项要件进行定义得到的受益圈·受苦圈论，与成分效益分析法不同。成本效益分析是对某一主体的利益得失进行要素分析，在对主体"我"的利弊（受益和受苦）进行衡量时还算贴切，但难以适用于需要把"我"和"某他主体"的利弊放在同一层面上进行讨论的情境。围绕某一事件，当受益圈和受苦圈呈分离状态时，身处受益圈和受苦圈的可能是两个不同的主体A和B，单分析主体A自身的利弊已经很复杂，要对主体A之受益和主体B之受苦进行比较则更是困难。此时使用成本效益分析不但不够准确，甚至还会造成对问题结构本质的错误认知。这就是提出受益圈·受苦圈概念的意义所在。

受益圈·受苦圈论能够对实际发生的环境问题进行整理和分类，通过类型分析，可以发现环境问题的形成构造、受害程度、受害者活动模式以及对策制定的相似性和特殊性。即便污染物质和发生地区不同，找出受害结构的类同点亦有助于迅速制定对应策略。

二 学术脉络

1. 马克思社会结构分析方法的影响

舩桥晴俊等人创造性地提出了受益圈·受苦圈论，其理论渊源是多

---

① 参见名古屋新幹線公害訴訟原告団編《静かさを求めて25年——名古屋新幹線公害たたかいの記録》，名古屋：名古屋新幹線公害訴訟弁護団1991年版，第31—36頁。

方面的，下文重点围绕主导者舰桥晴俊及其所受到的主要理论影响展开阐述。

舰桥的社会学根基是卡尔·马克思的物化论。舰桥不是马克思主义者，但他的社会研究追随马克思的方法论，把马克思的社会结构分析方法作为分析工具，试图揭露导致不公平、不平等普遍存在的结构性原因。

舰桥在大学研究生时期精读了马克思的著作，以独特的形式继承并深化了马克思的异化论。所谓"独特"，指他对马克思的继承是通过日本社会学者真木悠介间接实现的。真木悠介是对马克思的异化论进行批判性超越的日本社会学著名学者，是舰桥在东京大学的恩师之一。

经由马克思和真木悠介，组织的物化过程及其解放成为舰桥理论的基本主题。本来，针对某一目的而创立的组织，即"管理系统"，是由其成员构成的横向水平组织，但这个"管理系统"很快就会转变成为纵向垂直的"控制系统"，对其成员及周边进行垂直控制。通过厘清组织的二重性及物化过程并进而展开寻求解放之道，是贯穿舰桥晴俊理论研究之始终的基调，① 构成其社会学的原理论部分，舰桥称之为"存立构造论"②。

以"存立构造论"为基础，舰桥构建了他的基础理论"环境控制系统论"。在原理论部分考查的"控制系统"，到环境问题中展开，就成了"环境控制系统论"③。师承舰桥的茅野恒秀说，"环境系统论的最清晰易懂的命题，就是关切环境问题的解决与未解决过程，并把'环境控制系统的形成及其对经济系统的深入干预'理解为在其过程中推进环境政策和环境运动的意义"④。因此，这是一个研究环境控制系统如何控制住另一个经济系统的理论。

---

① 参见舰桥晴俊《社会制御过程の社会学》，東京：東信堂 2018 年版，第 11—95 页。

② 舰桥晴俊：《組織の存立構造論と両義性論——社会学理論の重層的探求》，東京：東信堂 2010 年版。

③ 以下有关舰桥"环境控制系统论"可参见［日］舰桥晴俊《环境控制系统对经济系统的干预与环保集群》，程鹏立译，《学海》2010 年第 2 期。本章相关的表述也采用了该文的中文表述。

④ 茅野恒秀："環境制御システム論の理論射程"，载茅野恒秀・湯浅陽一编《環境問題の社会学——環境制御システムの理論と応用》，東京：東信堂 2020 年版，第 7 页。

舩桥根据环境控制系统对经济系统的干预程度进行了环境问题的时期区分，但不是按时间年表，而是按照环境控制系统的介入深度进行划分的，此为其独特之处。

> O 阶段：前工业社会中人类社会与自然的和谐共处（原始阶段）
> A 阶段：环境控制系统缺乏，对经济系统缺乏制约
> B 阶段：环境控制系统形成，对经济系统设定约束
> C 阶段：环境保护内化为次级管理任务
> D 阶段：环境保护内化为核心管理任务

将前工业社会中人类社会与自然的和谐相处（原始阶段）标记为 O 阶段，并以工业化发展导致环境破坏为前提，将环境控制系统与经济系统之间的关系分为 A 到 D 四个阶段。

在 A 阶段，环境控制系统尚未形成，环境污染被视为理所当然而处于放任状态。

到了 B 阶段，环境控制系统逐渐形成，对经济系统施加了一定的限制，但程度非常有限。

在下一阶段，即 C 阶段，环境控制系统对经济系统的干预所有推进，不过干预的领域尚局限于周边。虽然环保问题逐步迫近经济系统内部组织，但核心管理课题没有受到影响，维持不变。

在最后阶段，即 D 阶段，干预涉及核心管理课题，环保问题被定位为企业管理的优先课题。

通过四个阶段的理念类型的设定，舩桥在对现代社会进行分析的同时，也对达到 D 阶段的条件进行了规范性探究。[1]

前述"存立构造论"仍属于具有高抽象性的规范理论。舩桥没有止步于此，而是提出了多个作为中层理论的理论，一方面因为有必要对

---

① 参见茅野恒秀"環境制御システム論の理論射程"，载茅野恒秀、湯浅陽一编《環境問題の社会学——環境制御システムの理論と応用》，東京：東信堂 2020 年，第 6—29 頁；[日] 舩橋晴俊《环境控制系统对经济系统的干预与环保集群》，程鹏立译，《学海》2010 年第 2 期。

基本理论进行精细化，另一方面也是出于分析现实环境问题的需要，"受益圈・受苦圈论"的提出就成为其成果之一。

如前所述，阐明组织的二重性和物化过程是舩桥毕生探索的课题，或者说，他关注的重点是为什么横向水平组织会转化成纵向垂直控制系统并疏离其成员。于是，"封闭式受益圈的等级结构"作为一个重要理论概念，被用来把握经济系统中诸组织从水平向垂直转变的契机。由于经济系统中产生的财富并不是平等分配的，"组织和社会中产生的剩余财富，及其伴随的不平等分配"①，是"封闭式受益圈的等级结构"得以形成的基础。舩桥将这一等级结构分为四种理念类型，即"平等型""逐步差距型""急剧差距型"和"剥夺型"。在"剥夺型"类型中，由于进行剥夺性分配，出现了一种负向分配财富的等级，舩桥称之为"受苦圈"。② 在此可以清晰地看出舩桥晴俊的受益圈・受苦圈论的源起。

舩桥对组织的二重性和物化过程及其解放进行理论上的探索，试图找到一条消除受苦圈并推动社会向平等型过渡的规范性路径。当平等型成为社会常态，甚至由环境控制系统来控制经济系统的核心时，环境规范就会成为内化状态。这是一个对社会成员而言平等的社会，从环境问题角度来看，也会成为一个可持续发展的社会体系。

2. 受益圈・受苦圈论的发展

以舩桥晴俊为核心，社会学研究会同人们在20世纪70年代末到80年代初这段时期的研究中共同提出了"受益圈・受苦圈"概念。尤其是舩桥晴俊、梶田孝道、长谷川公一等人，出于对1970年以后社会形势的观察，敏锐察觉到反复产生的社会问题已经发生了质的变化——甚至应该称之为"新社会问题"了。而"'新社会问题'不断发生，意味着只用一贯的社会问题观和社会斗争观来理解社会问题和社会斗争已经变得困难了"③。

---

① 舩橋晴俊：《社会制御過程の社会学》，東京：東信堂2018年版，第81頁。
② 舩橋晴俊：《社会制御過程の社会学》，東京：東信堂2018年版，第79—86頁。
③ 梶田孝道：《テクノクラシーと社会運動——対抗的相補性の社会学》，東京：東京大学出版会1988年版，第4頁。

那么，频发的"新社会问题"到底新在哪里呢？梶田认为，这种问题用"追求规模效益导致环境问题"这一既往解释进行剖析已不够深入，因为"大规模开发带来一种新变化，即在以往环境问题所包含的社会不平等基础之上"①，"（新问题中的）居住者要抗争的对手不但有公开显在的交通部门和机场集团，还有潜在的、通过使用飞机而享受优裕生活的全体日本国民"的"欲望需求"，②如不将这些内在情况作为对象，就不能清晰地揭示出新社会问题的本质所在。梶田直言不讳地说："'欲望与欲望'和'扩大化的受益圈与局部化的受苦圈'的对立，才是伴随着今天大规模开发问题发生的更严格意义上的冲突的本质。"③

大规模开发导致了受益和受苦出现分离差异，是这种对立冲突不容易解决的原因。经济高速增长初期的开发问题，主要是某个地方社会内部的开发及其导致的问题，而 1970 年以后的大规模开发，造成的受苦圈局限于狭小的局部区域，而受益圈却因为开发影响深远而能够推广覆盖到全国范围。当受益圈和受苦圈存在于地方社会内部时，受苦的存在是可见的，但在像机场和新干线这种大规模开发项目中，在全国都成为受益圈的时候，受苦圈却局限在其设施及周边地域，意味着受益圈和受苦圈的分离，使受害变得不可见。这正是舟桥和梶田所见到的"新社会问题"的实质。

梶田指出，"大约从 19 世纪直到第二次世界大战，在西欧占据支配地位的工业社会模式或资本主义社会模式，在观察今天的社会关系时不但不充分，甚至倒成为阻碍"④，因为它使传统的社会学理论"对分离性矛盾和重合性矛盾的划分课题反应迟钝，将两者不加区分地处理，轻易地虚构出一种'公共性'。然而，开发带来的享受或牺牲的分配问题尖锐地暴露出来，对于这样的问题，需要抱有充分的现实性去追问，就

① 梶田孝道：《テクノクラシーと社会運動》，東京：東京大学出版会 1988 年版，第 19 頁。
② 梶田孝道：《テクノクラシーと社会運動》，東京：東京大学出版会 1988 年版，第 24 頁。
③ 梶田孝道：《テクノクラシーと社会運動》，東京：東京大学出版会 1988 年版，第 24 頁。
④ 梶田孝道：《テクノクラシーと社会運動》，東京：東京大学出版会 1988 年版，第 177—178 頁。

不得不对所谓的共同'利害圈'或共同'社会'框架进行切割"①。正是这种对现状的严峻认知，使聚集于"社会学问题研究会"的舫桥、梶田、长谷川等人提出了受益圈·受苦圈论，面对新社会问题对于相应表述的需求，舫桥等人创造了"受益圈·受苦圈"这个新词。

此后，日本学界主要从三个方向推进了受益圈·受苦圈论的发展。第一是"圈域的精细化"；第二是向"数理社会学的公式化"推进；第三是推动舫桥理论的体系化，确立受益圈·受苦圈论在舫桥晴俊理论体系中的重要地位。

在第一个"圈域的精细化"方向上有重要概念进展，即"疑似受益圈""疑似受苦圈"的概念化。比如某一问题导致的受苦圈，其中一部分通过补偿得以受益，"受益圈"化后被称为"疑似受益圈"。② 补偿手段包括送慰问金、优惠贷款或以条件有利的土地置换等。"疑似受益圈"概念的导入，有助于明确对立构造的双重化，使问题在宏观层面上形成"扩大的受益圈和被局部化的受苦圈"的对立，在微观层面上形成"疑似受益圈和纯受苦圈"的对立。③

此外，梶田还将受苦圈概念进行了类型化。在时间上，提出了"事后的受苦圈"（例如1959年施工完成的东海道新干线）与"事前的受苦圈"（例如1982年尚未完工的东北新干线）等受苦概念的次级分类。在空间上，进行了"线形态"（如新干线公害）、"面形态"（如大阪机场噪声问题）、"点形态"（如垃圾处理厂建设问题）的细分。④ 这些是将时间轴和空间轴嵌入受益圈·受苦圈论的尝试。

第二点，"数理化社会学的公式化"方向是指数理社会学，特别是与社会两难论的结合。首先，海野道郎用集合理论对受益圈·受苦圈论进行再公式化，加入了舫桥和梶田的理论中所没有的"社会（无关系）

---

① 梶田孝道：《テクノクラシーと社会運動》，東京：東京大学出版会1988年版，第17頁。
② 参见梶田孝道《テクノクラシーと社会運動——对抗的相補性の社会学》（现代社会学叢書15），東京：東京大学出版会1988年版，第256—257頁。
③ 参见梶田孝道《テクノクラシーと社会運動——对抗的相補性の社会学》（现代社会学叢書15），東京：東京大学出版会1988年版，第53—55頁。
④ 参见梶田孝道《テクノクラシーと社会運動——对抗的相補性の社会学》（现代社会学叢書15），東京：東京大学出版会1988年版，第263頁。

圈""两难圈"等概念①。由于以往的讨论中没有对概念的外延进行定义，以至于无法充分实现类型化，但如果如表 4-1 以及图 4-2 所示，对作为全体集合的"社会"和"两难圈"也进行定位，就能使受益—受苦的分布形态得到更详细的描绘。尤其涉及社会纷争时，往往是这些属于"两难圈"的人决定着问题的走向，因此，上述概念化是非常重要的进展。

表 4-1　　　　　　　　受益圈·受苦圈的逻辑关系

	受益圈（B）	非受益圈（﹁B）
受害圈（D）	B∧D （1）两难圈	（﹁B）∧D （2）纯受害圈
非受害圈（﹁D）	B∧（﹁D） （3）纯受益圈	（﹁B）∧（﹁D） （4）无关系圈

（1）在此"受害圈"与"受苦圈"同义；（2）B＝benefit，D＝damage。
海野道郎：《"社会的蚁地狱"からの脱出—共感能力の獲得を目指して》，《関西学院大学社会学部紀要》1982 年第 45 号，第 100 页，表 1。

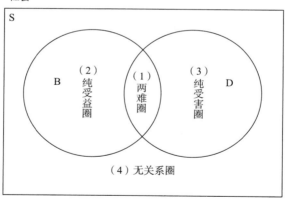

图 4-2　受益—受苦的集合论图示
海野道郎：《"社会的蚁地狱"からの脱出—共感能力の獲得を目指して》，《関西学院大学社会学部紀要》1982 年第 45 号，第 100 页，图 1。堀川三郎基于原图制作。

①　参见海野道郎《"社会的蚁地狱"からの脱出—共感能力の獲得を目指して》，《関西学院大学社会学部紀要》1982 年第 45 号，第 100 页。

从"两难圈"的提出可以看到受益圈·受苦圈论和构成数理社会学分支的社会两难论的交集。舦桥通过论文《作为"社会两难论"的环境问题》，将受益圈·受苦圈论向"社会两难论"进行了延展。① 文章首先表明"所谓'社会的两难'……就是以集体财产为焦点的'合理性背反'现象"②，而环境正是一种典型的集体财产。然后，"从'受益圈和受苦圈的重合与分离'以及'得利·损失维度的单一性与复数性'这两个视角来更加详细地"③ 进行类型化。由此段引用可知，前面关于利害圈的部分借用了受益圈·受苦圈论的成果，而后面的利害维度部分则使用了舦桥与其他研究者④共同提出的理念⑤。以这两项标准为基础，得到八种类型（见表4-2），现实中的环境问题，往往是包含着这些基本类型的混合形态⑥，因此受益圈·受苦圈论在精细化上有了一大进步。

表4-2　　　　　受益圈·受苦圈的八种基本类型

狭窄的受益圈 狭窄的受苦圈	例：公共牧地的悲剧	例：上游与下游的用水之争
广泛的受益圈 狭窄的受苦圈	例：生活道路的汽车噪声	例：高速公路、新干线公害

---

① 参见舦桥晴俊《"社会的ジレンマ"としての環境問題》，《社会労働研究》1989 年第 35 卷第 3—4 号合併号。

② 参见舦桥晴俊《"社会的ジレンマ"としての環境問題》，《社会労働研究》1989 年第 35 卷第 3—4 号合併号，第 24 页。

③ 舦桥晴俊：《"社会的ジレンマ"としての環境問題》，《社会労働研究》1989 年第 35 卷第 3—4 号合併号，第 30 页。

④ 参见舦桥晴俊、長谷川公一、畠中宗一、勝田晴美《新幹線公害——高速文明の社会問題》（有斐閣選書749），東京：有斐閣 1985 年版，第 39 页。

⑤ 社会两难论和受益圈·受苦圈论是两个根本不同的理论工具。在这里，将受益圈·受苦圈论作为一个辅助工具加以利用，努力构建一个能够对"合理性背反"现象产生的社会两难状况进行说明的理论，才是舦桥的理论构建的基础。

⑥ 参见舦桥晴俊《"社会的ジレンマ"としての環境問題》，《社会労働研究》1989 年第 35 卷第 3—4 号合併号，第 39 页。

续表

狭窄的受益圈 广泛的受苦圈	例：工厂公害	例：工厂公害
广泛的受益圈 广泛的受苦圈	例：公共道路堵车	例：全球温室效应

舩桥晴俊：《"社会的ジレンマ"としての環境問題》，《社会労働研究》1989 年第 35 卷第 3—4 号合併号，第 40 页，图 1。堀川三郎基于原图制作。

第三个方向，推动舩桥理论的体系化，确立受益圈·受苦圈论在舩桥理论体系中的重要地位。如前所述，受益圈·受苦圈论作为舩桥理论构想中的一个重要组成部分，虽然因为舩桥过早离世而未能在其生前公开刊行，但其全貌可以通过阅读 2018 年出版的舩桥著作[①]得见。

舩桥的理论，由三层构造组成（见图 4-3）。最基础的理论是"原理论"，对"社会记忆构成社会并存在于其中的社会人是以怎样的基本方式存在"进行问答，[②] 为"基础理论"提供支撑假说，舩桥的"存立构造论"对应这一部分。[③] "基础理论"建立在"原理论"之上，是"以比原理论更具体的标准，为掌握社会现象提供具有一般性的基础视点和概念框架"[④] 的理论，比如协同联动两义论、环境控制系统论等，均属于此类。

"正如 R. K. 默顿所论，'中层理论'通过为社会现象的有限部分提供经验数据，对规则性进行把握，力图发现意义的一系列概念群和命题群。"[⑤] "基础理论"发挥着统合"中层理论"的功能。受益圈·受苦圈论，正是作为"中层理论"之一，取得了明确而稳固的地位。

---

① 舩橋晴俊：《社会制御過程の社会学》，東京：東信堂 2018 年版，第 7—8 頁。
② 舩橋晴俊：《社会制御過程の社会学》，東京：東信堂 2018 年版，第 7 頁。
③ 参见舩橋晴俊《組織の存立構造論と両義性論——社会学理論の重層的探究》，東京：東信堂 2010 年版。
④ 舩橋晴俊：《社会制御過程の社会学》，東京：東信堂 2018 年版，第 7 頁。
⑤ 舩橋晴俊：《社会制御過程の社会学》，東京：東信堂 2018 年版，第 8 頁。

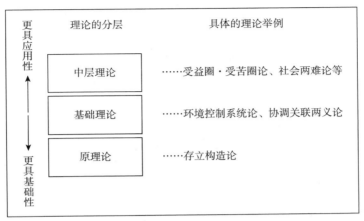

图 4-3　舰桥晴俊理论的三层构造①

3. 对受益圈·受苦圈论的批评

受益圈·受苦圈论也受到一些批评，主要可以梳理为三个方面。

第一个方面的批评是"由谁来定义'什么是受苦圈'？"（进行定义的问题）。带谷博明认为，在讨论大型水利工程建设问题时，要设定受益圈·受苦圈，就需要先回答到底什么是受益、什么是受苦，以及得出这些思考与结论的主体的认知过程是怎样的，但受益圈·受苦圈论却做不到这一点。为什么呢？因为这个理论本身存在着一个功能主义的前提假说，即"根据需求或功能等要件的满足不满足，可以将受益和受苦作为空间的范域，从外部进行客观的观察"②。由谁、凭什么能够判定"这就是受苦圈"呢，研究者真的能够跳出相关主体的认知过程，从外部展开观察并进行定义吗？这些仍是需要回答的问题。③

① 舰桥晴俊：《反訳·編集·補筆＝堀川三郎·高娜·朱安新》，《日本環境社会学の理論的自覚とその自立性》，法政大学社会学部《社会志林》2016 年第 62 巻第 4 号，第 21—33 頁；茅野恒秀、湯浅陽一編：《環境問題の社会学—環境制御システムの理論と応用》，東京：東信堂 2020 年版。堀川三郎基于以上文献制图。

② 带谷博明：《ダム建設計画をめぐる対立の構図とその変容——運動·ネットワーク形成と受益·受苦に注目して》，《社会学評論》2002 年第 53 巻第 2 号，第 55 頁。

③ 参见中澤高師《廃棄物処理施設の立地における受苦の"分担"と"重複"—受益圈·受苦圈論の新たな視座への試論》，《社会学評論》2009 年第 59 巻第 4 号，第 790 頁。

第二个方面的批评是关于圈域内的共通性问题，换言之，即分析单位的问题。对机场噪声问题进行了调查研究的金菱清指出，"受益圈·受苦圈模型是以一部分人群的共同受益、共同受苦为前提的"[①]。在问题的展开过程中，圈域内的每个个体的状况会不断发生变化，而"以共同受益、共同受苦为前提"的理论构成，则无法应对这种状况。带谷也认为，"在社会生活受到强烈影响的水库淹没地区内部也存在着巨大的对立"，"对于多层多样化的受淹地区的住民，其受益·受苦认知已经难以用'圈域'来进行把握"[②]。所以，如果用"圈域"作为分析单位，就不得不假定圈域内部都是一样的，那么每一个人经验中各不相同的受益·受苦认知就得不到体现。

从这个角度上说，上述问题也会影响到受益圈·受苦圈论在舩桥晴俊理论构想中的作用和地位。前面谈到，作为舩桥更宏大的社会理论（可说是社会学原理论）的一部分，受益圈·受苦圈论力图对更宏大的社会结构进行分析，它假设了一个受益圈·受苦圈的圈域内是均质的，受益圈·受苦圈具有一个凝练一致的内核。如此，一方面要有力地刻画出宏大的社会结构中受苦是如何不平等地分布着，另一方面却因为设定了圈域内的一致性而无法看到受苦的多样性。这种矛盾要如何解决？

第三个方面的批评，是圈域的多层性问题。在对废弃物处理设施的建设选址问题进行分析时，中泽高师提出"多个受益·受苦的结构形态可能重复地产生从而形成叠加的多层性"[③]。比如，某一地因为运作中的垃圾处理厂A已经产生了受益圈和受苦圈的对立，又规划了垃圾处理厂B，那么垃圾处理厂A造成的事后受苦圈和垃圾处理厂B引起的事前受苦圈的对立就会发生，"仅以受益圈·受苦圈论所设想的'受益圈和受苦圈的对立'构图无法把握整个事态"，因此，"需要把'受苦圈

① 金菱清：《受苦圈の潜在化に伴う受苦と空港問題の視座——受益圈·受苦圈モデルを使って》，《関西学院大学社会学部紀要》2001年第89号，第195頁。
② 带谷博明：《ダム建設計画をめぐる対立の構図とその変容——運動·ネットワーク形成と受益·受苦に注目して》，《社会学評論》2002年第53卷第2号，第58—59頁。
③ 中澤高師：《廃棄物処理施設の立地における受苦の"分担"と"重複"——受益圈·受苦圈論の新たな視座への試論》，《社会学評論》2009年第59卷第4号，第743頁。

和受苦圈的对立’这一构图也纳入视野中来”①。当多个受益圈或受苦圈在同一地域社会内同时产生时，该如何分析受益圈·受苦圈，这一批评也非常重要。

虽然存在以上批评，但受益圈·受苦圈论所带来的认知突破，对于推动宏观理论建构的意义很明显。在对大规模开发工程进行分析，尤其对工程的公共性进行讨论时，“受益圈·受苦圈”的贡献是深受认可的。“受益圈·受苦圈模型，鲜明地揭示了公共事业所带来的便利和资源的不均衡、不平等，还对普通市民如何就公共性是非进行追问讨论给出了一种提示，就这一点来说，它在今天尤不失为一种有效的分析视角。”②

综上所述，虽然对于把握圈域内“受害”的多样性，可能需要再提炼新的概念，但对大规模开发项目及发展过程中产生的公共性问题进行探讨时，受益圈·受苦圈论具有充分的解释力。对东日本大地震和福岛核电站事故所致的深刻受害事态进行思考时，这一明晰的概念也是有效的。如核电站基地的建设，只选择人口稀少的地方，完全避开电力主要消耗地的大都市，这一现象没有受益圈·受苦圈论就难以解释清楚。③ 福岛核电站事故已经形成了跨越国境的受益圈和受苦圈，但日本关于核电的新规划恐怕还会在东亚区域内引起事前受益圈和事后受苦圈的对立。

三　社会背景

受益圈·受苦圈论诞生的社会背景，是 1955 年以后“经济高速增长期”的大规模开发以及在此期间产生的大量社会问题，包括环境污染问题。日本在第二次世界大战中战败，只能从废墟中重新开始。不过在国际政治上通过日美同盟获得安全保障、在朝鲜战争等带来的特殊经济需求形势下整顿经济，日本取得了奇迹般的发展。

---

① 中澤高師：《廃棄物処理施設の立地における受苦の“分担”と“重複”——受益圈·受苦圈論の新たな視座への試論》，《社会学評論》2009 年第 59 卷第 4 号，第 793 頁。

② 植田今日子：《存続の岐路に立つむら— ダム·災害·限界集落の先に》，東京：昭和堂 2016 年版，第 42 頁。

③ 参见堀川三郎《なぜ原発は東京にはないのか？》，載友枝敏雄、山田真茂留、平野孝典编《社会学で描く現代社会のスケッチ》，東京：株式会社みらい 2019 年版，第 105—113 頁。

1. "战后复兴"后的"高速经济增长期"与"公害·环境问题"

要理解日本"高速经济增长期"（1955—1973），先得理解日本的"战后复兴"这一关键概念。战争摧毁了原有生活基础，助推日本在废墟重建中实现了超越性的更新和进步。其"经济从复兴阶段迈向高速增长阶段的契机则是 1950 年 6 月发生的朝鲜战争。……对于日本来说，这场战争无异于救命之神。因为美国为了支援韩国参战，将日本作为补给基地，战争产生的特殊需要使日本的市场需求随之大增。因'道奇路线'而陷入低迷的日本经济就此得以振兴"①。这一时代背景有利于日本的经济发展。

从内部看，对日本战后复兴起到最重要作用的，是通过统制方式进行的资源重点分配。就是从政策角度出发来分配资金，而不是通过市场的价格机制调节分配资金，生产力因此得到了快速恢复，为接下来的高速增长做好了准备。战争时期形成的以支援战争为目的的经济体制，非常适合当时以钢铁、机电、造船、石油化学等重化工业为中心的前沿领域的发展。同时，战后在美国政府的支持下，日本政府将投资用于优先发展重化工业，于是"战争时期形成的国家总动员体制带来了战后经济复兴，战时成长起来的企业实现了战后的高速增长"②。

但这种国家发展是以牺牲自然环境和社会弱势群体为代价换取来的。事实上自明治维新以来，日本政府就在殖产兴业、富国强兵的旗帜下实施对工业化和军事化的配套推进。以威权主义国家的强制力主导推行发展，被称为一种"独裁式发展"。直到"二战"败北后，虽然日本在推行民主化，但为实现经济社会复兴而破坏环境的事实却性质依旧，到反公害运动·环境运动时期才对这些问题进行纠正。③ 因此，高速经济增长时期的公害问题，是战前问题的深刻化，公害环境问题剧烈爆发于高速经济增长时期有其深远的社会历史背景。

---

① 野口悠紀雄：《戦後経済史：私たちはどこで間違えったのか》，東京：日本経済新聞出版社 2019 年版，第 72—73 頁。
② 野口悠紀雄：《戦後経済史：私たちはどこで間違えったのか》，東京：日本経済新聞出版社 2019 年版，第 29 頁。
③ 参见飯島伸子《環境問題の社会史》，東京：有斐閣 2000 年版。

2. "高速经济增长"背景下的社会问题与社会运动

"日本的'高速增长'其实也是工业化发展的过程。"① 快速的工业化导致了大量农村人口流向城市，带来了城乡社会的剧烈变迁。传统的村落—家族秩序与城乡格局被打破，在城市与乡村之间、中央和地方之间，经济收入、基础设施等方面的城乡不均衡发展问题逐渐呈现出来。一方面，传统地域共同体如乡村和家族走向衰落，以国家为主体的"公共型"和以市场为主体的"市场型"供给体系开始占据主导地位，过疏地域被迫面临资源稀缺、发展落后的困境。另一方面，大规模开发（如新干线、机场等交通设施）直接带来了受益·受害的利益二分化。以核能开发为例，核电站选址在人口稀少、经济落后的偏远沿海农山村，形成了风险区域，而源源不断的高压电力却输送给远离危害的大都市圈享受现代便捷生活，受益和受害之间同时存在着社会群体和地域空间的不平等之差。

在工业化和大开发背景下，环境、公害、医疗、教育、福利等问题日益凸显，在日本掀起了强劲的住民运动。从 20 世纪 60 年代后半期到 70 年代，整个日本列岛住民运动此起彼伏，主要是以 1955 年以来经济发展和快速增长带来的如公害频发、自然环境破坏、历史遗产损毁等事件为背景发生的，构成了对地方政府权力的一种强力对抗。② 环境问题的住民运动是战后日本的社会运动与社会思潮的重要组成部分。其中，反公害运动和住民运动，成为 20 世纪 70 年代日本社会运动的典型代表。③

在社会运动中，日本的住民参与意识得到空前增强，地域组织也获得迅速发展，地域自治力量得以彰显。④ 一方面，伴随着传统农耕家庭

---

① 野口悠紀雄：《戦後経済史：私たちはどこで間違えったのか》，東京：日本経済新聞出版社 2019 年版，第 97 頁。

② 参见田毅鹏《地域社会学：何以可能? 何以可为?——以战后日本城乡"过密—过疏"问题研究为中心》，《社会学研究》2012 年第 5 期，第 184—203、245 页。

③ 参见梶田孝道《住民運動·反差別解放運動解説》，载似田貝香門·梶田孝道·福岡安則編《リーディングス日本の社会学10　社会運動》，東京：東京大学出版会 1986 年版。

④ 参见田毅鹏《地域社会学：何以可能? 何以可为?——以战后日本城乡"过密—过疏"问题研究为中心》，《社会学研究》2012 年第 5 期，第 184—203、245 页。

手工商贸业向现代大型企业组织的转型，新中产阶级阶层逐渐在日本成形——脱离传统村落—家族的现代都市家庭实现自由化，社会生活促进社会成员走向个体化，同时，又被不断嵌入以等级和忠诚为特质的现代企业组织。① 另一方面，作为新中产阶级家庭发展延续的基础手段，大学教育深受重视并得到推进，促进了社会知识素养和思想水平的整体提升，大众媒体和公众社会也在其间得以成长。"经过深入探究日本人的现代组织、经济团体和官僚制度等类结构后"，傅高义认为，"日本人之所以成功，并非来自所谓传统的国民性、古已有之的美德，而是来自日本独特的组织能力、措施和精心计划"②。

四 个人生平

1948 年 7 月 17 日，舩桥晴俊出生在日本神奈川县中郡大矶町的一个当地名门之家。先后就读于大矶町立大矶小学、大矶町立大矶中学。1967 年 3 月，他从神奈川县立平塚南高中毕业。舩桥在高中时期担任过学生会会长等职，作为一名优秀的学生已经崭露头角。

1967 年 4 月，舩桥入学东京大学理科 I 类。他一边参加反战运动、学运斗争，一边加入了大学管弦乐团，热心学习，勤于奋斗。值得一提的是，虽然舩桥入读的是工学部宇宙航空学科，却同时参加了具有"马克斯·韦伯研究日本第一人"之称的折原浩教授的研讨课，深化了他对社会科学的思索。此外，在大学本科时代舩桥与真木悠介相遇，后者对舩桥后来的研究产生重大影响。这期间，舩桥还接触了森有正的著作。

1971 年，舩桥从工学部宇宙航空学科毕业，但人生的探索还在继续。经历了学运斗争，他痛感只有工学知识还远远不够，社会科学方面的知识亦十分必要，于是又以学士身份入读东京大学经济学部经济学科，在经济史关口老师的研讨课继续学习。到 1973 年从该学科毕业时，

---

① 参见［美］傅高义《日本第一》，谷英 、张柯、丹柳译，上海译文出版社 2016 年版。

② ［美］傅高义：《日本新中产阶级》，周晓虹、周海燕、吕斌译，上海译文出版社 2017 年版。

他要追求的人生道路已不是经济史而是社会学了。

1973 年 4 月，他进入东京大学大学院社会学研究科深造，在见田宗介（真木悠介是其别名）的指导下，开始了正式的社会学研究。他的硕士毕业论文受到高度评价，并在 1975 年 3 月取得硕士学位后，继续入读该研究科博士课程（1975 年 4 月）。其间，他组建了"社会问题研究会"，并开展了"东京垃圾战争"的调查。

1976 年 10 月，舩桥被聘为东京大学文学部助理，迈出了作为研究者的第一步。1978 年 5 月，他首篇发表的论文《组织的存立构造论》①得到好评并获得了"第 19 回城户奖"。这篇论文清晰呈现了他随后的研究主题——横向水平"管理系统"与纵向垂直"控制系统"的组织二重性及其物化过程的克服。

1979 年 4 月，舩桥至法政大学社会学部担任讲师，直到 2014 年 8 月突然离世，这里一直是舩桥进行研究和教育的根据地。

1981 年，入职法政大学不久的舩桥参加了社会学部同事金山行孝教授的青森县六所村调查，吸取了实地调查经验和调查团队的组织方法。基于以上田野调查经验与知识，舩桥从 1982 年开始了名古屋新干线公害调查，并在 1985 年出版了《新干线公害》②，并提出了"受益圈·受苦圈"理论。

不过，这一阶段，舩桥的基本兴趣还在于高度抽象的理论。虽然进行了新干线公害的案例研究，但只是一个佐证其原理论的中层理论。正如他本人所言，"我自己认为自己在做社会问题的社会学"③ 研究，《新干线公害》中一次都没有用过"环境社会学"这个词语。虽然逐步意识到其重要性，却还没到将环境问题作为自身研究认同的程度。

1986 年之后的两年间，舩桥作为法国政府公费留学生负笈巴黎。

---

① 舩橋晴俊：《組織の存立構造論》，载《思想》第 638 号（1977 年 8 月号），第 37—63 页。此文是基于其硕士学位论文《組織の存立構造論——共同性と集列性の視点から》（1974 年 12 月）写成。

② 参见舩橋晴俊、長谷川公一、畠中宗一、勝田晴美《新幹線公害——高速文明の社会問題》，東京：有斐閣 1985 年版。

③ 舩橋晴俊：《日本环境社会学的理论自觉与研究的"内发性"——舩桥晴俊访谈录》，载陈阿江主编《环境社会学是什么——中外学者访谈录》，中国社会科学出版社 2017 年版，第 105 页。

师从组织社会学研究所的米歇尔·克罗齐耶（Michel crozier），在组织理论方面进行深造的同时，结识了法国生态学派学者，在参与法国新干线问题田野调查的过程中，他决定将环境问题作为一生学术志向。舩桥自己说，"到法国留学，刚好是 40 岁，决定就做环境社会学好了。真所谓是'四十不惑'。此后就不再迷茫了。就做这个吧——于是，在 40 岁的时候，将环境社会学定为了自己的研究课题"①。如前所述，舩桥的"学术身份危机/学术认同之问"（主要研究领域是什么），在其硕论以及论著《组织的存立构造论》中已经得到了解决。而其"研究课题的认同之问"（主要研究对象是什么），却是在法国留学期间得到答案的。此后，舩桥成为日本环境社会学草创期的重要人物之一，在法国的研究就是其发端。带着专门研究环境问题的决心，舩桥于 1988 年 9 月回到日本法政大学。

1990 年 5 月 19 日，舩桥和饭岛伸子、鸟越皓之一起创立了"环境社会学研究会"，有 53 名会员齐聚法政大学多摩校区。到 1992 年 10 月，研究会在发展中被新成立的环境社会学会所替代，截至本章撰写之际，已成为一个拥有 500 多名会员的大规模学会。一路走来，舩桥始终担任领导，具体地说，1995—1997 年担任事务局局长，1999—2001 年担任编辑委员长，2001—2003 年任学会会长。

此后，舩桥致力于多项公害·环境问题调查，从东北新干线公害、到陆奥小川原开发及核废料循环问题、新潟水俣病、绿色消费者问题、六所村，等等，不胜枚举。

特别要说的是，舩桥对 2011 年东日本大地震及随之而来的福岛第一核电站事故的回应。"对我来说，福岛就是我最后的田野。福岛第一核电站事故为什么会发生，如何能够克服，这些是最大的问题"②，舩桥以行践言，确实将福岛核电站事故作为他晚年事业的最大关注对象。对于政府在事故之后仍然推行核电政策，舩桥从市民社会的立场出发提

---

① 舩橋晴俊（反訳、編集、補訂＝堀川三郎、高娜、朱安新）：《日本環境社会学の理論的自覚とその自立性》，《社会志林》第 62 巻第 4 号，第 31 頁。

② 舩橋晴俊（反訳、編集、補訂＝堀川三郎、高娜、朱安新）：《日本環境社会学の理論的自覚とその自立性》，《社会志林》第 62 巻第 4 号，第 33 頁。

出批判和抵抗议案，力图为实现协商民主主义打下知识基础，拿出了勇
猛奋进的学术行动。不论是在大学、学会，还是在日本学术会议、日本
国家国会，他始终坚持用其建构的理论工具和精确的调查数据来强调废
核的必要性。日复一日地减少睡眠，损害了他的健康，竟使他在 2014
年 8 月 15 日忽然离世而去，享年仅 66 岁。这不只是一位诚挚学者的逝
世，对于日本社会学来说更是痛失珍宝。

五　拓展阅读

舩橋晴俊：《环境控制系统对经济系统的干预与环保集群》，程鹏
立译，《学海》2010 年第 2 期。

舩橋晴俊：《社会制御過程の社会学》，東京：東信堂 2018 年版。

舩橋晴俊：《組織の存立構造論と両義性論——社会学理論の重層
的探求》，東京：東信堂 2010 年版。

舩橋晴俊、長谷川公一、畠中宗一、勝田晴美：《新幹線公害——高
速文明の社会問題》，東京：有斐閣 1985 年版。

舩橋晴俊、長谷川公一、畠中宗一、梶田孝道：《高速文明の地域
問題——東北新幹線の建設·紛争と社会的影響》，東京：有斐閣 1988
年版。

帯谷博明：《ダム建設をめぐる環境運動と地域再生——対立と協
働のダイナミズム》，東京：昭和堂 2004 年版。

茅野恒秀、湯浅陽一編：《環境問題の社会学——環境制御システ
ムの理論と応用》，東京：東信堂 2020 年版。

梶田孝道：《テクノクラシーと社会運動——対抗的相補性の社会
学》（現代社会学叢書 15），東京：東京大学出版会 1988 年版。

植田今日子：《存続の岐路に立つむら——ダム·災害·限界集落
の先に》，東京：昭和堂 2016 年版。

第五章　环境正义

环境正义（Environmental Justice）① 是环境社会学理论的重要构成，该理论最先诞生于美国。1987 年，一本介绍美国北卡罗来纳州沃伦县居民抗议垃圾场选址问题示威活动（史称"沃伦抗议"）的小册子——《必由之路：为环境正义而战》中首次使用了"环境正义"一词，自此"环境正义"概念很快得到学界广泛采用。本章在对环境正义理论内容展开介绍的基础上，进一步分析该理论的思想脉络和产生背景。

一　什么是环境正义

1. 环境正义的定义

进入现代社会以来，随着生产力水平的飞速提升，人类对自然环境史无前例的资源攫取与污染排放造成了严重的生态破坏，严峻的生态环境问题以意想不到的方式反噬人类自身。正如恩格斯所说，"不要过分陶醉于我们人类对自然界的胜利。对于每一次这样的胜利，自然界都对我们进行报复。每一次胜利，起初确实取得了我们预期的结果，但是往后和再往后却发生完全不同的、出乎预料的影响，常常把最初的结果又消除了"②。在基于对自然环境与人类社会的互动关系深刻反思的基础

---

① Environmental Justice 有不同的翻译。洪大用等人认为，Environmental Justice 应该翻译为"环境公正"，环境公正正好体现了社会学对环境问题与社会公正的双重关怀。因为正义强调的是道义上的选择和行为，以道德力量为支撑。而社会学研究更注重社会实践，不仅从道德上剖析社会问题，而且还从社会结构和过程的角度分析问题，并寻求对策。参见洪大用、龚文娟《环境公正研究的理论与方法述评》，《中国人民大学学报》2008 年第 6 期。多数研究中，都将之翻译为环境正义。本书采用环境正义这一说法。
② 《马克思恩格斯文集》（第 9 卷），人民出版社 2009 年版，第 559—560 页。

上，在西方发达国家最早诞生了现代环境主义（environmentalism）思想。现代环境主义呼吁正视环境破坏对人类社会的灾难性后果，反思并调整基于人类自身利益最大化的"人类中心主义"立场，倡导大自然和其他物种应该被平等看待，赋予人类以外的生物以应有的价值。在此基础上产生的现代环境保护运动声势空前，环保运动对于认识环境保护的紧迫性，扭转人类对自然环境的破坏起到了重要作用。

　　环境问题在造成人与自然关系紧张之外，其引发的人与人之间的矛盾与冲突也越发尖锐。如果我们将特定区域内环境危害和环境风险的影响人群做进一步细致划分的话，我们可能会惊讶地发现这些"环境负担"（environmental burdens）并不是平均分配在每一个人身上，在不同的种族、阶层、地区、国家之间，表现出某种规律性分布的特征。大量的经验案例呈现出的事实是，环境负担分配的不平等现象突出，处于弱势地位的地区和人群往往承担着相对高比例的环境负担。环境负担在不同人群中不成比例分配问题日益成为社会关注的焦点问题。一些环境受害群体意识到自身遭受的不公正待遇，开始通过行动维护自身的利益。在美国，拉夫运河事件和沃伦抗议成为抗争运动中的标志性事件。环境正义概念正是基于环境负担中人与人之间的不平等分配问题被提出。

　　环境正义有多样化的定义，美国国家环保局将环境正义定义为："在环境法律、法规和政策的制定、适用和执行方面，所有人，不论其种族、民族、收入、原始国籍或教育程度，都应得到公平对待并有效参与。"[1] 我们将环境正义定义为：在环境资源的使用、环境权利的保障、环境风险和危害的分配上，所有主体一律平等，不论种族、地区、性别、阶层等差异，享有同等的权利，负有同等的义务。与现代环境主义不同，环境正义视角下的环境问题不再是人类如何看待其与自然关系的问题，而是人类社会在环境议题下如何处理人与人之间的关系的问题。1991 年第一届有色人种环境领导人高峰会议在美国首都华盛顿召开，会议最有成效的是通过了对后世具有深远意义和广泛影响的 17 条原则。

---

　　① 美国国家环保局网站：https://www.epa.gov/environmentaljustice。

这些原则大致可分为四个方面。一是强调保护地球母亲的神圣性、维护生态系统的完整性，以及尊重物种之间相互依赖关系的重要性；呼吁消费者以身作则，改变不可持续的消费方式。二是主张所有人都应免于任何形式的环境歧视或偏见，都有免于核试验、有毒有害废物的生产和处理伤害的权利。如果受到伤害，应获得赔偿。三是对美洲原住民自治权利的确认。四是主张人们有"知情同意"的权利，有权对影响自身生存健康的政策进行评估和作出表决等。①

环境正义概念提出后，迅速成为一个热点研究领域。首先，研究内容的丰富性，从已有的文献资料来看，学者们的研究主要关注环境领域的分配正义、程序正义、承认正义、修复正义等多方面的议题。② 其次，研究视域的跨学科性，环境正义研究日益成为一个跨学科研究的领域，主要包括社会学、伦理学、政治学、法学、经济学、社会工作等学科，不同学科对环境正义的研究侧重点有所不同。

本章主要基于社会学的视角，对环境正义理论相关内容做出梳理。与伦理学、法学等学科关注环境正义的"应然"层面不同，社会学的环境正义研究主要关注"实然"层面的问题，即环境正义"是什么""为什么"。社会不平等在制造、维持和加剧环境问题上扮演着根本性的作用。③当我们把研究视角关注到环境正义问题的呈现方式以及产生原因时，必须将环境正义放置于特定时空背景以及所处社会本身的结构化不平等状况中加以理解。不同经济社会发展水平、不同文化与历史传统的国家和地区的环境正义呈现方式具有显著的差异。在环境正义概念的发源地美国，环境正义问题表现最为突出的是不同种族在环境负担分配上的差异，这与美国种族不平等的历史有较强的联系。中国由于城乡二元体制影响以及地区发展的不均衡，环境正义问题主要表现为城乡环境正义和地区环境正义。从国际层面看，由于不平等的世界政治经济体系，环境正义

---

① 参见王云霞《环境正义与环境主义：绿色运动中的冲突与融合》，《南开学报》（哲学社会科学版）2015 第 2 期。

② 参见 David Schlosberg, *Defining Environmental Justice: Theories, Movements and Nature*, Oxford University Press, 2007, p. 39。

③ 参见陈阿江主编《环境社会学是什么——中外学者访谈录》，中国社会科学出版社2017 年版。

问题主要表现为发达国家与欠发达国家之间污染分配不公问题。

2. 环境正义的类型

（1）种族环境正义

种族歧视、种族不平等是人类社会不平等的主要表现之一，历史上处于弱势边缘地位的有色人种、少数族裔等常常成为不平等关系的最大受害者。随着环境问题日益加剧，研究者发现，种族不平等又增加了新的内涵。在美国，环境正义表现最为突出的是种族之间的不平等，有色人种群体被认为承受了不成比例的环境负担。被称为"环境正义之父"的美国社会学家罗伯特·布勒德《在南部倾倒废弃物：种族、阶级与环境质量》（*Dumping in Dixie：Race，Class and Environmental Quality*）、《正视环境种族主义：来自草根的声音》（*Confronting Environmental Racism：Voices From the Grassroots*）等著作是反映种族环境不正义的重要作品。布勒德基于实地调查发现，美国南部垃圾场并不是随机分布的，它们所在的位置与特定种族居住区域具有较多的重叠，由于白人社区更有优势成功抵制有害设施，在政治和社会经济地位上处于弱势地位的黑人社区常常是垃圾场选址的"目标地"。不同种族在环境负担中不成比例分配问题成为早期美国环境正义运动爆发的重要导火索。

在美国，环境正义运动的参与者明确提出了"环境种族主义"的概念，环境种族主义被看作种族不平等的一个新的例证。美国"基督教联合会种族正义委员会"的领导者查韦斯（Benjamin Chavis）对"环境种族主义"给出了界定："环境种族主义是指在环境政策的制定，环境法律和制度的实施，有毒危险废弃物处理厂和污染企业的选址上存在种族歧视，以及将有色人种排除在环境决策之外的行为。将对生命有威胁的有毒物置于有色人种居住社区的官方制裁行为属于环境种族主义；将有色人种排除在主流环境组织的决策制定、委员会组成，以及管理团体等之外，亦属于环境种族主义。"[1]布莱恩特（Bryant）认为，环境种族主义是种族主义的延伸，它指涉制度化的规则、章程，政府以及企业的

---

① Rev. Benjamin F. Chavis, jr., "Forward", In Robert D. Bullard ed., *Confronting Environmental Racism：Voices from the Grassroots*, Boston, MA：South End Press, 1993.

决策政策有意指向特定社区，导致基于生物学特征的社区污染物和有害废弃物不成比例暴露。环境种族主义被提出后，由于其将环境不平等问题"种族化"，成为一个极具争议的概念。大量研究围绕有色人种群体是否被"存心"施害展开异常激烈的争论，反对和支持者都难以说服对方。但搁置主观意图不论，有色人种承受了与其人口比例不相匹配的环境负担是不争的客观事实。

（2）阶层环境正义

社会分层是指社会成员、社会群体内因社会资源占有不同而产生的层化或差异现象。研究者发现，高社会经济地位阶层与低社会经济地位阶层在环境负担的分配上具有明显的差异。比较普遍的状况是，高社会经济地位阶层消费了大量的资源，却承担了较少的环境风险与环境危害；而低社会经济地位阶层对环境问题的"贡献"较少，却承担了较多的环境负担。

国内外大量研究表明，社会中不同阶层在环境负担的分配上存在明显的不平等，移民、工人、土著、农民等是主要受影响群体。日本社会学家饭岛伸子对日本四大公害病（水俣病、新潟水俣病、痛痛病、四日市公害哮喘病）的研究发现，受害者最多的职业分别是渔民、半农半渔民、农村的经产妇、渔民[1]，这些都不是社会精英阶层从事的职业。中国学者卢淑华基于对本溪市城市空气污染影响群体的调查发现，居住区位的分布与个人拥有的权力之间具有相关性。某些污染严重的区域，工人居住的比例高于工人的平均比例。[2] 陈阿江基于水污染影响机理的经验研究提出"DDP"（Degradation，Disease，Poverty）模型，即环境影响表现为"环境衰退—疾病—贫困"的作用方式[3]。他指出，水污染导致了疾病，影响了居民的身体健康；水污染影响了经济发展，使居民的生活水平下降，诱发贫困；水污染危害到一定程度以后，出现受影响人口"逃离"现象，而人口迁移又加剧了社会分化，导致社会不平等的

---

① 参见［日］饭岛伸子《环境社会学》，包智明译，社会科学文献出版社 1999 年版，第 122—123 页。

② 参见卢淑华《城市生态环境问题的社会学研究——本溪市的环境污染与居民的区位分布》，《社会学研究》1994 年第 6 期。

③ 参见陈阿江《论人水和谐》，《河海大学学报》（哲学社会科学版）2008 年第 4 期。

次生社会问题。工作场所环境问题引发的环境伤害也较多发生于底层群体，一些工作场所中的粉尘、煤烟、化学品、重金属、农药等造成了底层体力劳动者严重的职业病。这些受害群体不仅遭受身体的伤害，同时也面临严重的维权困境。①

　　在阶层环境正义的影响因素中，经济因素居于重要的位置。高社会地位阶层可以通过经济手段（如选择居住区域、选择工作场所、移民、购买防护器具等方式）躲避环境对自身的危害，而低社会经济地位阶层无力做出抉择，不得不承担环境伤害。"社会分层—环境影响"二者相互强化，处于弱势社会经济地位的阶层承担了更多的环境负担，这些环境负担又进一步强化了其社会经济地位的弱势。

　　（3）区域环境正义

　　地区环境正义问题主要指地区之间在环境危害和环境风险分配上的不公问题，表现为环境危害和环境风险向特定地区的转移、聚集。地区之间的经济社会发展水平差距、规章制度及其执行力度、居民对环境问题的认知与接受程度差异等都是影响地区环境正义的因素。地区环境正义问题在全球范围内普遍存在。美国的"癌症走廊"（Cancer Alley）坐落于路易斯安那州密西西比河沿线，聚集了将近150家炼油厂、塑料厂和化工设施。区域内污染严重，对周边居民的健康造成了极大损害。在中国，污染产业/污染物从经济发达地区向经济欠发达地区转移或者向环境管制较为宽松地区聚集的现象也存在。在一些矿产、自然资源（森林、草原等）较为丰富的地区，开发资源导致的环境问题对当地经济社会发展和居民健康安全等都产生了较大的影响，如采煤沉陷区问题、森林乱砍滥伐问题等，这些自然资源受益地区与环境问题承担地区的错位现象也可以被认为是地区环境不正义的表现。地区环境正义还表现在城乡层面，不平等的城—乡关系是造成这一结果的重要原因，乡村往往承担更为严重的环境危害。洪大用对农村面源污染的研究指出，在很长的一段时间内，中国的环保工作把重点放在大城市、大工业和大工程上，农村的环境保护长期受到忽视，环保政策、环保机构、环保人员以及环

_____

　　①　参见耿言虎《工作场所有害物质暴露及其健康后果的社会学研究——美国学者的贡献及启示》，《南京工业大学学报》（社会科学版）2020年第4期。

保基础设施均供给不足。落后的基础设施与日益加大的污染负荷之间的矛盾日益突出，直接导致了面源污染的加剧。① 尽管中国农村地区开展了大量的人居环境整治、厕所革命、美丽乡村建设等生态环境"补短板"措施，但是总体来看，农村环境状况与城市相比仍有较大差距。

地区环境正义有较为复杂的形成机制。经济学界提出"污染避难所假说"（Pollution Haven Hypothesis），该理论认为，由于环境规制客观上加大了企业的成本支出，污染产业会从环境管制严的地区向环境管制松的地区转移。社会学界有学者从"机会结构"角度分析了污染产业转移的社会机制，地区经济差距形成的发展急迫感差异、环境规制强度差异以及基于污染风险认知形成的社会容忍度差异成为形构企业迁移的外部机会集合的三重结构条件。② 因政治地位、经济发展水平、历史传统等差异较大，不同地域的环境正义问题存在差异。城乡环境不正义与中国城乡二元社会结构具有较为密切的关系。二元社会结构是指在整个社会结构体系里，明显地同时并存着比较现代化的和相对非现代化的两种社会形态。③ 在中国，由于长期存在的分割城乡的户籍制度以及不适当的经济发展战略，使得二元社会结构的表现更为突出，其实质在于城乡不平等。

（4）国际环境正义

按照沃勒斯坦的世界体系理论，世界上的国家处于"中心—半边缘—边缘"的等级结构之中。发达国家由于其强大的科技、经济、军事实力大多处于中心位置，欠发达国家则多处于半边缘、边缘位置。环境不正义发生于这些不同位置国家间的经济交往之中。日本学者饭岛伸子提出的"公害输出"理论是国家环境不正义的代表性理论。她以日本为例，指出日本由于国内公害管制严格，将企业转移到亚洲其他对公害管制相对宽松的国家，并在这些国家造成了公害或环境破坏。饭岛伸子认为，这种公害输出行为导致公害问题地域的不断扩大，公害由国

① 参见洪大用、马芳馨《二元社会结构的再生产——中国农村面源污染的社会学分析》，《社会学研究》2004年第4期。
② 参见陈阿江、罗亚娟《机会结构与环境污染风险企业迁移——一个环境社会学的分析框架》，《社会学研究》2022年第4期。
③ 参见郑杭生主编《社会学概论新修（第三版）》，中国人民大学出版社2003年版，第404页。

内向其他落后国家转移，具有明显的国家间的受害与致害关系。[①]

国家环境不正义具有不同的表现形式。其一，从管制严格的发达国家向管制宽松的发展中国家转移污染工厂和工程的现象。发达国家利用欠发达国家环境立法宽松的弱势，把在本国由产业升级而淘汰的夕阳产业（技术落后的高消耗、低产出、高污染的传统产业）向欠发达国家转移；其二，欠发达国家生产大量的消费品出口到发达国家，而生产这些消费品会造成环境破坏。铁矿石、木材、咖啡豆等初级消费品的生产过程造成的环境问题被生产地所承担，这些消费品则被发达国家所享用。亚马逊热带雨林乱砍滥伐问题的主要原因之一就是大量木材被发达国家购买；其三，发达国家把产生的大量废弃物拿到发展中国家处理而造成环境破坏。以垃圾为例，为了减少垃圾对本国环境的危害，发达国家通过向欠发达国家出口垃圾的方式实现环境处理成本的外部化（externalization）。美国、西欧、日本等是"垃圾出口"的主要国家和地区。中国在很长一段时间内也曾是"洋垃圾"的进口国，直至 2017 年国务院办公厅印发《关于禁止洋垃圾入境　推进固体废物进口管理制度改革实施方案》后才终止。与"公害输出"理论相类似，很多学者关注到国家间的"生态不平等交换"（ecologically unequal exchange）问题。"生态不平等交换"研究关注到世界经济结构造成了国家间不平等的物质—生态交换（material-ecological exchanges）和不均衡的环境影响，其中大多数不成比例地损害了不发达国家人口的环境和福祉。[②]

3. 环境正义问题的解释维度

（1）经济维度：资本逻辑取向

很多研究关注到资本主义社会的经济制度与环境不正义之间的联系。由于市场经济的运行规则，企业势必以追逐最大利润为目标，较少或根本不考虑自身生产行为给民众带来的环境危害，产生了大量的环境

---

① 参见包智明《环境问题研究的社会学理论——日本学者的研究》，《学海》2010 年第 2 期。

② 参见 Jorgenson A. K., Clark B., "Ecologically Unequal Exchange in Comparative Perspective: A Brief Introduction", *International Journal of Comparative Sociology*, Vol. 50, No. 3 - 4, 2009, pp. 211-214。

非正义现象。市场机制作为一只看不见的手，会将工厂或垃圾场引向低成本地区。这些区域往往被视为"牺牲区域"（sacrifice zones），该地区则承受不成比例的环境负担，住在牺牲区域内的居民被认为是为了社会的集体利益而作出特别的牺牲。[①] 日本学者岩佐茂也指出，正是在资本逻辑指导下建立起的一味追求利润的生产方式对环境造成了大规模的污染，形成了深刻的产业公害。生产者是环境破坏最主要的加害方，而受害方则是因环境破坏遭受负面影响的人群、区域及国家。[②]

彼得·S. 温茨（Peter S. Wenz）从政府决策的角度，分析环境政策制度中广泛运用的成本效益分析（cost-benefit-analysis，CBA）方法对环境非正义形成的促进作用。成本效益分析强调货币价值，将所有价值转化成货币形式，以便识别出哪种政策能将社会总财富最大化。在社会政策的决定上，如果采取用成本收益分析，将会使"一人一票"变成"一元一票"。温茨指出："当成本效益分析被有意地加以运用时，它就产生了违背基本的正义原理这一结果，因为成本效益分析这一决策形式把金钱而不是公民本身视为平等的。"[③]

个体层面的经济理性选择也是加剧环境不正义的重要因素。在城市中，居民的经济能力是影响居住和迁移的最核心的因素。一般情况下，住宅区出现污染，经济能力强的富人可以搬离，而没有经济能力的人则无法移动。甚至说，随着污染的出现，被污染区域的房价降低，有色人种和低收入者向低房价地区集聚，从而加剧了有色人种和低收入群体的集聚。根据美国学者的研究结果，若是某小区（census tract）中有垃圾场等设施存在，则该区的房价会比其他没有这些设施的地方低20%左右。[④] 这种现象的产生一定程度上是市场决定

---

① 参见黄之栋、黄瑞祺《环境正义之经济分析的重构：经济典范的盲点及其超克——环境正义面面观之四》，《鄱阳湖学刊》2011 年第 1 期。

② 参见［日］岩佐茂《环境的思想与伦理》，冯雷、李欣荣、尤维芬译，中央编译出版社 2011 年版。

③ 参见［美］彼得·S. 温茨《环境正义论》，朱丹琼、宋玉波译，上海人民出版社 2007 年版，第 268—297 页。

④ 参见 Boerner, C. and T. Lambert, "Environmental Justice?", *Center for the Study of American Business Policy Study*, No. 121, April 1994, Washington University。

的。这种自愿入住到垃圾场旁的现象被称作"逐臭现象"①。贝恩（Been）对这种市场导致的环境不正义进行了准确的描述，"只要市场仍然以现存的财富分配方式来配置财货与服务，那么到最后，如果有毒废弃物处理设施没有使得穷人承受不成比例的负担，那就真的太不可思议了"②。

（2）政治维度：不平等的制度设置

在制度层面，完备的制度设置是保障环境正义的重要前提。程序是环境分配不正义的重要原因。研究者指出，环境非正义的产生与制度设计的缺失有很强的联系③。表现在以下几个方面。一是社会协商制度的缺乏，导致民众的合理诉求没有正常的表达渠道。公众参与机制不足，处于弱势地位的民众无法参与决策，无法对不利于自身的决策产生影响。二是利益协调机制的缺乏，导致某些弱势群体的合法权益被侵害。当环境危害发生时，弱势群体受制于技术壁垒、法律障碍、财力不足等原因，难以有效维护自身权益。三是民主决策程序的缺失，导致民众对于环境决策的不完全知情。很多污染设施的设立并没完全征求周边居民的意见，企业有意隐瞒环境危害，他们对设施的环境影响不知情。四是风险分担机制的缺乏，导致弱势群体承担了不合理的份额。环境补偿、生态补偿等制度化的补偿机制不足。

（3）社会维度：资源动员能力与权力结构

社会因素是环境不正义产生的重要原因。社会资本和政治资源在不同群体中的不均衡分布形成了强势群体与弱势群体。弱势群体在环境事项中的发言权和决策权微乎其微。不同群体在抵制有害工业选址，迫使污染者清除污染能力方面存在差异。弱势群体的可动员资源比较少。有学者指出，环境非正义源于社会阶层优势以及白人特权形成的权力结构

---

① 参见 Been，V.，Gupta，F.，"Coming to the Nuisance or Going to the Barrios：A Longitudinal Analysis of Environmental Justice Claims"，*Ecology Law Quarterly*，Vol. 24，No. 1，1997，pp. 1—56。

② 参见 Vicki Been，*Market Forces，Not Racist Practices，May Affect the Siting of Locally Undesirable Land Uses，Environmental Justice*，San Diego：Greenhaven Press，1995，pp. 38—59。

③ 参见刘海霞《环境正义视阈下的环境弱势群体研究》，中国社会科学出版社 2015 年版，第 124—126 页。

（power structure）。① 由于在力量对比上处于严重的弱势，企业通常遵循
"最小抵抗路径"（path of least resistance）② 原则，把废弃物处理场选择
在少数族裔、低收入群体居住的区域。美国国家统计局（US General
Accounting Office）选定了 4 座位于美国西南部的大型掩埋场，并收集了
各场周边半径 4 英里内的人口构成资料。他们的研究发现，4 座掩埋场
中有 3 座坐落在周边黑人居民比例超过五成的地区（具体的数字分别是
52%、66% 和 90%）。对照这些处理设施所在各州的人口构成情况，黑
人只占总人口比例的 20%—30%。除此之外，美国国家统计局研究报告
同时也发现，在这 4 个选定地点的周边，有 26%—40% 的人生活在贫困
线之下，但厂址所在的州却只有 12%—19% 的人生活水准未超过此
界线。③

1984 年，加利福尼亚废弃物管理委员会委托一家咨询公司做了一
项研究，研究报告名为"废物能源转化企业选址所面临的政治困难"
（简称赛罗报告），报告承认在有害物质选址过程中，政治因素的作用
已经超过了工程技术因素。按照"最小公众抵抗原则"，公司和企业应
该选择小的农村社区，其居民最好较老，收入较低，受教育程度在高中
或高中以下，就业于农业、矿业、伐木业等部门。④

二　环境正义的学术脉络

环境正义理论的学术脉络中，受到罗尔斯"正义论"的深刻影响，
也契合了现代生态思潮的转向。在理论的后续发展中，比较有代表性的
是气候正义的相关研究。

---

① 参见 Sicotte D. , *From Workshop to Waste Magnet*：*Environmental Inequality in the Philadel-phia Region*, Rutgers University Press, 2016, p. 13。

② 参见 Ishiyama N. , "Environmental Justice and American Indian Tribal Sovereignty：Case Study of a Land-Use Conflict in Skull Valley, Utah", *Antipode*, Vol. 35, No. 1, 2003, pp. 119–139。

③ 参见 U. S. General Accounting Office, *Siting of Hazardous Waste landfills and Their Correlation with Racial and Economic Status of Surrounding Communities*, Washington, DC：U. S. General Account-ing Office, 1983。

④ 参见 Cole L. W. , Foster S. R. , *From the Ground Up*：*Environmental Racism and the Rise of the Environmental Justice Movement*, New York University Press, 2001。

1. 罗尔斯"正义论"的影响

什么是正义，不同时期的学术流派有不同的理解。历史上比较有代表性的正义观点是功利主义流派。功利主义流派的代表人物边沁坚持"最大多数人的最大幸福"的"功利原理"，认为社会整体的福利水平越高，社会公平程度就越大。进入 20 世纪后半叶，罗尔斯的《正义论》横空出世，在这本被公认为 20 世纪最有影响力的作品中，罗尔斯对"功利主义"进行了深刻的批判，为了实现功利最大化而忽视分配正义。在继承西方社会契约论传统基础上，系统阐述了内容广泛而又精密细致的"公平的正义"理论体系。罗尔斯认为，契约的根本目标是选择确立一种指导社会基本结构设计的根本道德原则（正义原则）。因此，他的正义论的对象是社会的基本结构（the basic structure），即社会基本结构在分配基本的权利和义务，决定由社会合理的利益或负担之划分方面的正义问题。[①]

罗尔斯认为要实现正义，必须给处于劣势的少数人以平等对待。社会正义的两个原则：第一个原则是平等自由的原则，第二个原则是机会公正平等原则和差别原则的结合。自由原则关涉自由的过程，差别原则关涉自由的结果。差别原则，最小受惠者利益最大化。在罗尔斯看来，一个合理正义的社会分配制度，不是以牺牲一部分人的利益来增加另一些人的利益，而是在社会竞争和分配中保护弱者的利益，即"对处于最不利地位上的人最有利"[②]，一个人不应该由于不在自身掌握范围内的原因而失去自由。他提出了分配正义理论的两条核心正义原则，"第一个原则：每个人对与其他人所拥有的最广泛的平等基本自由体系相容的类似自由体系都应有一种平等的权利。第二个原则：社会和经济的不平等应这样安排，使它们（1）在与正义的储存原则一致的情况下，适合于最少受惠者的最大利益；并且（2）依系于地位和职务向所有人开放"[③]。罗

---

① 参见［美］罗尔斯《正义论》（修订版），何怀宏等译，中国社会科学出版社 2009 年版，序言第 2 页。

② 参见［美］罗尔斯：《正义论》（修订版），何怀宏等译，中国社会科学出版社 2009 年版，第 6 页。

③ ［美］罗尔斯：《正义论》（修订版），何怀宏译，中国社会科学出版社 2009 年版，第 47 页。

尔斯的正义理论无疑为环境正义理论提供了理论基础。环境正义运动中对弱势群体在环境危害承担和环境风险分配上的关注正如罗尔斯"公平的正义"的内涵所在。

2. 现代生态思潮的转向

现代环境保护运动的思想基础是以"非人类中心主义"（Anti-anthropometric）思想为核心的生态思潮。现代生态思潮反对长期占统治地位的、认为人类价值高于自然价值的"人类中心主义"（anthropometric）思想，倡导"非人类中心主义"，可以分为"生物中心主义"（Biocentrism）和"生态中心主义"（Ecocentrism）两块内容。"非人类中心主义"从根本上否定大自然扮演的仅仅为人类所利用的资源的角色，强调自然与人的平等关系以及自身的独特价值。在现代生态思潮基础上诞生的现代环保运动以中产及其以上阶层为主要参与群体，关注议题主要是自然、荒野等非人类居住区域"环境"问题。深生态学（deep ecology）是"非人类中心主义"生态思潮中的代表性理论。深生态学理论对于保护生态具有独特的贡献，但在随后的环境保护实践中日益暴露自身的局限，表现为抛开人的主体性，只从纯"自然主义"的角度阐述自然价值；深生态学的"生物中心主义的平等"，具有抽象、过于理想化的倾向[1]；将人类作为整体考察而忽视了差异化群体的不同诉求；体现社会精英阶级的生活质量需求而忽视底层民众的基本生存需求；与发展中国家的发展状况和现实不符等问题。

现代生态思潮的理想化与浪漫化色彩被越来越多的学者质疑，他们积极致力于扭转激进的生态思潮以及环保运动的精英主义色彩。穷人的环境主义[2]是对激进生态思潮反思的代表性理论。在很多发展中国家，环境运动表现出"穷人的环境主义"的特征[3]，即环境保护运动的参与者不仅是知识分子或者社会精英，普通的民众，甚至穷人也是环境保护

---

① 参见王正平《深生态学：一种新的环境价值理念》，《上海师范大学学报》（哲学社会科学版）2000 年第 4 期。

② 参见 Martinez-Alier J. , *The Environmentalism of the Poor：A Study of Ecological Conflicts and Valuation*, Edward Elgar Publishing, 2003。

③ 参见张淑兰《印度的环境政治》，山东大学出版社 2010 年版，第 80 页。

运动重要的参与力量。印度学者古哈呼吁关注发展中国家受环境与资源问题影响的穷人——燃料不足、饲料匮乏、水资源短缺、水土流失、空气和水污染等都是影响途径，他们面对的不是生活质量的问题，而是如何生存的问题。[①] 印度 20 世纪 70 年代以保护森林为目的的抱树运动（Chipko movement）就是保护环境与保护生计相结合的典型代表案例，该运动的主要参与者是当地社区的村民，特别是农村女性。正是对激进环保思想的反思基础上产生的新的环保观念将环境保护的视角从仅关注自然转向关注人，特别是关注环境问题中的边缘性群体。现代生态思潮的转向与环境正义思想关注的环境事项中人与人之间的平等具有高度的契合性。

3. 环境正义的新发展

气候变化是这个时代人类面临的最严峻的环境问题之一。科学表明，二氧化碳以及其他温室气体排放已经改变了全球气候，并且这一改变还在继续。气候变化会导致洪水、干旱等自然灾害频发，极端天气频率增加，冰川融化加速、海平面上升等自然变化，进而可能引发农业减产、物种灭绝、财产安全和生命健康受威胁等一系列灾害性后果。气候变化问题与一般环境问题（主要指环境污染）有共性特征，但是也表现出差异性，如气候变化更多表现为空间尺度上的全球性、时间尺度上的长期性和滞后性、气候保护和环境保护手段的冲突性等差异。[②]

当把研究视角从全球维度切换到不同国家、地区和人群维度时，气候变化造成的损失、承担的风险表现出显著的差异性。很多对气候变化"贡献"最小的国家和地区却承担了气候变化带来的远超出其"贡献"比例的经济损失和健康代价。气候正义可以看作环境正义在气候变化领域的延伸和拓展。气候正义按照不同的标准可以分成不同的类型，按照空间划分，可以分为国际/国内气候正义；按照代际划分，可以分为代内/代际气候正义；按照作用领域划分，可以分为缓解/适应领域气候正义；

---

① 参见 Guha R.，"Radical American Environmentalism and Wilderness Perservation：A Third World Critique"，*Environmental Ethics*，Vol. 11，No. 1，1989，pp. 71–83。

② 参见王灿发、陈贻健《论气候正义》，《国际社会科学杂志》（中文版）2013 年第 2 期。

从实现路径上，可以分为实体/程序气候正义。① 社会学的气候正义研究特别关注气候变化中欠发达国家和地区、穷人、有色人种遭受的不成比例的（disproportionately）伤害。气候正义运动呼吁政府帮助脆弱的团体应对气候变化造成的问题以及提升韧性以应对气候变化引发的灾害。气候正义框架包括：制订气候行动计划，应对非经济损失和损害，帮助最脆弱的发展中国家应对气候风险，包括严重干旱、洪水和海平面上升等②。

三 环境正义的社会背景

1. 种族歧视与美国民权运动

民权运动的兴起与美国特殊的社会政治背景紧密相关。美国是一个多族群国家，白人长期占据国家的主导地位，种族歧视源于"白人至上主义"价值观。美国黑人主要是来自历史上的人口贩卖。由于历史上实行奴隶制，黑人长期遭受不平等的待遇，黑人被称为"黑色垃圾"（black trash）。奴隶制的废除虽然使黑人获得了人身自由，但是他们并没有得到平等的公民权利。美国黑人没有选举权，很多地方实施种族隔离政策。有毒废弃物聚集在有色人种居住社区的一个前提是有色人种的聚居。美国社会的居住格局呈现种族居住分化的特点，多数有色人种仍以小规模聚居的方式分布在不同的社区。在 1968 年《公平住房法案》出台前，美国历史上曾经以法律明令禁止黑人以租赁及购买的方式住白人社区。《公平住房法案》也没有根本上改变美国社会的住房歧视状况。美国长期以来的住房歧视使白人和有色人种隔离居住成为一种事实上的必然。③

美国黑人人口原来主要分布在南部农村地区，随后人口向城市和美国其他地区扩散，超过 1/3 的美国黑人居住在南部以外的地区。人口的

---

① 参见王灿发、陈贻健《论气候正义》，《国际社会科学杂志》（中文版）2013 年第 2 期。

② 参见 Lewis S. K.，"An Interview with Dr. Robert D. Bullard"，*The Black Scholar*，Vol. 46，No. 3，2016，pp. 4–11。

③ 参见赵岚《美国环境正义运动研究》，知识产权出版社 2018 年版，第 135 页。

移动与迁徙让种族关系成为全国性的议题。反对种族歧视和种族压迫的美国黑人民权运动于 20 世纪 50 年代兴起。民权运动不仅是一场黑人争取平等权利的运动，而且是一场以黑人群体，支持民权的其他社会力量，以及联邦政府共同参与的运动。① 以马丁路德·金为领导核心开展的非暴力抗议，获得了巨大的成功。早期的环境正义诉讼都是以种族歧视的名义发起，最常援引的法律条文则是《民权法案》。因此，早期的环境正义运动——反对环境种族主义，可以看作美国民权运动的延续，实现社会正义和消除制度化的歧视是民权运动的主要目标。

2. 环境危机与现代环保运动

"二战"后，随着工业化、城市化的快速推进，西方发达国家环境问题日益突出。在美国，"二战"后有害废弃物排放量剧增。根据美国国家环保局估计，美国有毒有害废弃物的排放量 1974 年为 1000 万吨，1979 年为 5600 万吨，1989 年美国化工企业排放的废弃物在 5800 万吨与 29 亿吨之间。② 环境问题在影响自然之外，其社会影响在广度和深度上也日益加剧，不仅威胁到了非人类的生态系统，也开始影响到人们生活的、工作的、休闲的、学习的场所，威胁人们的生产生活和生命健康。卡逊在《寂静的春天》一书揭示了剧毒农药 DDT 的使用对生态系统和人类健康的巨大危害，接连爆发的公害事件造成的严重后果也为人类敲响了环境危机的警钟。正如后来环境正义行动者们指出的，"环境不只意味着原始森林，它也不意味着只是拯救鲸鱼或者别的濒危物种，它们都非常重要。但我们的社群和我们的人民同样是濒危物种"③。在《寂静的春天》一书启蒙下，以消除污染为目标的现代环境保护运动被揭开序幕。在美国，1970 年 4 月 22 日（这一天后来被确定为"世界地球日"），多达 2000 万美国人参与抗议活动，要求控制污染，保护环境。环境保护成为声势浩大的群众性运动，越来越多的普通公众参与其

---

① 参见谢国荣《美国民权运动史新探》，商务印书馆 2016 年版，第 146 页。
② 参见高国荣《美国环境正义运动的缘起、发展及其影响》，《史学月刊》2011 年第 11 期。
③ Ronald Sandler and Phaedra C. Pezzullo, "Revisiting the Environmental Justice Challenge to Environmentalism", In *Environmental Justice and Environmentalism*: *The Social Justice Challenge to the Environmental Movement*, Cambridge: The MIT Press, 2007.

中。很多白人社区发起了"不要在我家后院"（Not In My Back Yard）运动，表达对污染物环境风险的担忧和排斥。在环境问题广度和深度不断强化的背景下，环境保护从关注人与自然关系到关注人与人之间关系的转向具有必然性。在环境污染尚不严重时期，隐藏在环境问题背后的社会不平等不甚明显。但是在环境污染的日益加剧的背景下，不同群体在污染物质暴露以及环境风险承担中隐蔽化的不平等渐趋明显，弱势群体感受到承担更多的危害。

3. 分配失衡与环境正义运动

在美国，主流环境运动的主要发起人群是中产阶层以及上层的白人男性，运动的主要目标是侧重于保护大自然。20 世纪八九十年代的环境正义运动脱胎于 20 世纪五六十年代的民权运动，以少数族裔和低收入群体为主体，反对污染物分配的空间不平等。环境平等被看作公民权利的重要组成部分。环境正义运动参与者提出了"不要在任何人的后院"（Not In Anybody's Backyard）的口号。环境正义运动早期的领导人本杰明·查韦斯曾经是民权运动的领导人（基督教联合教会种族正义委员会）。参与的具有代表性的事件是拉夫运河事件和沃伦抗议。

拉夫运河事件发生于 1978 年，以美国低收入家庭妇女为主体，呼吁政府对地下有毒化学危险品采取行动。在作为垃圾填埋场的 10 年里，胡克化学公司向拉夫运河倾倒了 19800 吨化学废弃物，这其中大多是具有腐蚀性的、碱性的物质，以及脂肪酸、氯化烃类废弃物，还有生产橡胶溶剂、合成树脂、染料以及香水过程中产生的废料。胡克公司将之作为垃圾场并转给当地的教育局。纽约市政府在这片土地上陆续开发了房地产，盖起了大量的住宅和一所学校。从 1977 年开始，这里的居民不断发生各种怪病，孕妇流产、儿童夭折、胎儿畸形、癫痫、直肠出血等病症也频频发生。当地居民发起了激烈的抗议。1978 年，美国政府颁布了疏散令并紧急疏散该地区居民。随后颁布了《超级基金法》，推动美国危险废弃物场地（棕地）的污染治理。

沃伦抗议发生于 1982 年。沃伦县（Warren County）是北卡罗来纳州的一个县，以黑人和少数族裔为人口主体。该县生产总值位居北卡罗来纳州100县的第92位，黑人占总人口的66%，阿夫顿社区的黑人比例高达84%。反对政府在本地区设置危险废弃物——多氯联苯（PCB）填埋场。当地居民认为，阿夫顿成为选址的唯一原因是该区居民绝大多数是黑人。为抵制该决定，沃伦县居民举行游行示威，最终导致500多人被捕。沃伦抗议首次把种族、贫困和环境联系起来，引发了一系列穷人和有色人种的类似的抗议活动。沃伦抗议被认为是环境正义运动的开端。自从环境正义运动开启后，有害废弃物分布中的种族不平等被视为环境非正义的重要内容。

美国环境正义理论是在环境正义运动的基础上逐渐发展起来的。1991年，来自全美各地的组织和代表召开了著名的"美国有色人种环境保护领导者峰会"，详细制定了17条准则，并首次鲜明地提出了"环境正义"的概念。1994年，克林顿政府特别公布了12898号环境正义行政命令，要求各联邦机关重视此议题。美国环保署也应此潮流，将原有的环境公平办公室（Office of Environmental Equity）改称为环境正义办公室（Office of Environmental Justice）。

四 代表性人物生平

罗伯特·布勒德（Robert Bullard）被认为是环境正义之父。他是一名多产的社会学者，研究领域涉及可持续发展、环境种族主义、城市土地利用、工业设施选址、住房、交通、气候正义、灾害、应急响应、社区韧性、智慧增长和地区公平等领域。他撰写了包括《在南部倾倒废弃物：种族、阶级与环境质量》（Dumping in Dixie：Race，Class and Environmental Quality）《对环境正义的追求：人权与污染的政治》（The Quest for Environmental Justice：Human Rights and the Politics of Pollution）《环境正义和区域公平》（Environmental Justice，and Regional Equity）等在内的18本著作。

布勒德本科毕业于阿拉巴马农工大学（Alabama A & M University）（政府学，1968），硕士毕业于Atlanta University（社会学，1972），博士毕业于爱荷华州立大学（Iowa State University）（社会学，1976）。现为

得克萨斯南方大学（Texas Southern University）杰出教授。罗伯特·布勒德是美国环境正义领域的旗帜性人物。美国的环境正义运动历史可以追溯到20世纪60年代的民权运动，但是直到20世纪90年代前，这些运动都没有一个统一的称呼。布勒德的《在南部倾倒废弃物：种族、阶级与环境质量》一书将环境正义运动推到了一个新的高度。这本书出版后迅速被美国各个大学和学院采用，被草根环境正义行动者用作对抗环境种族主义的手册使用，自此以后各种形式的以追求环境正义为目标的运动都被正式称为环境正义运动。

布勒德的对环境正义的关注源于其妻子的建议。布勒德的妻子是一名执业律师，她建议布勒德研究得克萨斯州休斯敦市所有城市固体废物处理设施的空间位置。这是布勒德的妻子对休斯敦市政府、得克萨斯州政府和勃朗宁-费里斯工业公司（Browning Ferris Industries）提起集体诉讼的一部分。该诉讼源于一项计划，即在郊区中等收入的独户住宅社区内建造一个城市垃圾填埋场。该诉讼后来被称为"贝恩诉西南废物管理公司案"（Bearn v. Southwestern Waste Management），是美国第一起根据《民权法案》指控在废物处理设施选址方面存在环境歧视的诉讼。诺斯伍德庄园社区82%以上的居民为非洲裔美国人。①

布勒德在种族环境正义研究方面作出了重要的贡献。布勒德认为，种族是一个预测地方拒斥的土地用途（Locally Unwanted Land Uses）的主要因素。他表示，"所有的社区都不是平等的，而是按种族和阶级划分的。邮政编码（Zip Code）是美国健康和幸福的最佳预测指标。我们知道所有的邮政编码都不是平等的。污染最严重的邮政编码（地区）中的居民的健康状况较差"②。他对固体废物处理设施空间位置的翔实的调查，以无可辩驳的证据证明了有色人种、穷人遭受的远高于其所占人口比例的危害。

---

① 参见 Eddy F. Carder，"The American Environmental Justice Movement"，*Internet Encyclopedia of Philosophy*，https://iep.utm.edu/enviro-j/。

② Lewis S. K.，"An Interview with Dr. Robert D. Bullard"，*The Black Scholar*，Vol. 46，No. 3，2016，pp. 4–11.

五　拓展阅读

刘海霞：《环境正义视阈下的环境弱势群体研究》，中国社会科学出版社 2015 年版。

赵岚：《美国环境正义运动研究》，知识产权出版社 2018 年版。

［美］彼得·S. 温茨：《环境正义论》，朱丹琼等译，上海人民出版社 2007 年版。

［美］罗尔斯：《正义论》，何怀宏等译，中国社会科学出版社 2009 年版。

Bryant, B., *Environmental Justice: Issues, Policies, Solutions*, Washington: Island, 1995.

Bullard R. D., *Dumping in Dixie: Race, Class, and Environmental Quality*, Routledge, 2018.

David Schlosberg, *Defining Environmental Justice: Theories, Movements and Nature*, Oxford University Press, 2007.

社会成因篇

第六章 公地悲剧

一 什么是"公地悲剧"

半个多世纪前，加勒特·哈丁在 *Science* 上发表了《公地悲剧》（*The Tragedy of the Commons*）（1968）。公地悲剧不仅是资源与环境研究的重要概念之一，也是环境社会学在论述公共资源过度开发时的核心理论工具。1978 年美国科学信息研究所宣布，该论文在社会科学引文索引中是"领域内被引用最多的论文之一"。1997 年 6 月，《公地悲剧》已被再版 100 多次，收录在生物学、经济学、社会学等十多个学科领域。然而国内学术界对"公地悲剧"的认识，几乎都锁定在公共资源产权不清导致的环境破坏现象，以及理论本身的反思和批判，对哈丁本人以及概念的来龙去脉很少有人提及。因此，"公地悲剧"理论的深层内涵、学术脉络以及社会背景等被人们有意无意地忽略掉了。

本书将"公地悲剧"定义为：以美国资本主义经济体系为分析背景，认为美国现代社会严重缺乏公地管理传统，当产权不清，人口与资源关系不协调时，不受管理的公地终将造成环境悲剧。该理论吸收了马尔萨斯的人口学说，达尔文的自然选择学说，以及劳埃德的"公地模型"等观点，揭示出美国的一个时代问题，20 世纪的美国人口增长和无管理的公地资源出现紧张关系，西方的产权制度管理体系以及美国政府特点，均难以处理产权无法分割的公地问题。纵观哈丁公地悲剧理论，其贡献在于第一次系统地阐述公地问题，并对很多学科领域产生重要影响，但将"私有产权"体系作为资本主义的重要前提假设，也备受争议。

我们回顾一下公地悲剧的哈丁版最初定义。1968年，哈丁在《科学》杂志上，先用一个故事比喻公地悲剧，"在一片公共草地上，放牧者们为了追求最大利益，在公地上饲养最多的羊群，羊群数量过多突破草地生态阈值，最终造成生态系统灾难"[①]。他接着阐述其内在逻辑，放牧者在公地上多养了羊只，获得了更多的利益，却无须承担过度放牧所带来的环境后果，理性权衡下，他们只会做出同样的选择：多养一只羊，再多养一只羊……个体理性带来了集体的非理性选择，最终导致整体利益走向毁灭。当时，哈丁没有明确地下过定义[②]，晚年，为了反驳不断的质疑声，他在一次访谈中口述修改了定义，"资源有限，人口增长的情况下，拥挤的世界里，不受管理的公地不可能行得通"，将"悲剧"的原因由"公地"更改为"不受管理的公地"。可见，哈丁修改过的公地悲剧定义还是过于笼统，所以我们在第二段重新给公地悲剧下了定义，并给该定义设置了相应的时空背景。

除此之外，该理论的前提假设和内涵都留有继续阐述的空间，下文将继续讨论公地悲剧理论暗含的两种假设和三层内涵，便于我们深入了解定义的内核。

公地悲剧的两种假设。第一种假设，认为任何物种（包括人口数量）在生态圈中占据更多的比例，必将引来生态不平衡，甚至是灾难。第二种假设，认为产权清晰是解决问题的根本出发点，以美国资本主义经济体系作为分析背景，产权不清时，市场经济社会中的现代人，都会尽可能地将有限资源化为一己私利，不考虑公共利益。两种假设同时成立时，人口的增加，资源的供需关系逐步紧张，不受产权管理的公地终将导致生态环境问题。

将该理论进一步梳理，我们可以梳理出三层内涵：（1）美国社会严重缺乏公地管理传统且充斥大量产权不清现象；（2）20世纪全球人口增长加剧了公地资源利用的紧张关系；（3）产权制度管理体系以及美国政府特点，难以处理产权无法分割的公地问题。下面将详细展开

---

① Gattit Hadin, "The Tragedy of the Commons", *Science*, Vol. 162, No, 3859, 1968, pp. 1243-1248.

② 1968年和1993年两个版本的公地悲剧文章中，都没有明确地给出定义。

论述。

第一，理论中的公地为"美国式公地"，其原生状态具有两个重要特点。其一，严重缺乏公地管理传统。美国曾经的西进运动，导致土著印第安人的公地利用传统文化基本消失殆尽。新建的美国，公地管理传统早已发生断裂。其二，美国社会充斥着大量产权不清现象。哈丁关注到美国国土的开放性，具有公地属性，当越来越多的移民进入美国国土，公共资源权属不清时，极易产生公地悲剧现象。公地资源被增长的人口瓜分殆尽，环境问题却将由全部人口承担。

第二，哈丁坚持认为公地悲剧的根本原因在于人的问题。一是人口增长问题，20世纪中叶，人口增长引发的资源短缺问题受到关注，马尔萨斯的人口理论重新得到美国学者的认可。哈丁高度赞同马氏人口理论——当人口以"几何级数"增加时，必然超过有限世界的生态承载力。二是人的理性问题，哈丁运用大量的生物学事实推导出人的利己性。认为个体主要受到经济利益的驱动，面对越是自由的、不受规则约束的公地时，越容易采取掠夺集体资源行为。

第三，20世纪60年代，美国公地问题解决非常棘手，产权制度管理体系和美国政府均面临不同程度的困境。针对这些问题，哈丁认为有以下解决方案。第一种方案，产权私有，将公共资源私有化。通过创立一种私有财产权制度来终止公共财产制度，但却不能解决水、空气等无法分割产权的公地问题。第二种方案，产权国有化，加强政府干预/控制。美国政府的干预能力受到人权保护限制，[①] 特别是在人口控制方面，表现出无权也无意的特点。哈丁认为，美国政府不仅难以控制人口数量，还通过福利国家之手，制造了大量的剩余人口，加剧了公地资源的消耗，更添一种悲剧色彩。

二　学术脉络

在哈丁之前，西方学界对"公地"现象有零散的论述。哈丁在吸

---

① 1967年后半年，美国的自由生育已受到法律保护，美国政府无权干涉个人生育自由，所以也就无权控制人口数量，无法按照哈丁的逻辑，通过控制人口数量来实现生态平衡。

取前人观点的基础上，将公地理论进一步系统化。他以生物学、生态学专业为基础，融合了人口学、经济学、社会学以及伦理学等专业知识，最后形成公地悲剧理论。理论主要有三个学术来源：马尔萨斯的人口理论，达尔文的自然选择理论，以及劳埃德的"公地模型"理论。

1. 马尔萨斯人口理论的影响

哈丁最为重视的学术来源是马尔萨斯理论。20世纪30年代，哈丁在本科导师阿利教授①的影响下，系统研读过马尔萨斯人口理论。他曾多次谈到，公地悲剧理论的形成，最得益于马氏人口理论。晚年的哈丁对全球人口增长表现出极度担忧，他一再呼吁重视马氏人口理论。

马氏人口理论内容分为四方面。（1）"两个公理"。食物为人类生存所必需，两性之间的情欲是必然的，人口繁衍现象不会停止。（2）"两个级数"。当人口以几何级数增加，生活资料以算术级数增加，人口增长速度必然超过生活资料的增长速度。（3）"两种抑制"。"积极的抑制"和"道德的抑制"是阻止人口增长的有力手段。（4）"人口规律"。人口必然为生活资料所限制。② 总体来说，马尔萨斯认为人口与生活资料间不平衡—平衡—不平衡的过程发展是自然规律，他反对平等制度与济贫措施，认为这些对解决人口问题都是无效的。

哈丁正是受到马氏人口理论的启发，从人口增长角度引出公地问题。他认为马氏人口理论的最大贡献不是几何数级和算术数级，而是种群数量调节器（见图6-1）。大致意思是，自然选择有利于物种的合理性，如果人类坚持干预已经超过承载力的自然夭折率，那么他们必须采取措施来平衡干预。比如在降低穷人生育率的前提下，再对穷人采取帮助。③ 哈丁和马尔萨斯都坚信，人口必然为生活资料所限制。正是人口数量超越环境承载力，才引发公地环境问题，这也是公地悲剧的第一个原因。

---

① 阿利，美国生态学家，1929年任美国生态学会主席，1921—1950年在芝加哥大学任教。
② 参见［英］马尔萨斯《人口原理》，朱泱等译，商务印书馆1992年版，第7、9页。
③ 参见［美］加勒特·哈丁《生活在极限之内：生态学、经济学和人口禁忌》，戴星翼、张真译，上海译文出版社2001年版，第257页。

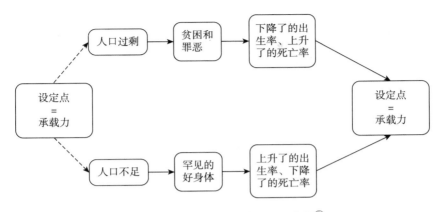

图 6-1　马尔萨斯的种群数量调节器①

公有制是公地悲剧问题的第二个原因，哈丁认同马尔萨斯所指公有制会降低社会总体的效率。马尔萨斯曾极力反对葛德文主张的社会改革，认为公有制会使人懒惰，失去进取的动力。他极力反对英国济贫法，认为救济贫民会导致人口与生活资料不平衡。哈丁简要地对比了公有制、私有制，并指出，公有制中个人责任被"按需分配"规则大大淡化，一旦短缺出现，灾难是必定的。② 为了避免国家机构可能产生的官僚主义，一个较小的单元，如私营企业一样，管理成本和后果由同一主体来承担，产生与其成本同等或更大的收益和价值，是比较妥当的做法。私有制情况下，牧场和牲畜都由同一个人所有，他将会把"沙漠变成花园"。由此可以看出，他们两人都倾向于用私有制来解决公地问题。

哈丁继承了马尔萨斯的经验主义以及悲观主义。马尔萨斯有自然学科背景，身上有英国经验主义的传统，在研究社会问题时，不拘泥于一般原理，更重视经验。他花了几年时间对欧洲诸国进行实地考察，以经验推导出人口的历史、现状与未来③。哈丁亦是如此，他见证美国人口

---

① 哈丁认为此图是马尔萨斯理论的核心，在这个"时间叠加"图形中，虚线箭头代表外加的随机变化；实线箭头代表控制系统固有的必要改变及对所施加的改变的回应。

② 参见 [美] 加勒特·哈丁《生活在极限之内：生态学、经济学和人口禁忌》，戴星翼、张真译，上海译文出版社 2001 年版，第 344 页。

③ 参见 [英] 马尔萨斯《人口原理》，朱泱等译，商务印书馆 1992 年版，第 4 页。

增长与移民问题，也做过印度人口控制的研究项目，他亲身感受到 20 世纪全球人口增长问题，所以根据自己的经验将人口问题放在讨论的核心位置。马尔萨斯对社会发展前景毫无信心，哈丁对环境问题的改善也毫无信心，他们都是典型的悲观主义者。

2. 达尔文学说的影响

公地悲剧理论的多数论据受到达尔文学说的影响。事实上，那个时代的很多自然科学和人文社科都受到了达尔文的影响。哈丁本科期间的绝大多数老师都是达尔文学说的支持者、传承者和发展者，比如他的本科老师，美国遗传学家赖特通过群体遗传学和数量遗传学的建立，再次阐明某些由小群体形成的大群体发生高速进化的原因。20 世纪 50 年代以后，美国的基因研究再次验证并发展了达尔文学说。[1] 作为 20 世纪新生代的生物学研究者哈丁，自然深受属于一个时代的生物学家达尔文的影响。他高度赞同达尔文学说中关于自然选择、物竞天择、优胜劣汰等生物学观点。

哈丁认为，从马尔萨斯到达尔文，他们都在强调一个事实，"利他行为"的本质是利己，即满足生物性的自我进化。他坚决反对用一些简单的生物学现象来推导、论证人类是利他主义的，人类形成了"利他性社会"，认为这些是误读了达尔文自然选择学说。他举了一个例子，蟋蟀母亲让小蟋蟀们吃掉她，并不是因为利他，而是因为这样可使基因延续并更加繁荣，归根究底还是利己主义。

为了进一步把公地悲剧理论讲清楚，晚年的哈丁继续论证利己主义存在于一切生物的事实。他先借用了达尔文的原话，"不存在物种间纯粹的产生重大结果的利他主义"[2]。他认为，每一种类型的利他主义中，总存在着交易方被欺骗的可能性。越不是个人关系，欺骗的可能性越大。[3]

---

[1] 逻辑如下：基因是控制生物性状的基本遗传单位，也是自然选择的基本单位。好的基因组合才能够成功扩增，生物一定会选择能使更多的基因生存和复制的策略，以实现生物的进化。

[2] ［美］加勒特·哈丁：《生活在极限之内：生态学、经济学和人口禁忌》，戴星翼、张真译，上海译文出版社 2001 年版，第 362 页。

[3] 参见［美］加勒特·哈丁《生活在极限之内：生态学、经济学和人口禁忌》，戴星翼、张真译，上海译文出版社 2001 年版，第 366—375 页。

正如哈丁版公地悲剧故事原型一样，没有建立公地管理规则，或公地管理成本较高，在权属不清的混乱阶段，公地之上的人为求私人利益，不惜破坏集体利益。

和达尔文学说有所不同，哈丁逐步走向人类生态学方面的研究。他主张世界上许多生态问题就是超过承载能力的生物种群造成的，人口数量和其他物种数量一样，受到生态学的"自然承载力"影响。他通过公地悲剧理论告诫人们，世界是有限的，人们要为不超出其承载能力而小心翼翼。

3. 劳埃德公地理论的影响

公地悲剧理论最直接的学术来源是劳埃德的公地理论。事实上，劳埃德也是在马氏人口理论上发展出"公地模型"理论，他也是一位马氏人口理论的拥护者。1833 年，劳埃德在"关于控制人口"的两堂讲座中，引入"公地"概念，原创性地阐述了一个初步的"公地悲剧"理论。在反复观看讲座整理稿后，哈丁认为劳埃德最根本的贡献在于他将公地理论应用于人口问题。[①]

在劳埃德的基础上，哈丁继续深化公地理论，阐述清楚人口公地现象。他认为，正是因为 19 世纪"福利国家"诞生，盛行自由观念，西方社会不再有要求生育谨慎的法令。孩子生下来以后，本来是一个家庭的事情，但现在越来越由社会福利来承担这个问题，所以就导致了人口增长后果……过错不在于个人，而是在于个人（个人主义）组合而成的社会结构，一种公地的悲剧。[②]

哈丁从生物主义的视角出发，融合了马尔萨斯、达尔文、劳埃德等"适者生存"的信条，认为人口抚养责任应该由家庭来承担，而不是福利社会来承担。生孩子本是一个私人的事情，在美国由越来越多的社会组织、福利国家来承担了家庭人口抚养的功能，这样持续的后果就是，一个家庭继续繁衍更多人口的冲动就不会被打消，人口剧增导致的生态

---

① 参见［美］加勒特·哈丁《生活在极限之内：生态学、经济学和人口禁忌》，戴星翼、张真译，上海译文出版社 2001 年版，第 347 页。

② 参见［美］加勒特·哈丁《生活在极限之内：生态学、经济学和人口禁忌》，戴星翼、张真译，上海译文出版社 2001 年版，第 386 页。

失衡问题就会持续下去。

纵观哈丁的学术脉络，他认为改变公地悲剧的根本思路是人口控制。它用"救生艇伦理"理论加以说明，即顺应自然选择，遵从人口／种群数量调节器法则，不应该对过剩人口进行无谓的帮助，干扰人口数量与生态关系，否则，会人为制造出"救生艇沉没"[①]的集体悲剧。直到晚年，哈丁回顾自己为人口控制所做过的努力，觉得很多时候是徒劳的，所以他便在劳埃德公地理论后面加上无奈的"悲剧"二字，并认为1968年公地悲剧概念经受住了时间的考验。

4. 后续的学术影响

公地悲剧理论也饱受争议。理论将产权作为问题讨论的起点，通过以美国为主的普遍性经济规则去理解环境问题，虽然在商品经济时代很有解释力，但是忽略了不同历史阶段、不同国家的文化现象。美国历史学家亚瑟·麦克沃伊曾在《渔民问题》[②]中，用印第安人、欧洲移民及大公司相继利用和管理加利福尼亚的公共海域资源的案例，直接质疑并反驳了公地悲剧，他的研究案例不但没有形成公地悲剧，反而达成了一种公地共管的集体智慧。[③]

产权也是嵌入制度和社群之内，是一种人与人之间、人与物之间的社会文化关系。换言之，私产绝不会单一地成为社会经济有效运作的核心。中国不少资源共管、社区管理的历史经验也直接反驳了公地悲剧理论。以宗族现象为例，宗族具有公共财产、连带责任、共通的行为方式等特点，通过宗族的长老会议，形成经验性的、约定俗成的社会共管。这种公地管理的经验，不但没有造成公地悲剧，反而将公地管理得井然有序。恰恰是盲目引进产权制度，造成传统共管格局混乱，没有解决公

---

① 从救生艇伦理出发，哈丁建议发达国家拒绝来自穷国的移民，因为移民会给富国带来灾难。不仅如此，富国还应该停止对发展中国家的人道援助，因为援助不仅不会使穷国脱离苦海，相反会使穷国的人口增加，最终连累发达国家以及整个人类的生存和发展。

② 《渔民问题》被誉为美国环境史领域扛鼎之作，这本书荣获法律与社会协会、美国史学会、美国环境史学会、北美海洋史学会授予的优秀著作奖。这本书最显著的理论特色就是对哈丁的"公地悲剧"进行了反驳。

③ 参见高国荣《美国环境史学研究》，中国社会科学出版社2014年版，第392页。

地问题，又引发新一轮的私地问题。

但这些依然不影响哈丁公地悲剧理论成为传统公共事务理论中最具解释力三大模型之一。[①] 他的学术贡献在于提出了一个时代性的问题，质疑了个人/企业组织和市场机制在公共事务问题上的失灵。早期的哈丁希望从国家政府组织中寻求到答案，但从 20 世纪 70 年代开始，经历过长达 40 年的人口数量控制事务，他对美国政府组织的人口干预效果表示失望。他认为产权制度难以处理无法分割的公地领域，美国国家政府受限于生育自由制度文化，也无法处理人口增长等公地问题，看不到合适的解决方案，所以"悲剧"二字是注定的。

针对公地悲剧与环境问题，后续最有影响力的研究当数奥斯特罗姆在 1990 发表的《公共事物的治理之道》。她指出哈丁的解决方案不是市场的就是政府的，而且得出的结论往往是悲观的，她怀疑仅仅在这样两种途径中寻找解决方法的思路的合理性。她的研究主张冲破公共事务职能由政府管理的唯一性教条，冲破政府既是公共事务的安排者又是提供者的传统教条，提出了公共事务管理可以有多种组织和多种机制的新看法。

奥斯特罗姆从理论与案例的结合上提出了通过自治组织管理公共物品的新途径，但同时她也不认为这是唯一的途径，因为不同的事物都可以有一种以上的管理机制，关键是取决于管理的效果、效益和公平。多中心理论对中国具有很大启示，因为这有助于解答什么制度才能促进公共资源的有效共享，在中国这种既有传统的公地共管经验文化，又保持着大量政府对经济的参与，同时又建立起市场机制的国家，这种"第三条道路"的治理理论，就显得格外适合国情。

三　社会背景

任何理论和思想的提出和作者本身的研究经历以及社会背景相关，哈丁的"公地悲剧"自然也不例外。事实上，哈丁的理论重在揭示问题，而非解决问题，其理论揭示的问题与多数人的理解有所出入。问题

---

① 哈丁公地悲剧、囚犯困境模型以及奥尔森的集体行动逻辑，共同成为传统公共事务理论中最具解释力的三大模型。

分为三个层面：人口增长问题，无法实施产权问题，以及美国政体与个人主义社会对人口公地治理失效问题。该理论并没有提出解决方案，不少研究者将公地悲剧理论理解为"必须用产权来解决公地悲剧问题"，以至于导向公共资源的产权划分成为治理之路，实则简单套用，误解、曲解了理论原意。其实我们国家也面临着越来越多的公地悲剧问题，或许我们可以换个角度来重新解读该理论，有必要对哈丁本身以及理论的来龙去脉，甚至包括整个美国社会的相关背景，进行重新的有效整理和深度解读。

1. 人口增长问题

我们回顾一下全球人口增长史。14世纪50年代的黑死病和欧洲大饥荒时期后，全球约有3.7亿人口，人口不断地增长，由于战争等因素，增长速度时快时慢。第二次世界大战结束后，从20世纪50年代起，全球人口增长速度明显加快——每年超过1.8%，这种状态持续到1970年。其中1963年世界人口增长了2.2%，达到了历史峰值。随后随着经济发展，人们的生育观发生改变，人口增长率逐渐下降。2011年，世界人口增长率约为1.1%。预计2040年前，世界人口将达到80亿。

整个20世纪，美国人口一直在增长。1900年，总人口7599.5万人，1910年，总人口9199.2万人，1920年10571.1万人，1930年12275.5万人，1940年13166.9万人，1950年15069.7万人，1960年17932.3万人，1970年20321.2万人，1980年22650.5万人，1990年24871万人，2000年28141.6万人。一方面，20世纪美国人口保持着较高的生育率，另一方面美国移民也在快速增加。美国自"二战"后有三次移民潮（1945—1954年，1965—1972年，1992—2008年），战后总计至少有6300万人移民美国。

哈丁对20世纪全球人口、美国人口爆炸现象尤为担忧。他坚持认为美国人口生育率高、移民增多等问题将给美国公地带来生态压力，全球性人口增长也将给世界带来农业危机、资源告罄、环境灾难等问题。同时他又认为以美国为主导的粮食援助、农业技术、生产工具、政策支持等，向第三世界国家传播与扩散，表面是为了解决全球人口吃饭问题，实则帮助全球人口增长，干扰生态平衡。不将人口控制作为根本措施，人类将面临悲剧。

然而，20世纪的美国过于自信，和"悲剧"似乎不沾边。回看20世纪，美国模式已经形成，美国经济青云直上。"二战"后，美国成为得益最大的国家，奠定了其称霸资本主义世界的基础。"二战"后最初25年，为美国称霸资本主义世界的鼎盛时期（1945—1969年）。六七十年代为美国资本主义迅速发展时期。八九十年代美国成为全球唯一的超级大国。也就是说，整个20世纪，美国由世界工业大国迅速发展为世界头号超级大国，1945年开始保持至今。同时美国新科学技术革命的兴起，推动美国经济高度现代化的发展。社会的快速变革和发展，促使很多美国公民坚信科学技术能解决一切问题。

和美国整个时代的自信不同，哈丁一生都有强烈的忧虑感。他认为美国在人口公地治理方面注定是悲剧的。他意识到通过技术、美国政体来实现人口控制都是徒劳的，或许很大程度上只有回到全盘私有制。但是又无法做到全盘私有，特别是海洋、空气等自然资源状态，无法用私有产权来界定。又如，建立在私有制之上的产权还有副作用，比如一些有公有资源利用传统的国家/区域，建立产权制度不仅劳民伤财，反而制造了新的环境问题。

哈丁认为控制人口才是解决环境问题的根本，但是美国人口控制问题与宗教信仰、政治操作、个人权利等纠缠在一起，迟迟无解，成为世纪难题。同时，他坚称西方福利社会正在制造越来越多的人口，会带来更多的环境风险。他所呼吁的人口控制理念却举步维艰。首先，20世纪70年代末至80年代初，美国国家层面开始反对人口控制提议，正在削弱人口和环境相关基金会。其次，美国社会层面，绝大多数美国人相信，科学技术能解决一切问题，包括人口问题。但哈丁认为这是不可能的。最后，人口增长的生育现象属于人权范畴，美国国家与任何组织、个人都无权干涉。哈丁深感通过技术、美国政体、个人主义社会来实现人口控制都是徒劳的。他主张将一种悲剧感注入国家政体和社会情境中，以示警钟。

2. 资本主义的前提假设

公地悲剧理论因"私有产权"和"公有产权"的讨论而备受争议。该理论将情境放在了资本主义社会，也将"私有产权"体系作为了资本主义的重要前提假设，所以当资本主义社会遭遇大气、海洋等无法条块分割产权的公地时，便认为容易发生悲剧。事实上，私有产权既非经济和技术效率的充分或必要条件，也非生态保护和治理的重要前提，鼓吹资本主义发展与私有产权有着密不可分关系的人，除了意识形态因素外，还往往涉及西方历史进程以及人性假设。所以该理论和中国社会背景是有一定距离的，不如奥斯特罗姆的公共池塘理论更为契合，不加以甄别，容易犯错。

我们仔细回看私有产权制度，其实是西方的历史文化进程构造出了私有产权制度，也可以说私有产权制度是西方复杂的政治、暴力和社会规范的结果。私有产权的核心特征就是排他性，以排拒他人使用来界定未私有的资产，常常需要动用政治暴力。英国乃至欧洲 16 世纪开始的圈地运动，便是新兴工商业资本家把本来属于公众的土地划归私有，使农民变成"无产者"，私有产权的界定中谁得益谁受损，一目了然。美国的土地私有化，基本上也是殖民者以政治手段和暴力巧取豪夺过来的。

整个 20 世纪，私有产权制度逐步演变为西方人重要的生活方式基础。"二战"以后的美国人生活正发生改变，直到 20 世纪 70 年代，绝大多数美国人不仅拥有世界最高的物质条件，还对私人居住空间、私人物品等格外强调。加上传媒大众文化对"私有"产权制度和观念的鼓吹，更加巩固了美国自私自利的意识形态。所以多数美国人很有理由认为，公共领域和事务之所以一团糟，就是因为没能确定好私有产权的权属责任，只要能够确定私有产权，社会秩序和生态环境就会自然发展出来。

因此，站在更高的人类社会演进的角度来看，私有产权制度并非理所当然，早期公地悲剧暗含的前提假设是有争议的。哈丁为这种私有观念进行辩护，并积极论证"私有"观念是人作为生物人的基本要素。

但是这种直接将生物性推导于人类社会，将产权作为人们行动逻辑的起点，将私有观念作为人性的基础，缺乏不同社会类型的历史阶段比较，有一定的局限。

上述是公地悲剧理论的局限，但不可否认，在很大程度上，该理论也有不可磨灭的贡献。哈丁的贡献在于揭示出美国社会一个非常具有破坏性的时代问题。20世纪60年代末，美国社会不断破坏公共领域的风气也发挥到了极致。[①] 哈丁认为悲剧就在于无法进行私有产权形式改造的公地属性，既没有私人花园式的维护，也没有国家/政府的管制。由于缺乏合适的产权安排或者管理制度，公地之上的理性个体会竞争性地开发资源，最后生态圈遭受破坏，从而造成集体利益受损的"公地悲剧"的结局。

综上所述，哈丁的重要贡献就是将美国社会的一个时代问题揭示出来，他的理论情境是美国式的，它的问题本质也依然是美国式的，不能剥离美国社会情境去理解这一理论。后续一些将产权制度直接拿来解决公地悲剧的做法，就是没有很好地理解该理论，导致公地问题的解决过程中还产生了一定的副作用，又造成私地悲剧等。[②] 本文把公地悲剧问题的缘起、内涵、学术脉络以及社会情形进行重新梳理，是为了进一步呈现问题的本质以便解决公地悲剧问题，倡导要把公地悲剧理论放在不同国家情境下去理解，一定要结合本国的国情来采用。

3. 注入时代悲剧感

哈丁深刻意识到，通过技术，以及美国政体来实现人口控制都是徒劳，很大程度上只有回到全盘私有制（个人主义）。有时候，问题却很复杂，比如一些自然资源状态，如海洋、空气等，无法用私有产权来界定。又如，建立在私有制之上的产权还有副作用，比如一些有公有资源利用传统的国家/区域，建立产权制度不仅劳民伤财，反而制造了新的

---

① 参见［美］威廉·曼彻斯特《光荣与梦想：1932—1972年美国社会实录（套装上下册）》，广州外国语学院英美问题研究室翻译组、朱协译，海南出版社、三环出版社2004年版，第6—25页。

② 参见陈阿江、王婧《"游牧"的小农化及其环境后果》，《学海》2013年第1期。

环境问题。

  哈丁对美国政府的人口调控抱有悲观态度。他坚称西方福利社会正在制造越来越多的人口，而这也将带来更多的生态风险。这就是公地悲剧终极原因。基于此，哈丁加了一句话：美国的未来阴云密布。晚年的哈丁对中国、新加坡等国家给予更多的希望，认为这些国家确实可以控制人口问题。他觉得20世纪的美国社会过于自信，他所主张的一件事就是试图将悲剧的观念引入国家政体中，并做了一个悲剧情境的假设：他认为未来美国社会，假如有许多情况的同时发生。假设未来天气连续三四年变得不好，就有可能出现一种新的疾病（德州不育基因）。加上不利的天气和不可预见的灾难，比如一种新的植物病害，再加上不可预见的政治困难，如果这些因素在几年的时间里叠加在一起，那么很有可能会发生一场全球性的灾难。时间越长，情况就会越糟，因为人口以每年8000万的速度增长，每年受影响的人就会越来越多。

四　个人生平

1. 童年生活

  加勒特·哈丁于1915年4月21日出生于美国得克萨斯州的达拉斯市一个名叫"哈丁"的街道，母亲以街道名称给他取名。四岁半的时候，他患上了小儿麻痹症，以致走路一瘸一拐。母亲常常告诫他，只能依靠脑袋吃饭。哈丁从小便非常热爱学习，加上天资聪颖、记忆力超群，最终成为一名著名学者。

  因为父母的工作繁忙，童年的哈丁常被寄养到乡下的爷爷奶奶家。这是一个离密苏里州五英里远的家庭农场，农场有一个藏书室，家族成员都有阅读的习惯，他们阅读的内容非常广泛，包括文学和科学等。农场的生活也给予哈丁深刻的记忆，让他早期接触大量的生态学现象。比如伯伯告诉他，农场中养几只猫很重要，但是数量必须控制在一定范围内，所以多余的猫会被伯伯们杀死。哈丁每天负责照看500只鸡，这是农场的容量，每天中午哈丁可以杀一只鸡吃，作为午餐。这大概就是哈丁在农场上的重要一课，它向他揭示了"生存""死亡"是生命界里不可缺少的一部分概念，因为根本没有足够的空间可以容纳所有的生命。

2. 读书生涯

青少年时期，哈丁的新家就搬到了芝加哥，这个城市是钢铁制造中心，在美国城市中有着优越地位，充满经济发展的活力。但是哈丁却更喜欢乡下，更亲近大自然。

整个中学生涯，哈丁受益最多的是写作训练。初中时期，哈丁已经表现出杰出的写作天赋。1930年，他15岁那年，以"电灯泡的社会影响"为话题写了一篇文章，在《芝加哥日报》征文大赛中得奖，赢得了一次去东海岸参观爱迪生实验室的机会。高中以后，学校要求每位学生一周要写四五篇习作，高强度的写作训练给予哈丁很好的锻炼。

除此之外，这位热爱写作的少年还爱上住所附近的菲尔德博物馆，他发现对科学比对其他任何东西都更感兴趣。在博物馆里，他接触了大量的自然史，包括后来非常热爱的动物学。农场生活、阅读写作和博物馆的学习经历，都成为他大学期间选择读动物学专业的原因。

1932年，美国经济大萧条，不少人已经受到抑郁症的严重影响。哈丁一家却没有太大的影响，安然渡过了难关。尽管如此，当他接收到芝加哥大学和奥柏林大学双份奖学金的时候，因考虑支付食宿费用问题，还是选择了离家最近、收费更低的芝加哥大学读书，主修生物学专业。

在美国20世纪早期的教育当中，通识教育理念开始兴起。时任芝加哥大学第五任校长哈钦斯提出，防止学术课程和职业课程过分专门化的"芝加哥计划"，建立了沿用至今的本科生通识教育核心课程。在这样的背景下，哈丁虽然主修生物学，但他一样可以研读社会科学类课程。生态学专业的阿利教授、遗传学专业的赖特教授、地质学的布雷茨教授，以及哲学的哈钦斯和阿德勒教授都深深地影响了哈丁。广泛的涉猎和通识教育的学习，深刻影响了他的知识体系，逐步打通了科学领域和社会领域的鸿沟。

在这些教授当中，对他学术影响最大的当数本科生导师、生态学专业的阿利教授。1929年，阿利任美国生态学会主席，1942年为美国科学和技术科学院院士。阿利教授作为一名贵格会教徒，非常重视人与人之间、物种之间的合作。他一直致力于生物学方面的实验，试图在低等动物中寻找人类行为模式，由此推导出人与人之间的生物学合作关系。这方面研究并没有被当时的哈丁所认可。但是课堂上，阿利教授的人口理论深刻影响了哈丁，哈丁称之为标准的马尔萨斯人口理论课程。以至于后续他做原生动物实验，也常常思考人口、物种数量争论等话题。

大学毕业以后，哈丁做了两年的研究助理工作，从事草履虫的培养基相关实验。1938 年进入斯坦福大学攻读微生物学博士学位（他的学习经历没有硕士阶段），1941 年冬天发现草履虫培养基中一种叫"oikomonas"的原生动物（卵单胞菌）和草履虫存在共生关系，最终完成实验，并于 1941 年年底拿到博士学位。

读博期间，范尼埃尔教授深深地感染了他。范尼埃尔在生物化学领域享有盛誉，他兼具创造性的实验思维和苏格拉底式的教学方式。哈丁认为，范尼埃尔不玩虚假的学术游戏，是一个真正的学术超人，他的科学题材作品中充满了艺术性。不难看出，哈丁后续研究作品风格也传承了范尼埃尔的风格。

3. 走进人口领域

哈丁拿到博士学位以后，于 1942 年进入美国卡内基实验室工作。这期间他主要参与了两个项目，一是研究绿藻素，二是研究藻类如何成为食物来源。哈丁认为这些都是有缺陷的项目。早在芝加哥大学读本科时，他就已经被阿利教授彻底灌输了人口问题的理念，即无论你增加多少供给，人口的增长都会消耗吸收所有的供给。因此，他认为不能通过增加供应来解决人口问题，唯一有用的途径是减少需求，如减少生育。1946 年，哈丁离开了这所声望很高的实验室，去了圣芭芭拉大学执教。

1946 年的秋天，美国几乎所有的大学都在扩招，以满足"二战"归来的人员，他们有权利法案支持继续受教育。圣芭芭拉大学也在扩招，急需教师。哈丁选择的这所学校，地处较为偏远，也不出名，但从生物学的角度来看，尤其是对于野外生物学家，却是非常好的选择。有不少优秀的生物学家与哈丁共事。这段时间，哈丁一边教学，一边在实验室做微生物实验。

一次偶然的机会改变了哈丁的研究方向，让他从微生物领域进入了人口领域。1961 年的某一天，哈丁在《美国的堕胎》一书上看到一个案例：一名医生因为堕胎而被受审。这名医生承认自己是堕胎专家，大概做了 5000 次流产手术，只发生了一例医疗事故。他没有遇到过任何法律纠纷。但作为缓刑的条件，他必须发誓不再进行堕胎手术。哈丁被这个案例所深深吸引，他觉得堕胎应该被视为一种正常的节育形式，首先堕胎是安全的。其次，这应该是一个超越宗教的话题，是妇女们的权益。

1963 年秋，哈丁以"堕胎"为话题做了一次演讲。此次演讲成为他学术生涯中的一个分水岭。演讲大厅座无虚席。演讲结束后，他接二连三地收到妇女们关于堕胎的咨询，他便帮助这些妇女寻找合适的堕胎医生。哈丁尝试用听众反馈的方式进行下一次演讲内容的调整。

演讲的表达与听众的反馈，使得哈丁有了丰富的素材。由此，他写了两本关于节育的书。一位来自新泽西州，名叫米莉森特·芬威克的国会女议员把他的书寄给了众议员，随后，巡回演讲就成为哈丁的重要事务。直到 1973 年美国妇女堕胎权被批准后，哈丁才退出了这方面相关的社会活动。

也可以说，1963 年至 1972 年，哈丁充当了堕胎活动家的角色。1973 年后他主要从事计划生育、人口控制等方面的工作，试图通过人口数量的控制来实现环境保护。1973 年，哈丁成为人口环境平衡局主席及名誉主席。1978 年他在圣芭芭拉大学退休后，短期去过印度从事人口控制/节育的工作。1979 年他成为华盛顿特区环境基金会会长……人口领域的研究、演讲和写作成为他工作的重心。

美国人口方面的社会事宜常常让他觉得步履维艰。比如人口环境平衡局是一个非营利机构，由五六十人自发组成，机构的主要目标是：让每个女人都能自主掌握生育权。70 年代末至 80 年代初，美国国家政府对人口控制提议多持反对意见，国会正在削弱人口和环境相关基金会。哈丁的工作热情渐渐被现实磨平了。

哈丁属于学院派的科学研究者，一生中大部分时间是在大学度过的。获得的荣誉也很多，1990 年人口环境平衡承载力奖，1997 年康斯坦丁·帕努齐奥杰出荣誉奖（表彰退休后持续的学术生产力）等。他一生著述丰富，是美国少有的在自然科学、社会科学领域都有建树的科学家。

五　拓展阅读

高国荣：《美国环境史研究》，中国社会科学出版社 2014 年版。

吴军：《全球科技通史》，中信出版社 2019 年版。

［美］埃莉诺·奥斯特罗姆：《公共事物的治理之道：集体行动制度的演进》，余逊达、陈旭东译，上海译文出版社 2012 年版。

［英］达尔文：《物种起源》，苗德岁译，译林出版社 2016 年版。

［美］加勒特·哈丁：《生活在极限之内——生态学、经济学和人口禁忌》，戴星翼、张真译，上海译文出版社 2016 年版。

［韩］金龙兆：《马尔萨斯：人口论》，吕炎译，中国科学技术出版社 2023 年版。

Gattit Hadin, "The Tragedy of the Commons", *Science*, Vol. 162, No. 3859, 1968.

第七章　生产跑步机

一　什么是"生产跑步机理论"

"treadmill"最初是作为强迫监狱犯人劳动的工具而被发明的，中文译为"苦役踏车"。犯人们在一条巨大的辐条上踏步，一旦踏轮开始转动，他们就得不断踏步，否则就会掉下去。苦役踏车运行产生的能量则用来碾磨谷物、抽水或者发电。随着时间推移，"treadmill"演变为一种用于锻炼身体的健身器材，译为"跑步机"。当跑步机运行时，在跑步机上的人必须全力以赴，一刻不停地运行，以跟上跑步机的运转，才不会被甩出跑步机。如果把一个社会的生产系统看成是跑步机，"跑步机"上的人为了不被甩出去，就需要一刻不停地"跑动"。

生产跑步机①理论是诸多解释环境危机理论中的一个，主要回答"二战"后西方工业国家环境衰退为何愈加严峻，以及为何这些国家乃至全球的社会制度没有充分应对自然系统的失序与混乱。"生产跑步

---

① 检索资料显示，"跑步机"最早作为概念用于学术研究始于1958年。美国农村社会学家科克伦（William Cochran）提出"农业跑步机"（agriculture treadmill）的概念，主要侧重于分析农业技术变迁带来的诸多后果。他指出，由于农业技术能够带来生产率的提升，以经济理性为导向的农民纷纷采用新技术提高农业生产效率。最先采用技术的农户从高产量、低成本中获得收益。随着越来越多的普通农户逐渐采用新技术，农产品市场供应量暴增，进而导致农产品价格出现下行。为了进一步提高收入，支付土地、化肥农药的债务，农民需要为土地付出更多投入，为新技术投入背负债务，从而被卷入了"跑步机"之中。一旦农民停止采用新技术，就存在被"农业跑步机"甩出，成为边缘人的可能。"农业跑步机"实际上是一个"农业技术的跑步机"，是在美国农业愈加商品化和资本化的背景下出现的。科克伦进一步分析了技术变迁导致农业经营者的结构性分化及其后果。参见 Willard W. Cochrane, *Farm Prices: Myth and Reality*, Minnesota: University of Minnesota Press, 1958。

机"是一个隐喻，它将目光聚焦于生产领域，指出了工业化国家环境问题与不断扩张的生产系统的密切关联。该理论的提出者美国社会学家施奈伯格认为，"二战"后生产者及其投资者将自然环境视为具有无限容量的"盈余"（surplus）系统，他们越来越多地使用这些资源，最终导致系统的"稀缺"（scarcity）困境。自然资源系统从"过剩"到"稀缺"的转变是环境恶化的重要表现。

在生产跑步机理论提出之前，对环境问题产生原因的诸多解释范式，在施奈伯格看来解释力有限。他将注意力放在生产系统的变迁上，他发现"二战"后工业化国家的生产力和生产关系都发生了很大变化，需要从生产的结构性特征入手分析环境问题的产生原因。在西方工业化国家，"不停地生产"在全社会何以拥有如此高的"合法性"？生产为何像踏上了一架不停运转的跑步机之上，必须全力前进，难以减速或停止？

生产跑步机理论是一个关于经济增长与环境社会后果之间冲突的政治经济学阐释，它注重分析资本主义社会环境问题的结构性特征。施奈伯格以美国为例，他指出"二战"后所形成的政治经济体系与环境问题的产生有紧密的关联，这个政治经济体系由五个目标驱动。（1）维持高生产水平。经济增长和生产扩张是政府各项政策的核心，具有极高的"合法性"。（2）维持高消费水平。生产的商品最终需要消费者购买才能保证生产体系的持续运转，消费是规模生产得以可能的重要动力。（3）经济增长是各种问题解决的"灵丹妙药"。各种社会和生态问题被认为需要通过市场和经济发展来解决。（4）围绕大企业发展经济。培养核心企业被认为是实现经济扩张的有效途径。（5）建立由政府、企业和劳动力组成的政治联盟，这个联盟某种程度上也是利益相关者联盟。①

生产跑步机理论不仅是关于生产对环境影响的一个模型，而且涉及生产中的社会关系，以及生产者和其他机构之间的社会关系。生产跑步

---

① 参见 Adam S. Weinberg, David N. Pellow, and Allan Schnaiberg, *Urban Recycling and the Search for Sustainable Community Development*, Princeton and Oxford：Princeton University Press, 2000。

机理论关注工厂以及工厂所嵌入的社会。就工厂/企业生产过程而言，高生产率等于高利润率。生产跑步机理论为我们勾画了企业以追求利润为目标的生产扩张的行为逻辑。企业获取生产利润后，为了进一步扩大利润，资本大量投入新技术的研发和使用中，以提高生产率从而带动利润率的提升。生产技术更新比以往任何时期都显得重要。"二战"后，政府、企业、大学和研究机构等相关主体对科学研究重视度明显提升，专注于提升生产效益的科学技术快速发展。大量资本和高新技术向生产环节快速集中是这一时期生产变化的鲜明特点。随着越来越多的资本积聚，高技术资本密集型生产逐渐占据主导。新技术需要更多的能源或化学品来替代之前的劳动密集的生产过程。新技术的投入必须要加快运转以获取利润。因此，企业的生产呈现"生产获利—技术研发与使用—扩大生产—市场销售—进一步获利—投入新的技术研究与使用……"的无限循环状态。

生产跑步机理论没有将目光仅仅局限于工厂内部，而是揭示出工厂所嵌入的外部支持体系。在跑步机体系中，政府政策、科学技术、消费行为、社会意识形态等与之相匹配，共同推动了高水平生产。在工业化国家的政治经济体系中，高技术资本密集型生产的扩张成为社会根深蒂固的信条，企业经济效益的提升和生产规模的扩张天然具有合法性，全社会弥漫着一种"增长优先"的发展观；国家通过制定一系列政策鼓励经济扩张；企业生产效益的提升需要先进的技术，更多的资本积累并被用于新技术开发，国家对技术研发进行高强度的支持；资本开始从公共部门和社会支出中分离，主要用于支持扩展私人投资；由于核心企业经济效益的提升，工人工资水平得以保障，工会组织的罢工和抵制生产活动减少，工人具备了转化为消费者的经济基础；广告营销、信贷等行业高速发展，整个社会的消费能力也急速增长。在这一跑步机体系中，政府、企业、科学家、银行、工人（消费者）等几乎每个主体都卷入其中，每个人都是高水平生产的参与者和贡献者，为了自己的利益而参与其中。

总体来看，生产跑步机理论包含三层核心逻辑。其一，资本逻辑。企业以追求资本增殖为主要目标的行动逻辑，这种不断追求经济利益的扩张行为主要通过提升技术并扩大生产为手段。其二，政府逻辑。政府追求税收、财政和就业等为目标的行动逻辑。对于政府而言，需要从扩大生产中产生盈利能力来诱导资本投资，产生附加市场价值以维持可供消费的工资水平，收取足够的税收用于各项社会支出。其三，社会逻辑。民众以赚取收入和通过消费追求享受为目标的行动逻辑。对于普通民众来说，工资收入是其养家糊口的主要手段。普通劳动者形成了"努力工作就是美德"的认知。在低息贷款、信用卡、抵押贷款、广告等刺激下，工人成为消费者。在以上三种逻辑的作用下，西方工业化国家形成了由政府、企业和劳动力组成的政治联盟。这种基于各自利益组成的松散的联盟，却具有非常牢固的稳定性。这种联盟使得生产具有一种自我强化机制，犹如踏上了一台高速运转的跑步机。

在生产跑步机之外，消费跑步机（Treadmill of consumption）① 的作用也日益凸显。尽管施奈伯格并未充分探讨消费跑步机，但需要强调的是，在现代社会，生产和消费构成了互为一体的跑步机，二者互相推动。生产的扩张为消费提供了充足的产品供给，而消费的扩张又为生产的进一步扩张提供了持续的动力。消费跑步机的加速带动了生产跑步机的加速。在现代消费社会，商品的符号意义以及由消费带来的精神满足成为人们消费的重要原因。生产者通过消费或是证明自己的经济能力，或是追求生活质量，或是……总之，消费被赋予诸多意义。当下，消费对生产的激励作用大大加强。在消费目标的驱动下，努力工作的消费者正成为生产扩张的动力源。

生产系统的高速运转和环境问题具有极为紧密的关联。社会的生产扩张必然要求增加从环境中开采原料，环境开采物的增加不可避免地造成生态问题，这些生态问题又为以后的生产扩张设下潜在的限制。生产跑步机为我们描绘了一种不可持续的政治经济体系，即生产系统的扩张不断损蚀生态系统，最终造成生态系统对社会系统的反噬。我们以汽车生产为例来说明生产系统扩张对环境的影响，在发达国家，几乎每个家庭都至少有一两台汽车，汽车是居民日常生活的必需品。在汽车"生产

---

① 参见［美］迈克尔·贝尔《环境社会学的邀请》（第3版），昌敦虎译，北京大学出版社2010年版，第65页。

阶段—消费阶段—废弃阶段"的产品生命历程中，从能源消耗、矿产开采和加工、污染物排放、废弃物丢弃等，几乎每一个阶段都伴随着对资源的消耗和环境的破坏。汽车的生产需要钢材类、金属类、油漆类、塑料类、橡胶类和玻璃类等原料。汽车生产阶段，涉及矿山开采、金属冶炼、能源供给等；汽车消费阶段，涉及油气开采、车辆尾气排放等；汽车废弃后，又会成为需要处理的金属垃圾。汽车生产对大气、土壤、水环境等都有严重的危害。"生产跑步机"指出虽然像美国这样的工业化国家生产扩张和政治经济系统运转不断加快，但是总体的社会福利却停滞不前，生产系统的社会和生态效益甚至呈现负增长的趋势。生产扩张消耗了大量的自然资源，也产生大量的排放物，大规模不间断的生产造成生态的急剧衰退。

二　学术脉络

生产跑步机理论所描述的是资本主义社会发展到一个新阶段后其内部经济系统运行对环境系统的影响。就该理论所探讨的现代资本主义生产和环境问题的关联性机制而言，学界已经积累了大量的研究成果。

1. 马克思关于资本主义运行逻辑的研究

生产跑步机理论对新阶段资本主义制度运行的"生态批判"与马克思关于资本主义的研究思想是一脉相承的。生产跑步机理论是在马克思对于资本主义制度运行的生态批判基础上做出的新发展，马克思关于资本主义制度运行的基本逻辑以及生态影响分析构成了生产跑步机理论的"元理论"，对于理解"二战"后西方工业化国家的环境危机具有重要意义。

在马克思看来，资本主义的主要特征，在于其是一个自我扩张的制度体系。资本主义像一部增长机器，"为积累而积累，为生产而生产"，不断追求剩余价值的资本逻辑是资本主义生产不断扩张的动力机制。资本具有增殖属性，而资本家则是资本的人格化。在生产跑步机中，企业扩大生产的动力机制也是源于对无止境的资本积累的追求。马克思在

《资本论》中对货币资本的循环过程进行了深入的研究。他指出，货币资本的循环公式为：G—W...P...W'—G'，G 代表货币，W 代表商品，P 代表生产，W'、G' 代表剩余价值增大了的商品和货币。[①] 这个过程可以分为三个阶段：第一阶段，G—W，即从货币额转化为商品，主要包括劳动力和生产资料；第二阶段，W...P...W'，即资本从商品流通领域进入生产领域，成为生产资本；第三阶段，W'—G'，即经过生产过程而实现的已经增殖的资本价值——商品资本转化为货币的过程，这些商品本来就是为市场而生产的，必须要转化为货币。对资本逻辑的理解是理解资本主义生产体系的重要基础。在生产跑步机理论中，企业的生产运行逻辑本质上也是资本逻辑的反映。

在资本主义生产力的基础上，还有一套与之相适应的生产关系。资本主义社会是以生产资料私有制为基础的雇佣经济占主导的经济体系。资本主义制度的主要特征有以下几点。（1）为交换而生产。资本主义与以往社会阶段的最大区别是生产目标的差异，资本主义为了追求交换价值而进行生产，生产和消费之间出现分离。价格机制和货币体系也支持了商品的交换。商品和劳务须按照价格机制进行交换，货币体系的建立使得生产者可以专注于生产，而不必先找到购买者。（2）产权的私有制。对财产的排他性的控制权、收益权、处置权，甚至是个体对自己身体的拥有权等，[②] 都与前资本主义社会有本质的区别。产权的私有制是资本主义重要的激励机制。（3）资本主义的生产关系是少数资本家占有生产资料、多数人一无所有的状态。工人通过劳动赚取的收入购买消费品。出卖劳动是工人获得生存的主要甚至是唯一的方式，因此就业/工作的重要性比以往任何时候都更突出。马克思对资本主义社会运行逻辑的洞见构成了生产跑步机理论的基础理论认知。

2. 政治经济学研究

生产跑步机理论是环境问题的政治经济学阐释，该理论得以形成也

---

① 参见［德］马克思《资本论》第 2 卷，人民出版社 2004 年版，第 32—38 页。

② 参见［英］彼得·桑德斯《资本主义：一项社会审视》，张浩译，吉林人民出版社 2005 年版，第 6—10 页。

与当时的政治经济学研究的发展有很大关系。政治经济学与经济学的差异在于其不仅关注由经济规律引发的经济现象，而且关注经济发展和外部社会之间的联系，特别是关注经济和政治之间的关联。政治因素是生产跑步机形成的重要外部环境。政治经济学的研究成果对施奈伯格思考生产跑步机得以可能的外部环境提供了诸多借鉴。施奈伯格在书中大量引用了当时的政治经济学者的著作，如大卫·戈登（David Gordon）、查尔斯·林德布罗姆（Charles Lindblom）、大卫·哈维等。

大卫·戈登提出了"积累的社会结构"理论①，这一理论是政治经济学中的重要理论。戈登通过对马克思的经济危机理论的研究，注意到资本积累与特定社会结构具有较强的联系。他指出，仅仅考察产品市场的竞争条件不足以真实反映资本积累的广度和复杂性，因为资本主义生产不可能在真空和无序的环境下进行。具体而言，决定资本家是否投资的因素，除了利润率，还受到投资信心和预期的影响，投资信心与预期则与稳定的外部支持制度相关。"积累的社会结构"关注到资本积累与外部的政治和社会制度的联系，与生产跑步机关注"工厂嵌入的外部环境"二者异曲同工。

林德布罗姆的专著《政治与市场：世界的政治—经济制度》被施奈伯格多次引用。他将比较经济学和比较政治学两个学科结合起来，贯穿于制度分析的始终。他指出，政治是对生产系统实施方向性社会控制的一种有效形式。政治系统设置方向后，由市场提供有效的分配决策。他从权威（政府权力）、交换（市场关系）、说服（训导制度）三种范畴出发，建构、显示和比较人们平日熟悉的各种政治—经济组织构造的异同。在林德布罗姆看来，市场取向的私有企业制度与多头政治的权威制度的结合是西方政治经济制度的主要表现形式。② 生产跑步机理论中对政府角色和作用的关注以及对"政治—经济"关系的认知受到林德布罗姆较深的影响。

---

① 参见甘梅霞、马艳《两代"积累的社会结构"理论：溯源、比较与展望》，《江淮论坛》2020 年第 3 期。

② 参见［美］查尔斯·林德布罗姆《政治与市场：世界的政治—经济制度》，王逸舟译，上海三联书店、上海人民出版社 1981 年版。

大卫·哈维是当代西方马克思主义的代表人物和集大成者。哈维对资本积累和空间开发做了深入的研究。他把城市作为生产系统扩张和资本积累的重要研究场所，他的早期研究受到施奈伯格的关注。在《社会正义和城市》一书中，哈维发现对城市空间的生产与占有逐渐成为当代资本主义剥削的主要方式，城市也因此成为资本和阶级斗争的集中地，由此衍生出城市的核心问题——城市正义和权利。城市增长联盟日益加剧的资本积累强度加速了对城市空间的开发，由此导致了环境问题，同时，也加剧了对底层人群的剥夺。[①] 从哈维的相关研究中，可以发现生产系统的扩张对生态系统（空间形态）和社会系统（社会正义）的影响，这些研究对生产跑步机理论也有诸多启发。

3. 环境人文社会科学的相关研究

"二战"后工业化国家经济的快速发展带来了严重的环境问题，仅从自然科学角度研究环境问题面临解释力不足的困境。学术界对环境问题展开了深刻的反思。学者们认识到，环境问题不仅是技术问题，更是政治、社会、经济和文化问题。一些环境问题的人文社会科学研究也为施奈伯格思考环境问题奠定了较好的基础。1962 年，卡逊的《寂静的春天》首次对剧毒农药 DDT 滥用造成的环境和社会后果进行了详细的分析，为沉迷在科技进步中的公众敲响了环境保护的警钟，该书在学界引起了巨大的反响。同时代还有其他学者探讨技术对环境的影响，巴里·康芒纳的《封闭的循环：自然、人和技术》（*The Closing Circle：Nature Man and Technology*）认为，环境问题是现代科技导致的，技术异化导致的环境问题根源在于人失去了对技术的控制。还有学者从人口、资源等角度探讨环境问题。1968 年，保罗·埃利奇的《人口爆炸》（*Population Boom*）一书阐述了人口激增可能导致"人口危机"，进而引发"资源危机""粮食危机"和"生态危机"。1972 年，德内拉·梅多斯等的《增长的极限》（*The Limits to Growth*），通过计算机模拟的方式，预言了人类发展即将会遇到的生态和资源瓶颈，为西方发达国家快速发展的"黄金时代"浇上

---

① 参见尹才祥《乌托邦重建与解放政治哲学——对戴维·哈维资本主义空间批判的反思》，《哲学动态》2016 年第 11 期。

了一盆冷水。

环境问题的社会科学研究对施奈伯格分析生产系统运行的环境后果奠定了较好的基础，他认识到经济、技术、人口等都与环境问题具有紧密的联系。施奈伯格深入分析了社会和环境的关系，他提出"社会—环境辩证法"（Social-Environmental Dialectic）有三种"合题"（syntheses）。首先，经济合题，环境的使用价值被遗弃了，国家关注于资本积累。只有生态混乱威胁到生态系统才会对其进行治理。国家的环境政策是地方化的、短期的；其次，有计划匮缺合题（managed scarcity），政府在交换价值和使用价值之间摇摆，维持二者的平衡；最后，生态合题，交换价值被遗弃，强调自然系统的生态价值。生产跑步机理论研究的政治经济体系是一个典型的经济合题，随后国家的各项环境政策开始实施，社会和经济关系转变为有计划匮缺合题[①]。

4. 学术发展与关联理论

（1）学术发展

生产跑步机理论是施奈伯格 1980 年在《环境：从盈余到稀缺》（*The Environment: From Surplus to Scarcity*）一书中最先提出来的，该书出版后在美国环境社会学界产生了巨大的影响，成为美国和北美最有影响力、最重要的环境社会学理论视角，这一理论也成为环境社会学的经典理论范式之一。美国社会学家巴特尔（Buttel）认为，生产跑步机团队和卡顿—邓拉普团队是 20 世纪 70 年代以来美国环境社会学创立后两个主要的研究团队。生产跑步机理论对"二战"后美国和主要工业化国家的环境衰退具有极强的解释力。跑步机理论也可以用于描述世界其他区域不断扩张的生产体系。20 世纪关于增长的意识形态在各种类型的社会中占据统治地位。即使是"二战"后的社会主义国家，在其日常运作中也可以被称为"类跑步机"（treadmill-like）[②]的工厂，因为国家的项目是最大限度地提高重工业生产，中央政府为每个工厂设置了生

---

① 参见 Gould K. A., Pellow D. N., Schnaiberg A., *Treadmill of Production: Injustice and Unsustainability in the Global Economy*, New York: Routledge, 2008, p. 30。

② Rudel T. K., Roberts J. T., Carmin J. A., "Political Economy of the Environment", *Global Environmental Politics*, Vol. 37, No. 1, 2011, pp. 183-203。

产目标。生产跑步机理论在工作社会学，马克思主义社会学，政治社会学，城市社会学，世界体系社会学，种族、性别和阶级社会学等社会学分支学科之间架起了桥梁。

生产跑步机理论的后续研究注重应对变化的现实，提升理论的解释力。该理论提出后，生产跑步机团队也在不断对其进行完善。施奈伯格团队对生产跑步机理论的发展主要体现在如下方面。

首先，扩展跑步机的研究范围。生产跑步机理论是基于国家层次而言的，主要分析美国，当然也可以分析其他工业化国家。施奈伯格预测资本投资的加速必然会加速跑步机，进而导致环境更快速度的衰退。但是，随着工业化国家开始进行环境治理，环境状况出现改善的趋势，跑步机理论的预测面临新的挑战。此时，生产跑步机团队提出"跨国跑步机"（Transnationalized Treadmill）概念，跑步机理论开始超越单一国家层面。它指出发达国家的环境改善是由于污染向欠发达国家转移的结果。跨国跑步机将研究视角放在全球的尺度，更能揭示全球环境的变化。

其次，将跑步机理论用于经验研究之中。由于跑步机理论是基于已有的研究推理出来的理论，并没有相关的经验案例。跑步机团队将该理论运用于城市循环产业、环境运动等案例分析中，证实了该理论对经验事实具有较好的解释力。在一些环境抗争、环境正义运动中，生产跑步机成为环境问题产生的重要解释理论。

其他学者围绕"跑步机"机制进行了大量研究，诞生了多种其他形式的"跑步机"。（1）破坏跑步机（treadmill of destruction）。"破坏跑步机"主要分析由军事所导致的环境不正义问题。"破坏跑步机"是由地缘政治的独特逻辑所驱动的。在20世纪，为了保持世界领先军事力量的地缘政治要求迫使美国生产、测试和部署具有前所未有毒性的武器，却使美洲原住民被暴露于有毒环境的危险中。（2）法律跑步机（The treadmill of law）。法律跑步机通过环境立法和执法实践来塑造和维持生产的持续。这里的"法律跑步机"一词专指环境法律法规反映和加强经济关系的方式，这些关系使生产跑步机的做法、关系和利益合法化和复制，并有助于生产跑步机的扩展。此外，还有"犯罪跑步机"

（The treadmill of crime）①、"积累的跑步机"（The treadmill of accumulation）②、政绩跑步机③等概念。

（2）关联理论

生产跑步机理论的关联理论包括：增长机器理论。Molotch 等人提出"城市增长机器"（urban growth machine）模型。④ 这一理论最初的论述集中在被加速房地产开发的政治机器控制的城市。增长机器理论是对环境问题的一种政治经济学解释。他们指出，在城市的发展中，形成了包括政府、土地所有者、开发者、房地产公司等组成的增长联盟（growth coalitions）。增长联盟为了从相关房地产开发和房地产销售中获利，极力促进经济增长。他们动员地方政府官员回击反对房地产开发的居民。居民抗议开发常常是为了保存社区的使用价值，如舒适、安全、安静、无污染的居住环境。居民与处于强势地位的增长联盟的斗争中常常失败。在这些增长联盟的推动下，第二次世界大战后，北美、欧洲和东亚人口稠密地区的城市郊区发生了巨大的扩张。

其次是生态马克思主义流派。生态马克思主义流派继承了马克思对资本主义的生态批判，主要代表人物有詹姆斯·奥康纳（Jim O'Connor）、贝拉米·福斯特（J. B. Foster）等人。詹姆斯·奥康纳提出"资本主义第二重矛盾"，对资本主义生产和自然环境之间的矛盾进行了深入分析。贝拉米·福斯特对资本主义与生态危机有一系列有影响的研究。生态马克思主义将环境危机与资本主义制度直接关联，特别关注资本运行逻辑，在无止境地追求资本积累和增殖的本性下，环境问题愈加严峻。生态马克思主义具有很强的批判色彩，同时，在环境危机的应对上也主张对社会制度进行根本性的变革。尽管生态马克思主义流派与生态跑步机理论都具有较强的批判性。但与生产跑步

① Stretesky P. B., Long M. A., Lynch M J., *The Treadmill of Crime：Political Economy and Green Criminology*, New York：Routledge, 2013.

② Foster J. B., "The Treadmill of Accumulation", *Organization & Environment*, Vol. 18, No. 1, 2005, pp. 7−18.

③ 任克强：《政绩跑步机：关于环境问题的一个解释框架》，《南京社会科学》2017 年第 6 期。

④ Molotch H., "The City as Growth Machine：Toward Economy of Place", *American Journal of Sociology*, Vol. 82, No. 2, 1976, pp. 309−332.

机理论相比，生态马克思主义流派更加注重对马克思生态思想的经典话语进行文本解读与当代运用，其思想也更为激进。相对来说，生产跑步机理论更加注重在经验现实中分析环境问题的形成机制，理论相对理性温和。

三 社会背景

1. 政府干预的"混合经济"时代

生产跑步机理论中对政府在经济发展中的作用和功能给予了较多关注。在西方资本主义国家，政府对经济的干预程度在不同时期表现出不同特点。19 世纪北美和欧洲大多数国家的经济发展奉行自由放任的政策，政府较少干预经济，经济决策主要依赖"看不见的手"——市场机制完成。19 世纪末，这种不受约束的自由市场经济发展造成腐败、贫富差距、失业等一系列问题。美国和西欧主要工业国家逐渐放弃自由放任的思想，加大对经济的干预力度。政府逐渐被赋予更多的经济职能，如反垄断、征收所得税、提供社会保障等。从"二战"后到 20 世纪 60 年代末，美国奉行凯恩斯主义，强调国家干预，并且干预程度逐渐加大。有研究将资本主义经济的发展阶段划分为：竞争资本主义、垄断资本主义和国家垄断资本主义阶段。"二战"后美国经济表现出"混合经济"① 的状态，即庞大的政府预算和政府广泛干预私人决策的经济。政府通过财政和金融政策对经济施加影响。政府对高就业和经济增长开始承担义务。1946 年，美国两党就通过了《就业法令》，这可以看作干涉主义体制的雏形。这个法令责成联邦政府确保"最大限度的就业、生产和购买力"，人们对 30 年代大萧条时期大批失业的恐惧记忆是形成这一法令的原因之一。与就业相关，战后为了与苏联竞争和应对次发达国家的挑战，政府开始对长期经济增产承担义务，加大对科技研发的资金投入。对外，美国政府展开大规模的经济援助和军事援

① ［美］H·N·沙伊贝、H·G·瓦特、H·U·福克纳：《近百年美国经济史》，彭松建等译，中国社会科学出版社 1983 年版，第 497 页。

助，为企业提供订单。在危机时刻，政府动用赤字和通货膨胀政策干预经济。"混合经济"试图在充分发挥市场经济和价格机制作用的同时，通过国家干预克服市场经济自身的弊端。在这种"混合经济"中，政府广泛介入经济活动，颁布财政政策，维持经济增长。混合经济模式下政府与市场之间关系比以往更加密切。生产跑步机的运行正是在这种政府干预的混合经济模式下形成的。生产跑步机的政治经济学解释范式中特别关注政府在经济发展中的作用发挥，与此宏观社会背景密切相关。

2. 福特主义生产方式扩张

生产跑步机理论关注的西方工业化国家生产模式在"二战"前后表现出明显的差异。"二战"后世界工业快速发展，为了提高生产率，美国以泰勒制劳动组织和大规模生产消费商品为代表的密集型资本积累战略逐渐占据主导，这种被称为福特主义（Fordism）的生产方式在大企业中逐渐占据主导。福特主义生产模式对环境产生了严重的负面影响。福特主义以市场为导向，以分工和专业化为基础，形成了大规模生产和大规模消费的经济体系，这一经济体系有以下几个特点。

第一，以生产机械化、自动化和标准化的流水线作业，同时建立相应的工作组织，通过大规模生产提高标准化产品的劳动生产率。企业资本主要购买生产设备，雇佣劳动力。专业性的大型机器需要大量的原材料和能源供应。这些大型机器为标准化生产提供了可能。

第二，劳资之间通过集体谈判所形成的工资增长与生产率联系机制提升了工人的收入水平，诱发了大规模消费，又反过来促进了大规模生产的进一步发展。在工人的劳动过程中，生产过程被分解为若干小环节，管理部门以流水线安排工人作业，每个工人从事相对固定的环节。通过长期重复简单劳动形成较高的工作效率。工人工资水平有了较高的增长。

第三，资本家之间的垄断竞争格局使生产建立在对未来计划的基础之上。专用性机器投资和低技能工人相结合的生产过程提高了资本有机构成，通过加速资本周转来降低高资本有机构成对利润率的影响，促进了企业之间纵向一体化过程，从而在主要行业形成了垄断竞争的市场格局。①

福特主义以最大程度提高生产率为目标，通过技术、组织等手段，实现了生产率的大跃升。福特主义的生产过程与以往生产模式相比发生了很大的改变，大规模高强度的专业化生产需要更多的物质投入，使用越来越多的化学品。20 世纪 70 年代，美国学者舒马赫对当时工业生产对自然界造成的消耗深感震惊。② 他指出，"二战"前世界的化石燃料使用与"二战"后相比，是"微不足道"的。"二战"后才把这个量增加到"惊人的比例"。在"二战"前，工业环境问题就已经出现。但这之后，美国石油、铁矿石等自然资源的消费呈现爆发式增长，环境前所未有地恶化。生产跑步机理论分析的工厂生产模式主要就是福特主义的生产模式，这种生产模式注重对技术的运用，实现了生产的规模化，同时为工厂提供一定的工资保障从而使其成为消费者带动产品销售。福特主义的生产模式的"大量生产—大量消费—大量丢弃"成为西方工业国家环境问题产生的主要表现形式。

3. 环境公害与环境运动爆发

"二战"后，环境问题成为公众普遍关心的社会问题。伴随着高速的经济社会发展，发达国家的环境问题开始呈现大爆发的趋势，公害问题频发。环境问题主要表现为：水体污染、大气污染、土壤污染、食品污染公害、海洋污染、放射性污染、有机氯化物污染等。1948 年美国多诺拉烟雾事件造成 6000 多人发病，1952 年美国洛杉矶光化学烟雾事件造成超过 400 名老人死亡。环境污染成为发达国家的一个重大问题，这一时期也被称为"公害泛滥期"③。人类开始认识到环境问题造成的危害。蕾切尔·卡逊的《寂静的春天》、保罗·埃利奇的《人口爆炸》

---

① 参见谢富胜、黄蕾《福特主义、新福特主义和后福特主义——兼论当代发达资本主义国家生产方式的演变》，《教学与研究》2005 年第 8 期。

② 参见［英］E. F. 舒马赫《小的是美好的》，虞鸿钧、郑关林译，商务印书馆 1984 年版，第 5 页。

③ 梅雪芹：《工业革命以来西方主要国家环境污染与治理的历史考察》，《世界历史》2000 年第 6 期。

等书对提升公众的环境保护意识，推进环境保护行为具有重要的意义。特别是《寂静的春天》一书，卡逊详细分析了杀虫剂滥用造成的触目惊心的后果，该书在美国引起了强烈的轰动，直接推动了现代环保运动的开展。

以保护环境为目标的环境保护运动开始涌现。大量环保组织建立，其中比较重要的包括 1967 年成立的环境保护基金会和动物保护基金会、1969 年成立的地球之友、1970 年成立的自然资源保护委员会、1971 年成立的绿色和平组织、1974 年成立的环境政策研究所及 1975 年成立的世界观察研究所、1980 年成立的地球优先组织等。以"地球日运动"等为代表的美国的现代环境运动开始上升，环境保护组织大量涌现。1970 年 4 月 22 日，美国举行第一次地球日活动，这是人类有史以来第一次大规模的群众性环保活动，美国大约有 2000 万人参加了游行示威和演讲会。20 世纪 70 年代被称为"环境年代"（decade of the environment）。以追求公正，反对污染物的不成比例分配为目标的环境正义运动也逐渐升温。人们发现，垃圾场、污染物质的受害人群主要是有色人种和低收入人群居住的区域。环境问题与社会公正开始紧密关联。

政府在公众的压力下开始注重环境保护工作。1969 年，美国通过《国家环境政策法》，1970 年成立了国家环保局，还成立了由总统领导的环境质量委员会等专门机构。关于环境问题的专门法也逐渐制定并修改完善。重要的法律还包括 1970 年的《清洁空气法》《职业安全与健康法》《美国工业污染控制法》，1972 年的《水污染控制法》《联邦杀虫剂控制法》，1973 年的《濒危物种法》和 1974 年的《饮用水安全法》，等等。此外，以石油危机为代表的能源危机开始爆发（1973 年第一次石油危机，1979 年第二次石油危机），石油价格的飙升严重冲击了美国的工业体系，造成了经济增长的放缓。这场危机，也让人们开始反思对于石油的过度依赖以及生产行为对自然资源的消耗问题。生产跑步机理论正是在环境危机日益加剧的社会背景下产生的，是学者试图从理论层面对环境问题产生机制进行概括的尝试。

四 个人生平①

施奈伯格出生和成长于一个"科学"的时代，1960 年获得化学学士学位，后来在运输部门工作，为冶金工程团队服务。理工科的学习背景和工厂工作经历对其理解工业生产及其导致的环境问题起了很大作用。他随后决定考取研究生，成为一名老师。他选择了社会学，因为他曾修过一门社会学的课程，发现社会学可以帮助他明白他所工作的公司的情况。在密歇根大学读书时，施奈伯格参与到人口问题的研究之中，在研究方法上主要学习和使用定量研究的方法。他毕业论文使用其导师收集的数据资料研究土耳其妇女问题，最后这个研究确定为关于"现代化"（modernization）的问题（他的现代化研究融合了对城市化、分层、现代化的反思和综合），这个研究也让他从一般性的社会问题开始关注背后的理论问题，以及尝试融合不同研究观点的思路。1968 年博士毕业后，他逐渐远离人口研究，远离定量的相关性研究。因为他觉得人口研究让其不安，他认为在研究中，人口增长和所有经济和环境问题之间关联的联系建立得太容易了，他甚至认为这种研究方法具有一种"责备受害者"的研究倾向。

1969 年进入西北大学工作后，他加入了西北大学的一个"学习小组"，关注于当地公用事业公司因燃煤而造成的空气污染问题。他觉得环保主义似乎是一个更加进步的领域，特别是与人口主义相比较（能更清楚地确定受害者，比如遭受空气污染的群体主要是城市穷人）。这个小组的活动因为威胁到了一些人的利益，最终导致了建议成立这个研究小组的工作人员被解雇。这让施奈伯格想起了从政治角度分析环境问题的可能性。因为在这些因素中，学校董事会主席是这家公司的首席执行官，不希望看到研究小组的批评。根据自身的化学背景以及工程/科学经验，他觉得可以将这个领域以及社会科学兴趣和技能带到一起，有潜力为"环境问题"提供独特的综合视角。

① Schnaiberg A., "Reflections on My 25 Years before the Mast of the Environment and Technology Section", *Organization & Environment*, Vol. 15, No. 1, 2002, pp. 30-41.

随后，施奈伯格的同事约翰·沃尔顿（John Walton）邀请他为自己正在编辑的一本关于城市的书撰写作品。沃尔顿鼓励施奈伯格探索新的环境兴趣。施奈伯格第一次从定量经验工作转向了定性的综合性研究。他基于对其他已发表研究的社会观察，将"环境主义"纳入四个方面讨论中（人口、技术、生产、消费）。这些研究使施奈伯格脱离了受过丰富训练的定量经验主义。这项研究完成后，施奈伯格对环境议题产生了兴趣，他持续开展研究，一方面，希望提升社会学家的环境意识，另一方面，希望寻找环境问题的根源和替代性解决方案。

20世纪70年代中后期，接连发生"能源危机"后社会能源意识开始崛起，施奈伯格更加决心追求他的目标：提高环境问题的社会意识，用社会科学方法来评估围绕社会界定的环境问题的相关政策以及政策的社会影响。他发现，许多解决能源危机的自然科学"解决方案"在社会层面上显得非常幼稚和不切实际。但与此同时，自然科学家和一些社会科学家的这种新认识似乎为研究真正的社会—环境关系开辟了一条道路。生产跑步机理论汇集了许多理论和经验研究。在某种程度上，就像他的博士论文一样，施奈伯格整合了来自不同领域的数据——工业社会学、世界体系理论、分层研究、科学社会学、宏观经济理论与分析，最后确定了生产跑步机的理论。所以，从这个层面而言，生产跑步机理论是一个"合成"（synthesize），是对相互竞争性的理论的合成。

五　拓展阅读

［美］迈克尔·贝尔：《环境社会学的邀请》（第3版），昌敦虎译，北京大学出版社2010年版。

［美］林德布罗姆：《政治与市场：世界的政治—经济制度》，王逸舟译，上海三联书店1981年版。

［德］马克思：《资本论》第2卷，人民出版社2004年版。

Gould K. A., Pellow D. N., Schnaiberg A., *Treadmill of Production*: *Injustice and Unsustainability in the Global Economy*, Routledge, 2008.

Schnaiberg, A., *The Environment*: *From Surplus to Scarcity*, New York:

Oxford University Press, 1980.

Buttel, F. H., "The Treadmill of Production: An Appreciation, Assessment, and Agenda for Research", *Organization & Environment*, Vol. 17, No. 3, 2004.

Gould K. A., Pellow D. N., Schnaiberg A., "Interrogating the Treadmill of Production: Everything You Wanted to Know about the Treadmill but Were Afraid to Ask", *Organization & Environment*, Vol. 17, No. 3, 2004.

Rudel T. K., Roberts J. T., Carmin J. A., "Political Economy of the Environment", *Global Environmental Politics*, Vol. 37, No. 1, 2011.

Schnaiberg, A., Pellow, D., & Weinberg, A., "The Treadmill of Production and the Environmental State", In A. P. J. Mol & F. H. Buttel (Eds.), *The Environmental State under Pressure*, London: Elsevier North-Holland, 2002.

第八章　环境问题的社会转型论

一　什么是环境问题的社会转型论[①]

社会转型（social transformation）是一个有特定含义的社会学术语，意指社会从传统型向现代型的转变，或者说由传统型社会向现代型社会转型的过程。具体而言，就是从农业的、乡村的、封闭的半封闭的传统型社会，向工业的、城镇的、开放的现代型社会的转型。[②] 社会转型速度是衡量中国社会转型整体的快慢的概念。从总体上说，中国社会转型是从 1840 年的鸦片战争正式开始的。到目前为止，这一转型过程已大致经历了三个阶段：1840—1949 年为第一阶段，1949—1978 年为第二阶段，1978 年至今为第三阶段。在转型速度上，分别对应慢速、中速、快速。社会转型加速期，是从 1978 年开始。[③]

从社会学角度看，社会转型主要强调的是社会结构的转变。社会结构主要是指一个社会中社会地位及其相互关系的制度化和模式化了的体系。与经济改革相联系的中国社会结构转型，主要包括：身份体系弱化，结构弹性增强；资源配置方式转变，体制外力量增强；国家与社会分离，价值观念多样化等。[④] 洪大用认为，社会结构转型，主要表现为

①　洪大用关于环境与社会关系包括了三个方面，考虑本章聚焦于环境问题的社会成因解释，因此涉及环境问题的社会影响和社会应对，置于学术脉络的研究拓展中分析。

②　参见郑杭生《社会转型论及其在中国的表现——中国特色社会学理论探索的梳理和回顾之二》，《广西民族学院学报》（哲学社会科学版）2003 年第 5 期。

③　参见郑杭生《社会转型论及其在中国的表现——中国特色社会学理论探索的梳理和回顾之二》，《广西民族学院学报》（哲学社会科学版）2003 年第 5 期。

④　参见郑杭生、洪大用《当代中国社会结构转型的主要内涵》，《社会学研究》1996 年第 1 期。

社会结构分化过程。与原有结构相比，社会异质性和不平等性显著增加，如工业化、城市化和区域分化等对环境问题的产生具有重要的影响。

环境问题的社会转型范式是一个较为宏大的研究视角，将环境问题的产生放置于中国社会转型的背景下考察，在比较的基础上，分析中国社会转型中与环境密切关联的因素是如何影响到环境问题的产生的，也就是说环境问题在社会发展过程中的演化轨迹。洪大用提出的社会转型范式是针对国外环境社会学关于环境问题的各种解释范式而做出的一种创新的努力。正如他所言，"国外环境社会学关于环境问题的各种解释范式，虽然从其各自的视角看都有一定的道理，然而并不能全面解释，甚至不能正确理解当代中国的环境问题。中国的社会转型对于当代中国的环境状况是一个很有解释力的变量"①。

1. 社会结构转型与环境问题

工业化与环境问题。从世界范围来看，工业革命以来，全球的环境发生了急剧的转变。工业化带来的废水、废气、废渣等已经成为环境问题产生的重要原因。洪大用指出，中国工业化的特点使得环境问题较其他国家更加剧烈。主要表现在如下四个方面②。（1）中国工业化的速度非常快。改革开放以来，快速的工业化导致了环境在短时期内发生剧变。（2）中国工业化的优先顺序——优先发展重工业。一般而言，轻工业对环境的破坏相对较小，重工业对环境的破坏较大。中国工业的发展模式把重工业放在优先发展的顺序，以石油、煤炭、电力、冶金、建材、化工等为代表的重工业是环境问题产生并加剧的重要原因。（3）中国工业化的推动力量：原有工业的扩张、国际工业的转移和乡镇企业的发展。国际工业的转移伴随着先进工业国家的污染输出，而乡镇企业则由于其技术起点低、能源和原材料消耗多、布局不合理、生产管理不健全、用于控制污染的投入有限等原因，造成了严重的环境问题。（4）中国工业化的组织方式。企业规模小、

---

① 洪大用：《社会变迁与环境问题：当代中国环境问题的社会学阐释》，首都师范大学出版社 2001 年版，第 279—280 页。

② 参见洪大用《社会变迁与环境问题：当代中国环境问题的社会学阐释》，首都师范大学出版社 2001 年版，第 97—99 页。

稳定性差、片面追求产值等特点不利于环境保护。

城市化与环境问题。快速的城市化对中国环境问题的贡献也不可小觑。农村人口短时间内聚集到城镇，增加了城镇的环境负荷，造成了环境问题的空间积聚，大气污染、水体污染、噪声污染、生活垃圾问题等都随之产生。洪大用注意到，中国快速的城市化有其不利于环境保护的具体机制。主要表现在以下几方面：（1）文化堕距，即地区人口和社会经济结构日益城市化，但是规范和价值意义上的文化变迁较为缓慢；（2）外延式扩张的城市化道路造成了城市的"摊大饼"，土地资源大量浪费；（3）小城镇的快速发展加剧了环境污染；（4）城市规划与管理滞后于城市发展，不利于环境保护。①

区域分化与环境问题。中国快速的发展过程也是区域分化拉大的进程，区域之间（如东部与中西部）、城乡之间发展的不均衡性较为突出，区域分化对环境问题具有较为不利的影响。这主要体现在以下几方面。（1）追赶压力下的无序发展。发展的不均衡性造成了地区比较明显的差距，"发达"和"落后"地区日渐显性化。当意识到自身的"落后"后，发展焦虑感开始形成，在奋力赶超发达地区的过程中，往往造成了开发的无序和混乱。比如，为了税收和财政，放松对企业的环境标准要求。诸如此类现象，在落后地区较为常见，其背后，发展的冲动是重要的原因。（2）不平等的社会经济体系。沃勒斯坦的世界体系理论指出了在全球维度上国家与国家之间的不平等。洪大用看到了一国之内不同地区也处于一种不平等的社会经济体系之中。落后的中西部地区将原材料和能源源源不断输送到东部地区，却将环境问题留在了本地。（3）发达地区通过投资办厂和销售落后设备向欠发达地区进行污染转嫁现象也较为普遍。②

2. 社会体制转轨与环境问题

社会结构转型的背后是社会体制的转轨，洪大用详细分析了社会体

---

① 参见洪大用《社会变迁与环境问题：当代中国环境问题的社会学阐释》，首都师范大学出版社 2001 年版，第 101—103 页。

② 参见洪大用《社会变迁与环境问题：当代中国环境问题的社会学阐释》，首都师范大学出版社 2001 年版，第 105—107 页。

制转轨对环境问题的深刻影响。他重点分析了市场机制、放权让利和城乡二元控制体系与环境问题的关联。

一是从计划到市场：双重失灵。改革开放以来，中国逐步确立了社会主义市场经济体制。从计划经济到市场经济的转变是社会体制转轨的核心内容。在市场经济体制建立的初期，中国处于从计划经济到市场经济的过渡时期，市场经济逐渐引入，计划经济仍然发挥作用。洪大用指出，从计划到市场的过渡对当时的自然环境产生了不利影响。主要表现在以下几方面：（1）从计划到市场的过渡会加剧"市场失灵"，因为不完善的市场经济通常伴随着不规范的管理，进而导致内部成本的外部化；（2）从计划到市场的过渡使得政府与企业的互动关系复杂化，对政策的执行会产生不利影响；（3）政府对市场的干预以及卷入经济活动，使得政府自身具有相互冲突的目标，降低了环境保护与环境管理的效益；（4）对于一些环保部门和官员而言，环境管理甚至成为谋取利益的手段，使得环境保护被异化，造成"政策失灵"。[①]

二是放权让利与协调之忧。改革开放以来的体制改革过程是放权让利的过程，主要表现为财政上的"分灶吃饭"以及中央政府削减指令性计划指标，给地方和企业更大的自主权。放权让利有利于激活地方的发展动力，但是对环境也具有不利的影响。洪大用指出，放权让利的一个最明显后果是社会资源的迅速分散和转移。表现在两个方向上。一是原有制度结构之外的新的地位群体的出现，及占有资源的大幅度上升。二是原有制度结构之内的资源向地方部门与具体单位的分散与转移。资源分散和转移导致多种不利于环境保护的后果：（1）政府所面对的不再是完全仰赖于它、具有高度同质性并组织完好的各种管理对象，以往这些对象是可以通过整齐划一的行政命令进行直接调控的；（2）它削弱了政府的宏观调控能力；（3）社会利益冲突的显性化。[②]

三是城乡二元控制体系与环境。洪大用指出，中国城乡环境问题发

---

① 参见洪大用《社会变迁与环境问题：当代中国环境问题的社会学阐释》，首都师范大学出版社 2001 年版，第 105—107 页。

② 参见洪大用《社会变迁与环境问题：当代中国环境问题的社会学阐释》，首都师范大学出版社 2001 年版，第 105—107 页。

展的差异与城乡二元控制体系密切相关，具体体现为控制手段的二元性和控制过程的二元性。控制手段的二元性有以下特点。（1）组织手段的二元性。在 20 世纪 90 年代，单位制度作为城市中的组织控制手段还可以发挥一定作用。但是在农村地区，随着土地联产承包责任制的推行，作为组织控制体系的人民公社组织迅速瓦解，农村的组织控制力量大为削弱。农村环境保护机构和组织的薄弱是乡镇企业污染加剧的重要原因。（2）制度手段的二元性。我国的环境保护工作"重城市、轻农村"，导致农村环境问题更为突出。（3）舆论手段的二元性。大众传播媒介在城市中的普及率比在农村要高得多，不仅在媒介的数量方面，还包括公众对于媒介的实际接触 。

控制过程包括两个方面的含义。（1）自在控制与自为控制相结合的过程。城市有着较为完善有力的外部自为控制，且居民的环境意识较高，能够做到自我约束；在农村地区，人们环境意识较差，自我约束不足，许多个人和团体难以接受外在的自为控制。（2）控制与反馈相结合的过程。由于城市居民对于环境问题及其危害有着较多的认识，成为监督政府、促进政府采取有关环境控制措施的重要力量。农村环境控制因此而表现出明显的单向性和强制性，缺乏积极的反馈，导致控制效率的降低，甚至导致控制与反馈的恶性循环。①

3. 价值观念变化与环境问题

价值观念对人的行为具有重要的指导意义。社会转型阶段也是价值观念急剧变化的时期。洪大用指出，从"以阶级斗争为中心"到"以经济建设为中心"是中国改革开放以来最大的价值观念变化。就与环境问题有较高关联度的价值观念变化而言，以下因素对环境问题的产生和加剧具有不可忽视的影响。

一是道德滑坡。改革开放以来，与经济快速发展展现的乐观局面不同，社会道德的变化状况则令人担忧。在剧烈的社会转型期，道德滑坡已经成为一种客观事实。洪大用指出了道德滑坡的几种表现，如：个人

---

① 参见洪大用《社会变迁与环境问题：当代中国环境问题的社会学阐释》，首都师范大学出版社 2001 年版，第 116—118 页。

中心，自我封闭，缺乏社会关怀；化公为私，占公家便宜；以邻为壑；只顾眼前，没有长远眼光；物欲横流，拜金主义。① 由于环境是一种公共物品，对其利用和保护需要公众具有一定的"公德"。以上发生在道德领域的滑坡现象，对环境问题都有较为明显的影响。

二是消费主义。在现代社会，消费日益成为影响环境的重要原因。随着收入水平的快速提升，中国人的消费能力明显增强。消费主义的价值观崇尚"买买买"，为了消费而消费。洪大用指出，消费主义具体表现有：对物质产品毫无必要的更新换代，大量占有和消耗各种资源和能源，随意抛弃仍然具有使用价值的产品，采取地球资源难以承受的、不可持续的生活方式。② 一般而言，消费从两个方面对环境产生影响：其一，消费产生的大量废弃物成为棘手的问题，如生活垃圾处理就成为大城市不得不面临的严峻问题；其二，消费品在生产的过程中，消耗大量的能源和原材料，对环境有直接的影响。

三是行为短期化。改革开放以来的社会转型加速使得行为短期化成为一种较为普遍的现象。由于整个社会处于不断的变化过程中，不确定性明显增加，人们没有了在稳定时期可掌控、可预测的行为预期，因此行为日渐短期化。中国社会的行为短期化有以下几个特点：（1）短期行为普遍化；（2）在个人性的短期行为之外，出现了一种群体性的短期行为；（3）社会中形成了影响广泛的"短期行为文化"；③（4）自我强化。如果行为者开始采取短期行为方式，在很大程度上将意味着他会继续、反复地采取这种方式。④ 行为的短期化使得"只顾眼前利益，不顾长远"的行为大量存在，对需要长远考虑和持久行动的环境保护非常不利。

四是流动变化。传统的中国社会是一个安土重迁的社会，大规模的人口流动并不是常态。改革开放以来，人口流动的规模和频率都大为增

---

① 参见洪大用《社会变迁与环境问题：当代中国环境问题的社会学阐释》，首都师范大学出版社 2001 年版，第 120 页。

② 参见洪大用《社会变迁与环境问题：当代中国环境问题的社会学阐释》，首都师范大学出版社 2001 年版，第 123 页。

③ 孙立平：《短期行为与社会的制度安排》，《探索与争鸣》1996 年第 4 期。

④ 参见洪大用《社会变迁与环境问题：当代中国环境问题的社会学阐释》，首都师范大学出版社 2001 年版，第 126 页。

加。在地方社会中，人与自然环境长期互动中会产生某种情感，如家园意识等。人文地理学家段义孚提出"恋地情结"[①] 这个概念，用以形容人对周边自然环境的情感联结。洪大用注意到，人口流动对人们的价值观念造成了深刻影响。他指出，"流动的世界，流动的人群，给人们造成一种居无定所、心无所寄的感觉。周围的一切仿佛转瞬即逝，人们越来越感觉到自己不过是匆匆过客，飘泊的心情在一天天滋长"[②]。因为流动频繁，就很难对环境有什么执着的感情，所以对保护地方环境非常不利。

二 学术脉络

20世纪90年代以来，伴随着经济社会的快速发展，我国环境问题日益凸显。环境问题与社会转型的关联开始受到学界关注。洪大用最早从社会转型视角分析环境问题的产生机制，提出环境问题的社会转型论，对推动中国环境社会学本土化，建构中国特色的环境社会学理论作出了重要的贡献。从思想渊源看，环境问题的社会转型论主要由四种理论思想发展而来，一是辩证唯物主义思想，二是现代化理论，三是经济转轨理论，四是可持续发展理论。

1. 辩证唯物主义思想

环境社会学的社会转型论秉持了一种唯物主义辩证的立场。洪大用采用辩证唯物主义的哲学观点、思路和方法来研究环境社会的根本问题。世界是一个辩证统一的整体。在不断发展的过程中，构成整体的部分之间存在着矛盾和彼此之间的变化。利用辩证的维度、变化的维度、历史的维度、实践的维度能充分地解释个别现象背后的复杂原因。

洪大用认为其主要体现在以下几个方面。

首先，环境与社会的辩证维度。辩证唯物主义认为环境问题和社会问题是相互依存、相互作用的。环境问题的存在和发展不仅受到社会经济制度、生产方式等社会因素的影响，同时也会对社会产生深远的影

① ［美］段义孚：《恋地情结》，志丞、刘苏译，商务印书馆2018年版，第136页。
② 洪大用：《社会变迁与环境问题：当代中国环境问题的社会学阐释》，首都师范大学出版社2001年版，第130页。

响。因此，研究环境问题时需要全面考虑矛盾的共性和特殊性，以及相互转化的过程，不仅要看到社会对于环境的破坏过程和机制，也要看到和分析社会应对环境变化的过程和机制，才能最大程度把握环境和社会之间的"真实"。

其次，矛盾与变化的维度。辩证唯物主义认为矛盾是事物发展和变化的动力，环境和社会之间的矛盾也是推动社会转型的主要动力。在研究环境社会学甚至社会转型问题时，需要关注环境和社会之间的矛盾，分析矛盾的发展变化规律以及未来的走向。

再次，历史的维度。环境和社会的发展演变是历史的过程。它把环境变化的历史放入全球历史的发展进程中，从发展变化的视角来分析环境治理的进程和环境问题的变化趋势。这种历史文化的角度，既帮助探讨环境问题的形成原因，又进一步分析了治理政策和道路。

最后，实践的维度。辩证唯物主义强调实践对于认识和改造世界的重要性。在环境社会学中，需要在实践中去创造地解决面对的问题，通过实践来仔细观察和系统分析环境与社会的实际情况，进而提出解决问题的具体措施和路径，最终推动本土实践的理论创新。

2. 现代化理论

现代化理论起源于 20 世纪 50 年代，以帕森斯为代表的西方学者关注到了现代社会与传统社会的不同特征，开始着眼于大量的理论与实际的研究工作，从而为后来较为系统的现代化理论的形成奠定了初步的基础。帕森斯的学生列维在《现代化与社会结构》一书中比较了现代化社会和非现代化社会在社会结构方面的特征，并将工业化视为现代化的核心过程和因素，形成了后来学者研究现代化的基本理论框架。[①] 到了1960 年，"现代日本"国际学术讨论会的召开，标志着现代化理论的准备工作已经大体完成。

现代化理论虽然主要是解释西方发达国家自近代以来发生的结构性变迁过程，但也涉足发展中国家的社会发展研究问题，这对后来我国学

---

① 参见 Levy, Marion J. Jr., *Modernization and the Structure of Societies：A Setting for International Affairs*, 2 vols., Princeton：Princeton University Press, 1966。

者开始研究社会结构转型具有深远的影响。现代化理论的核心观点认为历史上曾经有过的社会或者世界上所有的国家都可以划分为"现代的"和"传统的"两种类型，整个社会的现代化过程就是传统社会向现代社会转变的过程。在整个转变过程中，推动社会发展的现代化力量主要来自内部，而发展中国家无法尽快实现现代化的原因，就是来自其内部文化与价值观因素的阻碍。[①] 但是，这种阻碍并不影响发展中国家具有现代社会的种种特征，反而随着历史的推进，越来越多的发展中国家不可避免地具备现代社会的某种特质，比如社会流动的增加、城市化进程的加快、宗教影响力的衰弱，等等。

现代化理论的兴起受到了国内外学者的广泛关注，但也不可避免地遭受学者们的批判与质疑。众多学者发现，现代化理论强调的"传统—现代"的分析模式、线性的发展观、西方中心主义等核心观点并不适用于包括我国在内的众多发展中国家，使得现代化理论的解释力大大降低。但是不可否认的是，现代化理论对于我国社会结构转型的研究发展具有重要的推动作用，一大批国内学者沿着现代化理论的道路开始思考我国社会结构的转型过程。

郑杭生作为国内最先开始研究社会转型的学者，充分吸收了现代化理论的相关研究成果，深入分析了我国社会转型的发展道路。20世纪90年代，郑杭生提出了"转型中的中国社会"概念，并强调所谓社会转型，是指社会结构和社会运行机制从一种形式向另一种形式转换的过程，同时，社会转型也包括价值观念和行为方式的转换。[②] 此外，郑杭生还认为，社会整体是一个从传统因素占主导地位的社会转变为现代因素占主导地位的过程，这与现代化理论的核心观点不谋而合。他指出，当前中国的各种社会现象无不带有转型的特点，社会成员也无不这样或那样地受到转型的影响和制约。当前中国社会的发展，正是突出地表现在中国社会转型特别是社会结构转型的快速推进中。[③] 洪大用受郑杭生

---

① 参见孙立平《社会转型：发展社会学的新议题》，《社会学研究》2005年第1期。
② 参见郑杭生主编《中国人民大学社会发展报告（1994—1995）：从传统向现代快速转型过程中的中国社会》，中国人民大学出版社，1996年版，第65—85页。
③ 参见郑杭生主编《中国社会转型中的社会问题》，中国人民大学出版社1996年版。

的影响，较早地接触到了社会转型的有关研究，充分吸收了郑杭生社会转型中的现代化理论思想，并且在之后的研究中开始将现代化理论应用于当代中国的环境转型分析中。

洪大用按照郑杭生的观点，进一步分析了"社会转型加速期"内的环境问题，在他看来，这一加速期不是短暂的，而且将持续相当长的一段时间，对于中国社会结构将产生巨大的变化，这一变化是由传统社会向现代社会转型带来的工业化、城市化等因素导致的，并将加剧中国的环境问题。他指出，任何国家在现代化过程中都会产生较为严重的环境问题。但是，由于中国社会转型的特殊性，即正处于加速转型阶段，经济发展和环境保护很难协调，同时社会分化也在进行，因而，这一过程出现的环境问题也具有相当的特殊性。[①] 此外，洪大用又将现代化理论中的内部文化与价值因素抽离出来，强调社会公德、流动观念的变化以及短期行为化和消费主义等社会价值观念的变化是我国社会转型过程中的重要表现。他认为，社会结构转型与环境问题紧密相关，我国工业化、城市化快速发展是导致环境衰退的直接原因，快速增长的消费主义又增加了环境的压力，不断扩大的区域分化不利于环境衰退的控制，致使环境控制失灵，增加了环境治理的难度，使我国环境压力不断上升。

洪大用在吸收现代化理论的同时，也不再局限于现代化理论的"传统—现代"二元分析模式，而是更加着眼于社会转型过程中的连续性，他既关注社会转型的现代取向，更关注社会转型过程中传统的延续性，在传统向现代的运动过程中去分析当代中国的环境问题。他认为，在我国社会转型过程中，既有从传统到现代的转变，又有现代向传统的转变；既有从传统到传统的转变，又有现代向现代的转变，这些复杂、交叉的进程成为当代中国社会快速转型的显著特点之一。

3. 经济转轨研究

伴随着 20 世纪 80 年代末以来社会主义世界计划经济的消解以及市场经济逐步形成，经济转轨理论开始兴起。经济转轨理论试图理解近二十

---

① 参见洪大用《社会变迁与环境问题：当代中国环境问题的社会学阐释》，首都师范大学出版社 2001 年版，第 93—95 页。

年来世界范围内正在进行的经济体制变迁，即解释从计划经济向市场经济转型的过程以及其背后的动因。随着资本主义的不断扩张以及社会主义国家形势的急剧变化，西方学者们开始关注社会主义国家的经济转轨，并围绕着计划经济体制向市场经济体制的转轨问题展开长久的争论。

经济转轨论的理论基础源自卡尔·波兰尼的《大转型》一书，波兰尼认为，随着资本主义的发展，社会的经济状态逐步从过去的再分配经济转向市场经济，通过生产者和消费者之间的平等关系对经济活动进行协调。波兰尼比较了再分配经济与市场经济的本质，提出了"嵌入性"的概念，深刻批判了自由主义经济学家将市场与国家割裂的观点，强调从社会文化的整体性来理解人类的经济活动，在此前提下，人类不干预经济是不可能的。[①] 在波兰尼的基础上，美国社会学家维克多·尼开始关注社会主义国家的经济转轨过程，他详细阐述了社会主义国家从再分配向市场转变过程中的社会分层变化，他认为这种变化并不是自上而下的国家推动的，而是自下而上的制度变迁过程，由此他认为自下而上的制度创新，加上自上而下的国家对正式规则的适应性改变，是社会主义国家经济转轨的核心模式，这种模式将会有效缓解计划经济体制下的不平等效应。[②]

国内许多学者深受经济转轨理论的启发，开始将社会转型与经济体制转轨结合起来。李培林认为，中国目前的社会结构转型，最直接的动因是经济改革，因此中国的社会结构转型是与体制转轨同步进行的过程。他发现，在中国社会转型的过程中，政府力量和市场力量的巧妙结合，得益于三方面的条件：一是改革开放顺乎民心民意；二是坚持使大多数人获益的原则；三是顺应结构转型的历史潮流，坚持在实践中不断总结经验、调整政策。[③] 郑杭生认为，中国在经济体制改革的带动下，社会结构转型和经济体制转轨两者同时并进、相互交叉形成相互推动的趋势，中国的经济体制转轨并不是社会结构转型的全部内容，与整体的

① 参见 Polanyi Karl, *The Great Transformation*, Boston: Beacon Press, 1957。

② 参见 Victor Nee, "Social Inequalities in Reforming State Socialism: Between Redistribution and Markets in China", *American Sociological Review*, Vol. 56, Issue. 3, 1991, pp. 267-282。

③ 参见李培林《社会结构转型理论研究》，《哲学动态》1995 年第 2 期。

现代化过程相比较，经济体制转轨应当在一个相对来说不是太长的时距中完成，这是降低改革成本所必需的。此外，中国的经济体制转轨并非从一种传统体制向另一种现代体制的过渡，而是从一种缺乏效率的现代体制向另一种更有效率的现代体制转变，换句话说是从高度集中的计划经济体制向市场经济体制转换。[①]

洪大用吸收了李培林与郑杭生的社会转型思想，巧妙地将他们社会转型思想中的经济转轨理论与环境问题结合起来。洪大用认为，我国在社会转型过程中在逐步引入市场机制，成为资源配置的一种重要手段，但是原有计划经济体制仍在发挥作用，正是这样一种过渡时期的不完整的体制交叉，对当代中国环境造成了极为不利的影响。随后，他系统分析了改革开放后造成中国环境问题的经济体制原因。[②] 洪大用的社会转型思想很好地继承了经济转轨理论的核心要点，并进一步与社会结构转型紧密结合，形成了社会结构转型和经济体制转轨齐头并进的特点，经济体制转轨成为社会结构转型最直接的动因。在改革开放后的几十年时间里，越来越多的学者认为政府与市场在社会转型的过程中都发挥了不可或缺的作用，经济体制转轨研究也成为环境研究中不可或缺的重要内容。

4. 可持续发展理论

可持续发展概念的提出，源于对现代社会发展本质问题的追问和反思。20 世纪 50 年代后，许多国家开始面临经济滞胀、能源紧张、生态破坏等问题，一系列问题开始让人们去反思现代社会发展背后真正的逻辑诉求，如何在经济发展与环境保护及社会公平之间求取平衡成为学界热议的焦点。

1962 年，美国生物学家蕾切尔·卡逊发表了一部引起学界轰动的环境科普著作《寂静的春天》，在世界范围内引发了人类关于发展观念上的争论。[③] 环境问题从此由一个边缘问题逐渐走向全球政治、经济议

---

① 参见郑杭生主编《从传统向现代快速转型过程中的中国社会》，中国人民大学出版社 1996 年版，第 55—80 页。

② 参见洪大用《当代中国社会转型与环境问题——一个初步的分析框架》，《东南学术》 2000 年第 5 期。

③ 参见 Carson R., *Silent Spring*, Boston：Houghton Mifflin Harcourt，2002。

程的中心，人们逐渐认识到把经济、社会和环境割裂开来谋求发展，只能给地球和人类社会带来毁灭性的灾难。源于这种危机感，可持续发展的思想在20世纪80年代逐步形成。1987年，联合国世界与环境发展委员会发表了一份报告《我们共同的未来》，正式提出可持续发展概念，并以此为主题对人类共同关心的环境与发展问题进行了全面论述，明确把发展与环境密切联系在一起，使可持续发展走出了仅仅在理论上探索的阶段，响亮地提出了可持续发展的战略，并将之付诸全球的行动。

可持续发展理论涉及可持续经济、可持续生态和可持续社会三方面的协调统一，要求人类在发展中讲究经济效率、关注生态和谐和追求社会公平，最终达到人的全面发展。可持续发展理论要求改变传统的以"高投入、高消耗、高污染"为特征的生产模式和消费模式，实施清洁生产和文明消费，以提高经济活动中的效益、节约资源和减少废物。可持续发展理论也同样强调环境保护，但不同于以往将环境保护与社会发展对立的做法，可持续发展要求通过转变发展模式，从人类发展的源头、从根本上解决环境问题。此外，可持续发展理论强调世界各国的发展阶段可以不同，发展的具体目标也各不相同，但发展的本质应包括改善人类生活质量，创造良好的社会环境。可持续发展理论被广泛应用于经济发展、环境保护、资源分配等多个研究当中，其中，将可持续发展理论与社会转型相联系，将其视为发动社会转型的基础成为部分社会学者关注的研究方向。

沿着可持续发展理论的脉络，洪大用将社会转型与环境保护相结合，关注的是在一个长期的、多维度的社会转型过程中，如何深入地发现当代中国环境问题的成因以实现社会向可持续发展目标的转型，成为洪大用社会转型思想中的重点内容，他依据可持续发展理论明确了环境问题的四个方面成因。第一，当代中国社会转型凸显了环境问题，一方面由于意识形态禁区的打破，中国敢于承认自身较为严重的环境问题；另一方面，由于对内和对外开放，促进了环境信息的传播，越来越多的人意识到环境问题。第二，当代中国社会转型加剧了环境问题，由于中国社会转型的特殊性，经济发展和环境保护很难协调，环境问题也日益加剧。第三，当代中国社会转型加剧了环境管理的难度，由于社会转型期所具有的"形式主义"特征和社会控制体系的弱化，使得环境管理效果大大弱化。第四，当代中国社会转型也为改进和加强环境保护提供了新的可能，社会转型为环保组织创新提供了空间和有利条件，并且随着发展战略的转变，社会转型更加有利于环境保护。① 随着中国提出建设生态文明以及绿色社会的发展战略，洪大用以可持续发展理论为基础的环境转型论受到了国内学者的广泛认可，部分环境社会学学者开始聚焦于环境转型的研究。

5. 社会转型论的研究拓展

洪大用认为，如果说社会学研究对象是"社会事实"，环境社会学的研究对象应该是环境系统与社会系统的交叉复合部分，即具有社会影响的、激起社会反应的环境事实和具有环境影响的社会事实。② 他进一步将环境社会学所关涉的基本事实概括为社会主体对环境问题的认知和环境相关行为、环境问题对社会主体和社会系统运行所造成的影响、社会主体因应环境问题而做出的技术制度安排（与实践）和文化价值的转变等四个大的层次。③ 下文将主要介绍洪大用关于社会转型期环境问题的社会影响和环境问题的社会应对两个主题的核心观点。

在社会转型期，环境问题的社会影响突出地表现为产生和加剧了社会不公平问题。环境问题对社会的影响以及造成的社会后果并不是均质的。洪大用注意到，德国社会学家贝克所说的"饥饿是分等级的，空气污染是民主的"这一论断与环境问题实际的社会影响之间存在一定的差异，环境问题社会影响的差异性分配问题在现实中的表现较为明显。比如，面对严重雾霾问题时，不同社会经济地位的人的应对措施和应对能力具有显著的差异，这些差异也会造成应对效果的差异。洪大用将环境公平分为国际、地区、群体等维度。④ 他强调，"我们的学科视角要求我们更多地关注环境问题产生、影响和解决过程中的社会公平问题，从分析的视角去看待不同族群的地位、利益与文化差异，特别是要关注环

① 参见洪大用《社会变迁与环境问题：当代中国环境问题的社会学阐释》，首都师范大学出版社 2001 年版，第 85—86 页。
② 参见洪大用《环境社会学：事实、理论与价值》，《思想战线》2017 年第 1 期。
③ 参见洪大用《环境社会学：事实、理论与价值》，《思想战线》2017 年第 1 期。
④ 参见洪大用《环境公平：环境问题的社会学视点》，《浙江学刊》2001 第 4 期。

境不公平与社会不公平的叠加给弱势人群所造成的严重损害"。

城乡二元社会结构是中国社会转型期城乡不公平的主要表现，环境问题不仅是城乡二元社会结构的"副产品"，同时也再生了城乡二元社会结构。农村面源污染对于二元社会结构具有的再生产作用，主要体现在如下方面：其一，农村面源污染的加剧增添了中国城乡不平等的新内容；其二，面源污染的存在和加剧很大程度上促进了农村的社会分化，削弱了农村的社会团结，减少了农村的社会资产，妨碍了城乡差距的缩小；其三，面源污染的加剧不仅继续扩大着当今时代的城乡不平等，而且在一定程度上削弱了后代人缩小城乡不平等的能力；其四，现行有限的面源污染控制政策，没有充分考虑到农民的需求和参与，不能使农民受益，反而侵害了农民的利益，加重农民的负担。[①] 通过对具体环境问题的深入剖析，洪大用等呈现了社会转型期环境问题社会影响的复杂性以及内含的不公平性。

在环境问题的解决和应对上，洪大用认为，中国社会的特殊转型进程确实加剧了环境衰退，但是社会转型过程也孕育了缓解环境问题的机制和方向。与社会转型过程相伴随的日益健全的制度设计、治理模式转型、政策工具优化、环保意识觉醒等对于环境问题的改善也有不可忽视的作用。中国逐步建立了系统完整的生态文明制度体系，涉及源头保护制度、损害赔偿制度、责任追究制度、环境治理和生态修复制度等一系列制度规定。在洪大用看来，中国采用"制度保护生态环境"[②] 是中国环境治理道路的重要经验。在社会治理模式逐渐从"政府管理"到"多元治理"的转型过程中，洪大用注意到，"一个政府、市场和公众等多个主体合作共治环境的局面正在浮现、形成乃至定型，并由此开辟出中国环境治理的特色之路"[③]。社会转型的过程也催生了环境政策工具的多元化，这是中国复合型治理道路的重要构成要素。中国环境政策工具呈现了从主要依靠行政管制到逐步扩展为综合运用法律、经济、技

[①] 参见洪大用、马芳馨《二元社会结构的再生产——中国农村面源污染的社会学分析》，《社会学研究》2004 年第 4 期。

[②] 洪大用：《绿色社会的兴起》，《社会》2018 年第 6 期。

[③] 洪大用：《环境社会学：事实、理论与价值》，《思想战线》2017 年第 1 期。

术、社会、行政等多种工具的转变过程。[①] 环境政策工具的多元化有助于丰富环境问题治理手段，为环境问题的解决提供更加多样化的方案。

在社会转型中，公众环境保护观念的觉醒及其环境保护实践对于环境应对具有重要的现实意义。通过一系列的环境意识和环境关心研究，洪大用尝试通过发现个人环境关心的影响因素和形成机理，进而为提高公众环境关心水平的政策设计贡献智慧。他指出个人环境关心是个人层面因素与社会层面因素共同作用的结果。正是因为社会层面因素不可忽视，因此非常有必要倡导利用有效的社会建构过程和技术，以促进公众关注环境、保护环境。[②] 在环境保护的实践中，洪大用强调公众参与在内的社会力量的作用。通过社会的力量促进环境的治理是洪大用的重要观点，因此，他认为需要重视环境问题解决的社会过程。[③] 在具体措施上，洪大用指出需要调整民众的日常生活方式、引导大众行为、凝聚全社会的共识，以民众日常生活实践为中心推进环境治理和绿色社会的构建。[④]

三　社会背景

1. 中国的经济社会转型

（1）传统社会到现代社会的转变

改革开放以后，中国从传统社会向现代社会的转变速度大为提升，工业化和城镇化是现代社会转变的主要标志。从工业增长速度上看，20世纪50年代，我国工业总产值的年平均增长率为25%，60年代为3.9%，70年代为9.1%，80年代为13.3%，90年代前五年高达17.7%。[⑤] 石油、煤炭、电力、冶金、建材、化工等初级加工部门占据了中国工业的大部分份额。这一时期是乡镇企业快速发展的时期。1995年，乡镇工业增

---

① 参见洪大用《复合型环境治理的中国道路》，《中共中央党校学报》2016年第3期。

② 参见洪大用、卢春天《公众环境关心的多层分析——基于中国CGSS2003的数据应用》，《社会学研究》2011年第6期。

③ 参见洪大用《关于环境社会治理的若干思考》，《中央民族大学学报》（哲学社会科学版）2022年第1期。

④ 参见洪大用《绿色社会的兴起》，《社会》2018年第6期。

⑤ 参见曲格平《中国的工业化与环境保护》，《战略与管理》1998年第2期。

加值 10804 亿元，占全国工业增加值的 44%。① 乡镇企业对中国经济发展促进作用明显，但是从环境角度来看，"村村点火，户户冒烟"的乡镇工业发展模式成为中国农村环境状况迅速恶化的原因。由于环境保护意识、技术、投入等方面的不足，快速的工业化造成了严重的环境问题，中国踏入了西方工业化国家"先污染后治理"的老路。

传统中国社会是农村人口占绝对多数的乡土社会。改革开放后，日益加速的人口城镇化成为中国向现代社会转型的主要表现之一。中国的城镇化率 1980 年仅有 19.4%，1995 年达到 29.04%，2000 年增加到 36%，特别是 1996 年后进入加速推进时期。1996—2000 年平均每年新增城镇人口 2146 万人，城镇化率年均提高 1.44 个百分点。② 国家统计局的数据表明，1996 年中国共有城市 666 个，人口 200 万以上的城市达到 11 个。中国城镇化率加速推进时期的城镇化速度和规模在世界都是罕见的。此外，随着"打工经济"的兴起，越来越多的农村剩余劳动力进城务工，人口的流动频率迅速提升。人口的城镇化对城乡环境均产生了重要影响。对城市而言，短时间内大量的农村人口进入城镇，城镇的人口规模和占地面积急剧增加，城镇产生的生活垃圾总量也急剧提升，各式各样的"城市病"开始暴发；对农村而言，由于青壮年人口的大量外出，农村社会传统的环境保护秩序也受到了较大冲击。

（2）计划经济到市场经济的转变

党的十一届三中全会后，中国经济体制改革逐步理顺计划和市场的关系，最终确立了建立社会主义市场经济体制。党的十二大提出"计划经济为主，市场调节为辅"。党的十二届三中全会指出社会主义计划经济是"公有制基础上的有计划的商品经济"。党的十三大提出"社会主义有计划商品经济的体制应该是计划与市场内在统一的体制"。1992 年，邓小平南方谈话进一步指出，"计划多一点还是市场多一点，不是社会主义与资本主义的本质区别。计划经济不等于社会主义，资本主义也有计划；市场经济不等于资本主义，社会主义也有市场，计划和市场

---

① 参见洪大用《社会变迁与环境问题：当代中国环境问题的社会学阐释》，首都师范大学出版社 2001 年版，第 98 页。
② 参见魏后凯《中国城镇化的进程与前景展望》，*China Economist* 2015 年第 2 期。

都是经济手段"①。随后，中共十四大正式明确提出"中国经济体制改革的目标是建立社会主义市场经济体制"。

在20世纪90年代，我国处于从计划经济向市场经济转变的过渡期。在新旧交织的历史阶段，新的市场经济制度尚未完全建立，旧有的计划经济仍然发挥了不可忽视的影响力。一方面，"市场失灵"现象造成的问题已经开始出现。由于市场经营主体追求自身利益的最大化，而又缺少完善的规章制度约束，造成了它们将本应由自己承担的成本外部化；另一方面，市场经济体制对地方政府的行为也产生了较大的影响。地方政府出现"公司化"的趋势，很多地方政府官员实际上转变为地方企业家。不受约束的市场将自然转化为商品，为数众多的市场经营者将经济活动的负外部性转移给社会，市场的脱嵌问题成为这一时期环境问题恶化的重要原因。

2. 环境问题日趋严重

社会转型期也是社会问题快速爆发的时期。失业问题、犯罪问题、腐败问题等开始成为严重的社会问题，环境问题也是社会转型期的社会问题之一。改革开放后的二十年是我国环境状况急剧恶化的时期，也是环境问题开始引起关注的时期。国家环保总局在1999年和2000发布的两份中国环境状况公报显示了我国环境问题的严峻。这些问题主要表现在以下几方面：（1）中国七大水系、湖泊、水库、近岸海域等水环境污染较为严重，湖泊富营养化问题突出；（2）二氧化硫和烟尘为主要污染物的大气污染仍然严重，酸雨区面积约占全国国土面积的30%；（3）工业固体废弃物污染成为影响环境质量的问题；（4）城市生活垃圾问题日益突出；（5）耕地质量较低，面积减少；（6）人均森林、草地面积远低于世界平均水平，草地"三化"（退化、沙化、碱化）问题突出；（7）生物多样性面临严重威胁；（8）气候异常、灾害频发。②

环境问题日益突出造成了严重的社会后果，健康危害、经济损失等

---

① 共产党员网，https://news.12371.cn/2016/01/21/ARTI1453342674674143.shtml。
② 参见1999年6月17日和2000年6月15日的《中国环境报》第2版。

开始出现。1997 年世界银行的一份报告对中国环境恶化后果进行了分析，主要有如下方面：（1）估计每年有 17.8 万人由于大气污染的危害而过早死亡；（2）室内空气污染每年造成约 11.1 万例早亡；（3）每年由于大气污染致病而造成的工作日损失达 740 万人年；（4）水污染使得很多河流的水质连灌溉标准都达不到，成千上万的城乡居民的生活饮水水源遭到威胁；（5）酸雨受影响地区内农作物及林业生产率平均下降了 3%；（6）在一些主要城市，接受调查的儿童血液中铅含量平均超过被认为对智力发展不利水平的 80%。[①]

四　拓展阅读

洪大用：《社会变迁与环境问题：当代中国环境问题的社会学阐释》，首都师范大学出版社 2001 年版。

郑杭生：《从传统向现代快速转型过程中的中国社会》，中国人民大学出版社 1996 年版。

洪大用：《当代中国社会转型与环境问题——一个初步的分析框架》，《东南学术》2000 年第 5 期。

洪大用：《环境社会学的研究与反思》，《思想战线》2014 年第 4 期。

郑杭生、洪大用：《当代中国社会结构转型的主要内涵》，《社会学研究》1996 年第 1 期。

郑杭生：《社会转型论及其在中国的表现——中国特色社会学理论探索的梳理和回顾之二》，《广西民族学院学报》（哲学社会科学版）2003 年第 5 期。

[①] 参见（世界银行）《碧水蓝天》编写组编《碧水蓝天：展望 21 世纪的中国环境》，云萍、祁忠译，中国财政经济出版社 1997 年版，第 2 页。

第九章　生态危机的历史文化论

一　什么是"怀特论题"（Lynn White Thesis）

美国中世纪技术史学者林恩·怀特（Lynn White, Jr.）认为，当代人类所面临的生态危机是人类对自然的非自然处理方式（man's un-natural treatment of nature）所导致的结果。这个结果的具体案例既包括奥尔德斯·赫胥黎（Aldous Huxley）① 所描绘的已经变得面目全非的儿时英格兰小山村，也包括蕾切尔·卡逊在其《寂静的春天》中所描绘的那个从春意盎然变得死寂的小村庄。人作为所处环境的动力因素之所以能够如此快速且不择手段地破坏其所处生态环境系统，是近现代科学技术的发展及应用为其提供了动力源。基于大量的历史性资料，怀特关于西方中世纪技术的发展及其影响的研究得出了两个核心观点：（1）西方中世纪的技术取得了极大的成就，这些成就不仅影响了人们的生活方式，更是中世纪农业革命和新生资本主义及其工业发展的驱动力；（2）西方中世纪技术的发展活力源于基督教文化，② 因

---

　　① 怀特就是通过与赫胥黎的会谈来引出他的论断的。奥尔德斯·赫胥黎（1894—1963），著名作家，出身于英国南部的赫胥黎家族，其祖父是英国著名博物学家、生物学家、教育家、达尔文进化论最杰出的代表、《天演论》的作者托马斯·亨利·赫胥黎。赫胥黎最著名的作品是 1932 年创作的长篇小说《美丽新世界》（*Brave New World*），这是 20 世纪最经典的反乌托邦文学之一。书中引用了广博的生物学、心理学知识，为我们描绘了虚构的福特纪元 632 年即公元 2532 年的社会。这是一个人从出生到死亡都受着控制的社会。赫胥黎 1937 年移居洛杉矶直至 1963 年去世。在人生的最后阶段，赫胥黎在一些学术圈被认为是现代思想的领导者，位列当时最杰出的知识分子行列。怀特于 1958 年加入了加州大学洛杉矶分校历史系，因此，怀特应该也属于这些学术圈中的一员。——笔者注
　　② 参见吕天择《林恩·怀特的中世纪技术史研究及其当代意义》，《自然辩证法通讯》2021 年第 8 期。

为中世纪的人们之所以热心于技术发明，是因为他们确信可以"通过掌握在自然中的技术为自己服务从而来服务上帝"①。因此，当同样以基督神学为根基的科学在 19 世纪中期与技术相融合时，改变的是人类左右自然的技术力量，不仅没有改变反而强化了人类对自然所持有的"技术侵略"姿态。

在犹太—基督教（Judeo-Christian）统治的西方社会中，上帝是至高无上、独一无二的神圣存在，而《圣经》是上帝与世人的契约，是拯救世俗世界的福音。因此，当一个在这种社会中成长起来的人声称当代人类面临的生态危机的历史根源就是《圣经》中的犹太—基督教教义时，可以想象这是一个多么具有"挑衅性的声音"（provocative argument）！这个引起西方文明世界轩然大波的声音在学术界中被称为"怀特论题"。以研究中世纪技术著称的历史学家怀特自己可能都没有想到，让其闻名于世的不是他发表于 1962 年的专业性经典著作《中世纪的技术与社会变迁》（*Medieval technology and social change*），而是他于 1967 年在《科学》（*Science*）上发表的一篇反思当代生态危机的论文《我们生态危机的历史根源》（后文中简称《根源》）。在这篇文章中，怀特基于他关于中世纪西方技术史的研究成果，从生态危机、犹太—基督教传统和科学技术之间的关系论述中明确地提出了他的著名论题：近现代西方科学技术的发展与应用引发了生态危机，而犹太—基督教教义是近现代西方科学与技术走向融合及广泛应用的内在驱动力，因此，犹太—基督教传统是当代美国社会生态危机产生的历史文化根源，应对生态危机的有效办法不是寻求科学技术的进步，而是寻找一种新的宗教或者重新阐释原有的宗教教义。

1. 犹太—基督教教义：人类中心主义的传统

犹太教（Judaism）是世界上最古老的民族之一犹太人所创立的民族性宗教，他们信奉唯一的真神雅赫维（上帝耶和华）。犹太人的祖先

---

① Lynn White，Jr.，"Cultural Climates and Technological Advance in the Middle Ages"，*Viator*，Vol. 2，No. 1，1972，p. 200.

希伯来人，是公元前 20 世纪左右从美索不达米亚迁移至迦南（Canaan，如今的巴勒斯坦地区）① 定居的一群游牧部落民，而带领他们迁移的亚伯拉罕及其后裔被认为是犹太民族的列祖，也是犹太教最早的奠基人。希伯来人的信仰在迦南以及埃及生活期间徘徊于多神教与一神教之间。之后率领希伯来人出埃及的摩西（Moses）在西奈山与上帝重新签订契约，希伯来人变成了犹太人（以色列人），《摩西十诫》成了犹太教的奠基性教义，犹太人的信仰重新回归到一神教传统。②

基督教（Christian）脱胎于犹太教。公元前 63 年，罗马大将庞培（Pompey the Great，前 106—前 48）攻破耶路撒冷，从此巴勒斯坦地区的犹太人沦为罗马帝国的附庸，更多的犹太人被迫流散于世界各地。③罗马人在该地区推动的希腊化文明并不为犹太人所接受，他们坚持崇拜自己的唯一真神，并为此展开了持续不断的斗争，不同的犹太教派也随之产生并发展。基督教就是发端于公元 1 世纪罗马帝国统治下巴勒斯坦地区的一个犹太教分支。早期的基督徒并不认为他们信仰的是一个新宗教，他们认为自己与其他犹太人的区别在于：他们相信弥赛亚（救世主）已经到来，而其他犹太人还在等待弥赛亚的到来。④ 犹太教坚信只有犹太人才是天选之子，并拒绝向外邦人传教，而基督教则认为所有信仰者都是基督耶稣的选民。因此，在早期发展的 300 多年里，基督教不仅遭受着罗马帝国的逼迫，也遭到了传统犹太教的镇压，两教开启了长达千年的恩怨。⑤

犹太—基督教从被逼迫走向统治西方世界始于罗马皇帝君士坦丁大帝（Constantine the Great，306—337 年在位）归信基督教。作为罗马第

---

① 美索不达米亚是古希腊对两河流域的称谓，意为两河之间的土地，两河指幼发拉底河与底格里斯河。地理位置包括了现今的伊拉克、伊朗、土耳其、叙利亚和科威特的部分地区。巴勒斯坦位于连接埃及与美索不达米亚、小亚细亚与阿拉伯半岛的通商要道的交界处，历来是各大帝国相互争夺的战略要地。——笔者注

② 参见刘钊《基督教从犹太教分离的历史分析》，《美与时代（下）》2017 年第 1 期。

③ 参见刘爱兰《试论基督教对犹太教的继承与革新》，《中央民族大学学报》（哲学社会科学版）2007 年第 1 期。

④ 参见［美］胡斯托·L. 冈萨雷斯《基督教史（上卷）》，赵城艺译，上海三联书店2016 年版，第 36 页。

⑤ 参见黄鸿钊《基督教与犹太教的千年恩怨》，《历史月刊》（台湾）2000 年第 155 期。

一位信仰基督教的皇帝，君士坦丁大帝不仅授予基督教在帝国的合法地位和许多特权，而且强行通过了"三位一体"（Trinity）①的信仰为正统教义。如公元 324 年君士坦丁大帝颁布的一项法令就规定，所有士兵必须在每周的第一天崇拜至高无上的上帝。基督教正是通过与罗马帝国统治者联手将犹太教确定为异教并对其进行迫害而发展壮大的。② 将基督教正式宣布为国教的是西罗马皇帝狄奥多西一世（Theodosius Ⅰ，379—395 年在位），在他的强令之下，公元 392 年，帝国中所有与基督教相抗衡的异教（paganism，当时是指包括传统犹太教在内的所有古代宗教）崇拜都被禁止了。③ 公元 476 年，西罗马帝国的灭亡让基督教面临了新的挑战，但教会作为文明与秩序的保护者，不仅延续了传统而且还让入侵者接受了基督教信仰，最终使得基督教在长达一千年的西方中世纪中走向了辉煌。

基督教的犹太传统在于它们通过重申其犹太遗产中的一些教义来界定自身，而基督教史上那些伟大的神学家正是通过不断地重申与解读这些教义而产生了推动教会发展的一系列工具：信经、圣经正典和使徒统绪。④ 毫无疑问，《圣经》中"创世说"在所有这些教义中具有根基性的地位，因为它确立了犹太—基督教信仰中的三个基础性教义：神与被造物、神与人、人与其他被造物（自然物）的关系。正是基于这个共同的根基性教义，基督徒与神重新订立的《新约》和犹太人与神订立的《旧约》具有根本的相似性和连续性。但由于犹太教将耶和华的恩典之约只局限于犹太人，而基督教则通过呼召外邦人将耶和华的恩赐扩散到了所有的信徒。⑤ 所以，基督教的发展史本质上就是

---

① 三位一体论是基督教的核心教义之一，即圣父耶和华、圣子耶稣和圣灵是神的三个位格，而不是三个不同的神。三者属于同一位神，即上帝只有一个。因此，三者虽位格有别，但本质却绝无分别。三者同受钦崇、同享尊荣、同为永恒。——笔者注

② 参见黄鸿钊《基督教与犹太教的千年恩怨》，《历史月刊》（台湾）2000 年第 155 期。

③ 参见［美］胡斯托·L. 冈萨雷斯《基督教史（上卷）》，赵城艺译，上海三联书店 2016 年版，第 129—155 页。

④ 参见［美］胡斯托·L. 冈萨雷斯《基督教史（上卷）》，赵城艺译，上海三联书店 2016 年版，第 66—67 页。

⑤ 参见［法］约翰·加尔文《基督教要义（上册）》，钱曜诚等译，生活·读书·新知三联书店 2010 年版，第 410—445 页。

一部基督徒以神的名义不断征服其他"异教"和征服自然（其他被造物）的历史。

怀特将生态危机的根源归结于犹太—基督教传统，原因就在于创世教义赋予了人奴隶自然的正当性。《圣经·旧约》"创世说"主要包含三个内容：（1）所有的被造物都是神创造的；（2）人是神照着自己的形象创造的；（3）神赐予了人管理和享用其他被造物（自然物）的权力。其中第三点的本质就是确立人奴隶自然的正当性。怀特将基督教，尤其是西方的基督教视为"历史上最人类中心主义的宗教"的理由也在于此。如果说基督徒是通过十字军东征、殖民扩展等残酷战争来实现对"异教徒"的征服和福音的传递，而他们对自然的征服依赖的就是具有西方传统的科学与技术。

2. 西方传统的科学技术：引发生态危机的中介

事实上，在近代之前，科学与技术一直是处于相互分离的发展姿态。按怀特的话说，"传统意义上，科学就是贵族化的、思考性的、智力取向的，技术是低级的、实证性的、行为取向的"①。简单来说，从事科学工作的学者（当时主要是哲学家与科学家）是属于脑力劳动的社会上层，他们只注重于追寻事物的内在规律和技艺原理（认识世界）；掌握技术的工匠是属于体力劳动的社会下层，他们只关心技艺的具体运用与效果（改造世界），而不注重技艺及其效果的内在因果关系。西方近现代科学的根源可以追溯到古代的埃及、中国、希腊等地，技术则作为人类改造世界的一种能力一直在世界的各个角落以不同形式在持续发展着。两者在历史上的这种相互分离的发展姿态，② 直到西方文艺复兴和工业革命的出现才得以改变。"中世纪晚期和文艺复兴时期的工程师通常更感兴趣的是'玩弄'一个想法，而不是实际做任何事情。他们喜欢简单

① Lynn White, Jr., "The Historical Roots of Our Ecologic Crisis", *Science*, Vol. 155, No. 13767, 1967, p. 1204.
② 如著名的"李约瑟之问"（尽管中国古代对人类科技发展作出了很多重要贡献，但为什么科学和工业革命没有在近代的中国发生？）就展现了科学与技术在中国历史上分离现象。参见刘钝、王扬宗编《中国科学与科学革命：李约瑟难题及其相关问题研究论著选》，辽宁教育出版社2002年版。

地扩展技术的理论库，而不是当时新概念的实际可行性。"①

　　将科学的理性与宗教的信仰结合起来的是中世纪后期基督神学的集大成者托马斯·阿奎那（Thomas Aquinas，1225—1274）。在中世纪的绝大部分时间里，柏拉图哲学主导了基督神学。因为柏拉图哲学提出了一位无形的至高之神、一个感觉所无法感知的更高的世界（理念世界）和不朽的灵魂，所以根据柏拉图哲学来解释信仰的基督徒不赞同通过观察和实验等感觉方式来认识真理。当将感觉视为获得真理的重要步骤的亚里士多德哲学开始影响西方社会时，这种新哲学思想对基督教传统神学提出了挑战。② 在应对这个问题上，阿奎那通过把新哲学变成信仰者手中的一个工具而将传统的教义与新哲学思想结合在了一起。阿奎那认为，真理有两种：一是通过理性可获得的真理，二是超越了理性的真理。哲学只研究第一种真理，但神学却不局限于第二种真理。为此，阿奎那以五种方法论证上帝存在③为例来展现两者的结合。每一种方法都是从感觉所认知的世界出发，然后得出证明。如：现实中任何一种运动都需要一个原动力，因为，必定存在一个最初的原动力，那就是上帝。④ 这些理论观点构成了阿奎那自然神学体系的核心，被后人称为托马斯主义，它促成了近现代西方科学的观察、实验和验证的方法。

　　将托马斯主义落到实处的是 14 至 18 世纪西方近现代伟大的基督徒科学家们。西方文艺复兴的一个巨大成就是以人为中心取代了以上帝为中心，人文主义精神使得数学、天文学、物理学等科学研究不再仅仅是解释上帝的意志，也开始关注它们对人及其生存发展的作用。为此，怀特用两个历史性论据论证了"近现代西方科学技术的根基是基督神学"

---

　　① Lynn White, Jr., "The Invention of the Parachute", *Technology & Culture*, Vol. 9, No. 3, p. 466.

　　② 参见［美］胡斯托·L. 冈萨雷斯《基督教史（上卷）》，赵城艺译，上海三联书店 2016 年版，第 377—378 页。

　　③ 参见韩秋红、史巍《神是目的？人是目的？——托马斯·阿奎那上帝存在的五大证明》，《河南社会科学》2009 年第 3 期。

　　④ 参见［美］胡斯托·L. 冈萨雷斯《基督教史（上卷）》，赵城艺译，上海三联书店 2016 年版，第 371—382 页。

这一观点。

第一个论据就是那些奠定近现代西方科学根基的科学家们几乎都用基督神学来解释他们的动机，都坚信他们的任务就是"为了思考其背后的上帝的想法"（to think God's thoughts after him）。这些科学家和哲学家的杰出代表就是哥白尼（1473—1543）、培根（Francis Bacon，1561—1626）、伽利略（1564—1642）、开普勒（1571—1603）、牛顿（1642—1727）、莱布尼茨（1646—1716）等人，他们都是虔诚的基督徒。由犹太—基督创世教义所形成的宗教虔诚精神是他们去推动科学发展的内在驱动力。[①]

第二个论据是基于中世纪技术史的研究。怀特认为，在公元1000年或更早一点，西方就开始将水的动能应用于工业过程，而14世纪早期出现的两种重力驱动机械钟表可以视为自动化历史上最具里程碑的成就。但是，怀特用历史事实研究表明，中世纪这些伟大技术成就并非植根于经济需要，而是由西方基督神学的激进主义或唯意志论传统所驱动。[②]

正是因为近现代科学和技术的发展都根植于基督神学，所以当19世纪中期的三大革命（科学革命、工业革命和政治革命）所产生的"民主文化"消除了中世纪经院哲学在"自由艺术"（指科学）和"奴隶艺术"（指技术）之间的界限[③]时，科学与技术实现了真正的融合。首先，三大革命之间是相互影响的，如牛顿对支配天体运动的若干定律的发现和达尔文关于生物进化的理论，就对政治革命的思想基础产生了深远影响。[④] 其次，欧洲政治革命主张"脑"（科学思想）和"手"（技术行动）的功能统一，[⑤] 并将其付之于实践。如著名的1848年革命，

① 参见 Lynn White, Jr., "The Historical Roots of Our Ecologic Crisis", *Science*, Vol. 155, No. 3767, 1967, p. 1206。

② 参见 Lynn White, Jr., "Technology and Invention in the Middle Ages", *Speculum*, Vol. 15, No. 2, 1940, p. 156。

③ 参见［美］L. S. 斯塔夫里阿诺斯《全球通史：从史前史到21世纪（第七版修订版）》，吴象婴等译，北京大学出版社2006年版，第481页。

④ 参见［美］L. S. 斯塔夫里阿诺斯《全球通史：从史前史到21世纪（第七版修订版）》，吴象婴等译，北京大学出版社2006年版，第399页。

⑤ 参见 Lynn White, Jr., "The Historical Roots of Our Ecologic Crisis", *Science*, Vol. 155, No. 3767, 1967, p. 1204。

这次革命的最大特点是掌握当时最先进工艺技术的工业阶层（主要是平民）和代表当时最前沿思想的学者（自由主义者、民族主义者和社会主义者）联合起来对抗君权独裁的贵族。[①] 最后，工业革命所创建的资本主义工业化机器大生产是近现代科学与技术全面融合的结晶。正是科学在工业上的巨大贡献，使其不仅深深地影响了西方人的生活方式，也深深地影响了他们的思想方式。[②]

因此，科学与技术在 19 世纪中期能够彻底地融合在一起，的确是西方世界独有的"传统"，只有基于西方形态的基督神学才能孕育出这种产物。

近现代科学技术的发展及应用之所以会对生态环境产生破坏，根本原因在于发展及应用科学技术的人对生态所持有的态度，即"人们对生态做什么在于他们与其周围事物的关系中将自己想作什么"[③]。工具性的科学技术在一个社会中的所作所为受社会其他文化的影响，其中宗教文化起着决定性的作用。[④] 在犹太—基督教传统的西方社会中，人们如1700 多年前一样继续生活在基督教公理的语境下，这个"公理"就是《圣经》的"创世说"所表达的核心观念：所有创造物除了为人服务外并无他用。[⑤] 基督教的这个"公理"在其发展史是通过摧毁古典万物有

---

① 1848 年革命，也称民族之春（Spring of Nations）或（Springtime of the Peoples），是在1848 年欧洲各国爆发的一系列武装革命，是平民与贵族间的抗争，主要是欧洲平民与自由主义学者对抗君权独裁的武装革命。第一场革命于 1848 年 1 月在意大利西西里爆发。随后的法国二月革命更是将革命浪潮波及几乎全欧洲。这一系列革命大多都迅速以失败告终。但这次革命却造成了西方各国君主与贵族体制的动荡，并间接导致了德意志统一及意大利统一运动。这次革命也是欧洲社会经济和政治发展的必然结果。当时欧洲已进入大工业生产阶段，各国工业阶层的经济力量得到加强，自由主义和民族主义在欧洲不断高涨，但政治上工业阶层仍处于无权地位或初掌政权。同时，欧洲大部分国家还处在旧的君主专制统治之下，或受到其他民族的压迫，维也纳会议在欧洲所确立的反动体系也还存在着。社会各方面日益尖锐的矛盾导致革命无法避免。也是在这一年，马克思和恩格斯发表了《共产党宣言》。——笔者注

② 参见［美］L. S. 斯塔夫里阿诺斯《全球通史：从史前史到 21 世纪（第七版修订版）》，吴象婴等译，北京大学出版社 2006 年版，第 482—486 页。

③ Lynn White, Jr., "The Historical Roots of Our Ecologic Crisis", *Science*, Vol. 155, No. 3767, 1967, p. 1205.

④ Lynn White, Jr., "Cultural Climates and Technological Advance in the Middle Ages", *Viator*, Vol. 2, No. 1, 1972, p. 186.

⑤ Lynn White, Jr., "The Historical Roots of Our Ecologic Crisis", *Science*, Vol. 155, No. 3767, 1967, p. 1205.

灵论而逐步确立起来的。①正是因为这个"公理"赋予了人类奴隶自然的正当性,所以掌握了科学技术的工具性力量的人们只会肆意地开发自然,即对自然的非自然处理方式。如汽车的出现在无意中消灭了以街道马粪为食的麻雀,而北欧农民从十字形耕作向条状形耕作的转变使人类从"自然的一部分"变成了"自然的剥削者"。②

作为一名技术史学者,怀特不相信更多的科学技术手段可以避免当代灾难性的生态反弹(ecologic backlash)。因为在当代社会中,不管是基督教徒、新教教徒还是自称"后基督教徒"(post-Christian)的人,都普遍保持着"自然是以人为中心"的态度。那么,以基督教义为内在驱动力而发展起来的科学技术,不管怎么发展都不能使我们从目前的生态危机中摆脱出来。有效的办法应该是寻找一种新的宗教或者重新思考原有的宗教③,对此,怀特认为主张所有万物精神自治的圣方济各(Saint Francis)④的思想可以提供一个应对危机的方向。⑤

综上所述,怀特从历史的维度找到了近现代西方生态危机的文化根源,即犹太—基督教的创世教义。在他的论题中,科学技术只是关联因变量"生态危机"与自变量"宗教文化"之间的中介变量。在推论逻辑上,"西方科学技术的发展及应用导致了生态危机"是一个客观事实,是逻辑推论的大前提,而"近现代西方科学技术的发展及应用的内在驱动力是基督神学"同样是怀特在研究西方中世纪以来科学技术发展

---

① 参见 Lynn White, Jr., "Cultural Climates and Technological Advance in the Middle Ages", *Viator*, Vol. 2, No. 1, 1972, pp. 187–188。

② Lynn White, Jr., "The Historical Roots of Our Ecologic Crisis", *Science*, Vol. 155, No. 3767, 1967, p. 1205.

③ 参见 Lynn White, Jr., "The Historical Roots of Our ecologic Crisis", *Science*, Vol. 155, No. 3767, 1967, p. 1206。

④ 圣方济各(San Francesco di Assisi, 1182—1226,又称圣弗朗西斯科、亚西西的圣方济各或圣法兰西斯)天主教方济各会和方济各女修会的创始人。他是动物、商人、天主教教会运动以及自然环境的守护圣人。传说因着天主的圣意安排,在圣弥额尔总领天神的四十天斋期前,天主显现异象,在他身上印下了耶稣受难时所承受的五伤(双手双脚与左肋)用以感化罪人的硬心,使之痛改前愆而得救恩。圣方济各的圣痕也是罗马教廷唯一官方承认的圣痕。——笔者注

⑤ 参见 Lynn White, Jr., "The Historical Roots of Our Ecologic Crisis", *Science*, Vol. 155, No. 3767, 1967, p. 1207。

史的基础上得出的一个事实性结论，是逻辑推论的小前提。所以，尽管作为中世纪技术史学者的怀特对当代强大的科学技术并不抱有乐观的态度，但他的思想并不属于技术悲观主义论，而是一种历史文化论。与技术主义论相比，不管是技术乐观主义还是技术悲观主义，怀特的历史文化论始终将科学技术作为一种认识和改造自然的工具性力量，这种力量对自然生态环境产生好或坏的影响，取决于掌握这种力量的人所持有的关于人与自然关系的价值观念。因此，当由持着"自然以人为中心"的基督徒们掌握这种力量的时候，生态危机的产生是必然的，而更多的科学技术也难以避免灾难性的生态反弹。

二　学术脉络

从环境思想史的角度来看，20 世纪 60 年代可以说是现代环境思想的启蒙时期。[①] 20 世纪 70 至 80 年代爆发的世界性环境危机反思浪潮与生态运动热潮，是这一时期的思想启蒙所引发的。作为同时代的两个环境思想启迪式的先锋人物，蕾切尔·卡逊和林恩·怀特同样都受到美国生态中心主义思潮的影响。但他们又有不同之处：如果说以经验性科学数据为依据的"卡逊的呐喊"唤醒了人们的环保意识并促成了世界性的环保主义运动，是偏向经验行动层面的改变；那么，"怀特论题"则源于科学技术背后的宗教文化，它触及由犹太—基督教文化主导的西方人的灵魂，是偏向观念思维层面的反思。因此，不管是接受还是反驳，"怀特论题"都迫使人们不得不去深刻反思左右人类行为的深层次思想观念——关于人与自然关系的价值规定。

因此，"怀特论题"的思想渊源主要有两个：一是在美国社会中一直延续的关于自然神学的批判思潮；二是兴起于 20 世纪四五十年代的生态中心主义思潮。自"怀特论题"提出之后，以信奉基督教为主的欧美社会围绕"人类中心主义的犹太—基督教"展开了激烈的争辩，成为当代"生态神学"产生的源头；而在没有基督教影响的中国社会

---

① 参见［美］麦克尼尔《阳光下的新事物：20 世纪世界环境史》，韩莉、韩晓雯译，商务印书馆 2012 年版，第 344 页。

中，面对类似的生态危机现象，中国学者从中国传统文化中找到了与怀特的对话基础。

1. 自然神学的反思

科学技术与宗教文化之间的关联是"怀特论题"的核心，而这个关联在基督神学的知识体系中属于自然神学的范畴。

从知识学的角度来说，神学就是研究有关神的道理或学问，而基督神学就是系统阐述上帝及其创造物的知识体系。传统神学谈论的是关于上帝的双重知识，即来自创造物的知识和来自《圣经》的知识。[①] 在创世教义中，人与自然都属于"被造物"，不同的是，"自然"是上帝从无到有创造出来的，而"人"是上帝按照自己的形象创造出来的。基督神学的主要内容就是阐释人如何通过获得这两种知识来认识上帝及其意志。其中，关于人如何获得其他被造物（自然物）的知识就是自然神学的核心话题。

"自然神学"一词出自古希腊哲学家芝诺（Zeno）创立的斯多葛学派（Stoicism）。在斯多葛派哲学中自然的神学是用来表达关于事物本质的知识的术语[②]。在基督教历史上，托马斯·阿奎那是西方历史上第一位系统全面地阐述自然神学的内容、特征和方法的思想家。"所谓自然神学，是指不诉诸于神圣的启示或传统的权威而仅凭人的理性所获得的关于上帝的知识或学说。"[③] 与之相对的就是"启示神学"，即根据上帝的特殊启示和传统权威的解说来获得关于上帝的知识或学说。因此，在实践中，"启示神学"提供的手段是诵读《圣经》或者聆听通喻（喻令），而"自然神学"则是哲学的逻辑思辨和科学的实验观察。

基督教神学思想发展有一个从启示神学到自然神学的发展过程。[④]

---

① 参见［德］莫尔特曼《创造中的上帝：生态的创造论》，隗仁莲等译，生活·读书·新知三联书店 2002 年版，第 81 页。

② 参见［德］莫尔特曼《创造中的上帝：生态的创造论》，隗仁莲等译，生活·读书·新知三联书店 2002 年版，第 80 页。

③ 翟志宏：《走进神学中的理性——论阿奎那〈神学大全〉第一集中的自然神学思想》，博士学位论文，武汉大学，2005。

④ 参见陈仁仁《从启示神学到自然神学——以信仰与理性的关系为视角》，《南方论丛》2010 年第 1 期。

在操拉丁语的西方社会中，这个过程发生于 13 世纪之后，即受阿奎那思想的影响，"自然神学不再是上帝与人沟通时物理象征的解码器，而是通过逐渐努力发现万物如何运行来理解上帝的意旨"①。因此，在哥白尼、牛顿、莱布尼茨等科学家和哲学家看来，他们所从事的科学研究或理性思辨就是"自然神学"。

从本质上来说，作为一名基督徒学者，怀特关于科学技术与宗教文化的关联性研究也可以算是一种"自然神学"。不过，与近现代的那些科学家和哲学家不同的是，怀特的研究目的不是认识或遵从上帝的意旨，而是一种批判反思性的自然神学。怀特的这种做法与自然神学在美国的发展有关。

美国的新教徒们从一开始信奉的应该就是自然神学而非启示神学。在美国独立之后，与美国独立同时出现的神位一体论（Unitarianism）就与普救论（Universalism）结合在一起诞生了超验主义（Transcendentalism）。神位一体论者是理性主义者，他们与正统基督徒强调上帝的奥秘和原罪（启示神学）不同，他们更强调人的自由和理性的能力。而以"所有人最终都会得救的教义"为基础的普救论则具有明显的浪漫主义色彩。以拉尔夫·爱默生（Ralph Waldo Emerson，1803—1882）为代表的美国超验主义者将理性主义与浪漫主义结合在一起。② 因此，超验主义哲学是 19 世纪后期兴起的美国生态中心主义的重要思想来源，它的许多思想很快就渗透到了美国社会的各个阶层。

到 20 世纪早期，达尔文的进化论在美国的传播对新教神学产生了巨大冲击③。1925 年在美国田纳西州爆发的"斯科普斯审判"（Scopes Trial）或者称"猴子审判"④ 引爆了以基督教宗教激进主义为代表的宗教与以达尔文进化论为代表的科学之间的冲突。在社会实践层面，这是美

---

① Lynn White, Jr., "The Historical Roots of Our Ecologic Crisis", *Science*, Vol. 155, No. 3767, 1967, p. 1206.

② 参见［美］胡斯托·L. 冈萨雷斯《基督教史（下卷）》，赵城艺译，上海三联书店 2016 年版，第 292—293 页。

③ 参见［美］胡斯托·L. 冈萨雷斯《基督教史（下卷）》，赵城艺译，上海三联书店 2016 年版，第 316 页。

④ ［美］艾伦·布林克利：《美国史（Ⅱ）》，陈志杰、杨昊天等译，北京大学出版社 2019 年版，第 959 页。

国新教宗派中的自由派与基要派之间的冲突，但在知识领域中，这可以说是美国新教的自然神学在内部产生了根本性的分歧。随后爆发的经济大萧条彻底结束了美国人的乐观主义，开始有神学家抨击基督教及其由基督教观念主导的资本主义社会，其代表性人物就是莱因霍尔德·尼布尔（Reinhold Niebuhr，1892—1971）和理查德·尼布尔（H. Richard Niebuhr，1894—1962）兄弟。1928年莱因霍尔德·尼布尔受邀成为纽约协和神学院（New York Union Theological Seminary）的应用基督教教授，而怀特于1929年在该学院获得了硕士学位。

当美国新教徒们发现用自由和理性所获得的知识无法得到上帝的"认可"时，那么，自然神学的深刻反思就产生了。第二次世界大战及其核灾难的恐惧、民权运动和女权运动的冲击、越战的爆发等，发生在美国社会中的这些事件，让"新教的神学事业支离破碎"。为此，部分美国神学家开始抛弃传统的理性、启示、荣耀等方法，而试图用世俗方法来表达基督教信仰的尝试。于是，在20世纪60年代美国产生了影响至今的激进神学（Radical theology）——"神死神学"（theology of the death of God）。[1] 与"活在上帝之死中"[2] 的神学家阿尔蒂泽（Thomas J. J. Altizer）[3] 这样被称为"基督教无神论"[4]（Christian Atheism）的激进言论相比，怀特对基督教教义的批判还是比较温和的。从自然神学的角度来看，"怀特论题"并没有涉及"上帝的存在"这样的根本性话题，而沿用了自然神学通过人的理性来认识上帝及其意志，只不过怀特通过辨析"生态危机与基督神学的关系"而看到了上帝的另一面。看到上帝的不同面，正是当时所有自然神学者反思的目标所在。

2. 生态中心主义的思潮

"二战"后的生态危机所导致的生态中心主义在美国的兴起，是怀

---

① ［美］胡斯托·L. 冈萨雷斯：《基督教史（下卷）》，赵城艺译，上海三联书店2016年版，第435—441页。

② Hancock B., Jasper D., "Living the Death of God：A Theological Memoir-By Thomas J. J. Altizer", *Conversations in Religion & Theology*，Vol. 5，No. 2，2007，pp. 160-172.

③ Rodkey C. D., "Altizer，*Thomas J. J.*（*b.* 1927）", Blackwell Publishing Ltd，2011.

④ Uemura D. N., "Christian Atheism：The-Death-of-God Theology", *St Andrews University Journal of Christian Studies*，No. 3，1967.

特学术思想的另一个重要渊源。对美国人的环境观念而言，以大地伦理学为代表的生态中心主义学说是其变迁史上的一个重要里程碑，它的发展历程既是美国资源保护运动兴衰的见证，也是保护运动的先导和发展方向。① 因此，不管是研究海洋生物的卡逊，还是研究中世纪技术的怀特，美国 20 世纪五六十年代所有关注生态环境的学者无不受生态中心主义学说的影响。

美国生态中心主义学说从起源到完成的过程大约历经 100 年，它的三个具有鲜明承袭顺序的代表人物是亨利·梭罗（Henry David Thoreau，1817—1862）、约翰·缪尔（John Muir，1838—1914）和奥尔多·利奥波德（Aldo Leopold，1887—1948）。② 作为反对人类中心主义的产物，生态中心主义的核心主张是否定人对自然的特权，肯定自然的内在价值，倡导万物平等的生态整体主义价值观。

同为超验主义者，梭罗受爱默生的影响，③ 都以浪漫主义情怀倡导从回归自然中获得最高的情感体验。但在人与自然的关系上，爱默生认为自然是为人类服务的，而梭罗则认为自然是与人一样有智慧的生命体。为了实践人与自然和谐相处的理想生活，梭罗在瓦尔登湖畔的小木屋中生活了两年。1854 年出版的代表作《瓦尔登湖》用细腻的文笔展现了梭罗关于人与自然同为生命体的共鸣、荒野与文明之间的平衡等生态中心主义思想。

想在瓦尔登湖畔住上两百年、两千年的"自然的信徒"④ 约翰·缪尔继承了梭罗对大自然的赞美以及肯定大自然自身价值的思想，但他更倾向做一个自然保护主义（Preservation）的行动者。在 1901 年出版的代表作《我们的国家公园》⑤ 中，缪尔表明了他的自然保护主义理念是基于生态中心主义的自然观念，是为了保护自然自身的价值，而不是为

① 参见付成双《美国现代化中的环境问题研究》，高等教育出版社 2018 年版，第 431—432 页。

② 参见付成双《美国生态中心主义观念的形成及其影响》，《世界历史》2013 年第 1 期。

③ 参见刘鹏《从人类中心主义到生态中心主义：梭罗生态哲学阐析》，《齐鲁学刊》2009 年第 1 期。

④ 参见［美］唐纳德·沃斯特《约翰·缪尔传：荒野中的朝圣者》，王佳强、何佳媛译，生活·读书·新知三联书店 2019 年版。

⑤ 参见［美］约翰·缪尔《我们的国家公园》，郭名倞译，吉林人民出版社 1999 年版。

了实现人的某种目的。这与当时由美国官员和专家基于资源的有用性和科学管理而倡导的资源保护主义（Conservation）是不一样的。

基于经验的考察，利奥波德同样认识到了政府主导的这种功利主义保护对自然所造成的伤害。为此，利奥波德希望以生态中心主义者的身份通过倡导荒野的价值来弥补资源保护主义的缺陷。在资源保护主义者眼中，"一条没有道路又不能产生任何经济收益的沼泽地"是没有价值的，而在利奥波德的眼中，"这些沼泽地的最终价值就是荒野，而鹤则是荒野的化身"。① 如果人类在"人与自然的关系"中坚守其征服者或管理者的角色，那么，任何形式的保护主义都是一种痴心妄想。所以，利奥波德认为，人与自然万物都是"土地共同体"中平等的一员，每个成员都相互依赖，每个成员都有其自身存在的权利与价值。这就是利奥波德基于生态中心主义所创造出的大地伦理学的核心观点。

对于生态中心主义的观点与做法，怀特应该是认同了他们的基本观点，但很明显是不赞同其做法的。尽管没有明确地表达他具有生态中心主义倾向，在关于"人与自然的关系"这一核心问题上，怀特也认为基督徒在基督教教义影响下所形成的"关系主宰"观念导致了自然环境的恶化。但怀特也明确表示"回复到浪漫的回旧叙事""荒野保护区"等办法由于太过偏狭、消极和着眼当前，所以解决不了当前的生态危机。②

3. 犹太—基督教人类中心主义的论争

自"怀特论题"提出至今，相关的争议已经蔓延至政治学、社会学、历史学、伦理学、神学等各个领域。2015年美国内华达大学拉斯维加斯分校（University of Nevada, Las Vegas）的埃斯佩思·惠特尼（Elspeth Whitney）发表了一篇综述性文章《50年后林恩·怀特的"我们生态危机的历史根源"》。文章将"怀特论题"在西方学界所引发的争议划分为三类：（1）中世纪和其他历史学家质疑怀特关于中世纪技

---

① ［美］奥多尔·利奥波德：《沙乡年鉴》，侯文蕙译，吉林人民出版社1997年版，第94—95页。

② 参见 Lynn White, Jr. , "The Historical Roots of Our Ecologic Crisis", *Science*, Vol. 155, No. 3767, 1967, pp. 1203-1205。

术实践和中世纪对自然世界态度的大部分记录证据和结论；（2）西方哲学和神学传统的学者质疑怀特在过去和现在是否正确理解了基督教价值观，更有环境激进主义者认为怀特破坏了宗教作为环境价值的可行载体；（3）社会学家对怀特关于宗教观点与环境态度相关的断言提出了疑问。尽管存在如此多的质疑与批判，但文章也同样用事实高度肯定了《根源》的两个重要价值：（1）它是 20 世纪下半叶环境研究中最重要的文章之一和环境史的基础文献和圣典；（2）自它之后，所有关于自然的神学著作都关注到了宗教在塑造我们与自然世界的交往中的作用。①

　　的确，身为基督徒却又对基督教的负面影响进行了深刻的批判，这应该是"怀特论题"在深受基督教影响的英语国家引起轩然大波的主要原因。就在他的文章发表仅两个月之后，Science 发表了一篇批判怀特的文章，认为"基督徒所做的每一件事情并非都具有基督教的特征"。而怀特对此的简要回复仍然表明了他的基本观点：基督教对生态的历史影响并不取决于目前我们个人认为基督教可能是什么，而是取决于绝大多数自称为"正统的"基督徒实际上认为它是什么。② 显然，怀特的态度对于那些维护基督教正统的人来说是不可原谅的。但是，在 20 世纪 60 年代"神死神学"兴起的状况下，与怀特对基督教持有相同态度的人要比谴责的人多，且更深入地研讨了类似于或支持了怀特关于基督神学的论断。如神学家理查德·贝尔（Richard A. Baer，Jr.）在 1966 年的文章中探讨了基督教对自然的"去神圣化"（de-sanctify）问题；③ 美国环境史学家罗德瑞克·纳什（Roderick Nash）在 1967 年出版的著作中追溯了犹太—基督教传统对荒野的"恶化"态度及其对美国早期拓荒者的影响；④ 而英国著名历史学家阿诺德·汤因比在《目前环境危机

---

　　① 参见 Elspeth Whitney，"Lynn White Jr.'s 'The Historical Roots of Our Ecologic Crisis' After 50 Years"，*History Compass*，Vol. 13，No. 8，2015，pp. 396–410。

　　② 参见 Feenstra，E. S.，"Christian Impact on Ecology"，*Science*，Vol. 156，No. 3776，1967，pp. 737。

　　③ 参见 Richard Baer. Land Misuse，"A Theological Concern"，*The Christian Century*，No. 12，1966，pp. 1239–1241.

　　④ 参见 Roderick Nash，*Wilderness and the American Mind*（*Revised Edition*），Yale University Press，1973。

的宗教背景》（1968）中直接谴责了犹太—基督教的一神论对自然的
"去神圣化"问题。①

由怀特等人对基督教的批判所引起的这些研讨及其相关的实践活动
被称为基督教的"绿色化"，其结果就是在 20 世纪 70 年代的神学界诞
生了当时最流行的"生态神学"（Ecotheology）。美国过程神学家约翰·
考伯（John Cobb）1972 年出版的《为时已晚?：一种生态神学》被视
为"生态神学"的第一个阐述者。② 在书中，考伯接受了"怀特论题"
的核心观点，即基督教应对西方生态危机负主要责任，但他以圣方济各
的观点过于激进为由主张通过重建基督传统来应对危机。另一个生态神
学的代表人物是当代德国著名新教神学家尤根·莫尔特曼（Jürgen Molt-
mann），在他的著作中到处充斥着与"怀特论题"相似的言论，如"人
类用来剥削自然的技术永久性地（如果不是不可挽回的话）破坏了人
类社会同自然环境的生存联系"③；"技术和自然科学总是由特定的旨趣
发展出来，价值中立是不存在的。旨趣在技术和自然科学之前，引导他
们并为其效力。这些旨趣受到社会的基本价值和信念的左右"④。而在
世俗世界中，1979 年，教皇约翰·保罗二世将圣方济各命名为"促进
生态的人"的守护神。所以，尽管怀特明确表示他是在写历史而不是神
学，但他还是被认为是生态神学的创始人。⑤

4. 历史文化论的中国对话

"怀特论题"在西方世界引起的争议也波及中国。但是大多数中国
学者只是在综述或者引用"怀特论题"，而没有关注怀特反思生态危机
的内在逻辑，即从历史的角度进行的文化解释。因为对于在与西方有着

---

①　参见 Arnold Toynbee, "The Religions Background of the Present Environment Crisis", in
David Spring and Eileen Spring eds. , *Ecology and Religions in History*, New York：Harper, 1974。

②　参见［德］莫尔特曼《俗世中的上帝》，曾念粤译，中国人民出版社 2003 年版，第
57 页。

③　［德］莫尔特曼：《创造中的上帝：生态的创造论》，隗仁莲等译，生活·读书·新知三
联书店 2002 年版，第 34 页。

④　［德］莫尔特曼：《俗世中的上帝》，曾念粤译，中国人民出版社 2003 年版，第 100 页。

⑤　参见 Elspeth Whitney, "Lynn White Jr.'s 'The Historical Roots of Our Ecologic Crisis' Af-
ter 50 Years", *History Compass*, Vol. 13, No. 8, 2015, pp. 399–402。

完全不同文化传统的中国社会而言，表现出相同面貌的生态危机的历史根源必然也是截然不同的。

当前跟怀特进行了真正意义上学术对话的代表性人物是环境社会学者陈阿江。针对"怀特论题"，陈阿江思考的问题是：为什么总体上缺乏犹太—基督教传统且实行社会主义市场经济的中国在现代化的建设过程中也出现了严重的生态环境问题？对此，基于太湖流域水污染问题的经验性研究，陈阿江提出了解释中国环境危机的"两后论"，即中国文化里持续两千多年的"断后"之原生焦虑，以及近两个世纪因为担心"落后"和为追赶现代化而产生的次生焦虑，是当前中国环境危机产生的社会历史根源。①

以儒家学说为代表的传统文化在中国的地位与犹太—基督教文化在美国社会的地位是一样的。对于信奉祖宗崇拜的中国人来说，儒家学说中关于"香火续存""福泽后人"等"保后"的"孝"之理念是根植于灵魂深处的。不能"断后"是实现"保后"的基本前提，所以属于原生焦虑；而不能"落后"，是因为"落后"会导致后代的生存发展遭遇困境，是实现"保后"的现实保障，所以属于次生焦虑。因此，对于美国新教教徒而言，不管是努力工作还是积累财富，都是为了荣耀上帝以确定上帝对自己的恩宠并以此认识上帝；而对中国人来说，不管是存银子买地还是行善积德，都是为了"保后"。人口增长、工业化、城市化、科学技术、制度政策等引发生态危机的直接因素，它们的表现在20世纪上半叶的美国社会和下半叶的中国社会都是一样的，但是这些因素产生的历史文化根基是不一样的。作为中介变量，这些因素都是工具性的力量，它们对自然生态环境会产生什么样的影响，取决于掌握或践行它们的人在"人与自然的关系"上抱有什么样的价值观念。这是怀特和陈阿江在不同的研究领域和不同的文化背景中得出的共识性观点，也是阐释生态环境危机的历史文化论的理论核心。

---

① 详细的阐述请参见陈阿江《中国环境问题的社会历史根源（重印本序）》，第17页，载陈阿江《次生焦虑：太湖流域水污染的社会解读》，中国社会科学出版社2009年版；唐国建、周益《中国环境问题产生的社会文化根源——陈阿江关于中国环境问题的社会学阐释》，《鄱阳湖学刊》2023年第4期。

与怀特主张在基督神学中寻找走出危机的可能路径一样，陈阿江认为在应对中国环境危机上，必须汲取中国传统文化中深厚的生态智慧与生态遗产，自下而上地重建中国的生态规范。怀特是以丰富的历史性素材为论据，其论证更多停留于理论的概念层面，所以他的对策建议也是启示性的。而陈阿江则是以详细的经验性调查资料为论据，运用外源污染与内生污染①、文本规范与实践规范②等概念工具分析水污染等环境破坏行动背后的社会文化逻辑，因而，他关于生成"生态利益自觉"③、实行"无治而治"等主张更具有实践性。

三 社会背景

20世纪上半叶对整个人类来说都是一个极其动荡的时期。两次世界大战不仅摧毁了传统的社会秩序，也摧毁了人们的精神家园。尽管科学技术的发展及应用为战后的重建与繁荣提供了强大的动力，但经济大萧条、种族大屠杀、殖民地的民族独立运动、红色革命的浪潮、核武器的毁灭性威胁、生态环境的恶化、贫富差距的拉大等，无一不是颠覆人类传统价值观念的事件。所以20世纪五六十年代的经济繁荣并不能阻止20世纪60年代席卷全球的青年反文化运动。打破一切传统权威，挑战正统价值观念，重建人类精神家园，这场延续至今的文化变革就始于20世纪60年代。怀特正是成长于这一动荡时期，发声于这一变革之时。

1. 科技变革与生态危机④

20世纪40—50年代的科技革命对人与自然关系的改变是极其深远的。在《全球通史》中，作者列举了六项对当代社会影响极大的技术

---

① 参见陈阿江《从外源污染到内生污染——太湖流域水环境恶化的社会文化逻辑》，《学海》2007年第1期。
② 参见陈阿江《文本规范与实践规范的分离——太湖流域工业污染的一个解释框架》，《学海》2008年第4期。
③ 参见陈阿江《再论人水和谐——太湖淮河流域生态转型的契机与类型研究》，《江苏社会科学》2009年第4期。
④ 关于美国生态危机的一般性社会背景参见本书"第二章 寂静的春天"中相关章节。这里依据"怀特论题"的主旨，主要讲科技变革对生态危机的影响。

突破：核能、取代劳力的机器（电脑及智能机器人）、航天科学、基因工程、信息革命和新的农业革命（绿色革命）。[①] 几乎所有当代环境史学者都认为，这些科技革命极大地提高了人类开发利用自然的能力并促成了经济的繁荣，但这些科技的应用对生态环境的破坏程度也是前所未有的。例如，瑞士环境史学家克里斯蒂安·普费斯特（Christian Pfister）认为 20 世纪 50 年代是全球生态危机时代的开始，并将这一时期的空气污染、温室效应、森林滥伐、土壤侵蚀等环境危机标识为 "50 年代综合征"。[②] 这个 "综合征" 是世界性的，而作为当时经济最发达、科技最先进的美国表现得更为明显。[③]

　　作为研究技术史的专家，怀特不可能不清楚这时的科技变革与生态困境。但是有趣的是，怀特在《根源》一文中只用少量的文字讲述了这种状况，如 "水库面积 5000 平方英里的阿斯旺水坝，只是此漫长过程中的最近杰作"；"生态变化的历史才刚开始，以至于真正发生了什么、结果会是什么，我们都知之甚少"。[④] 而在具体的例证上，他用的也是自己熟知的中世纪的资料。或许正是如此，有着林业资源管理学、社会学和人类学等多重知识背景的刘易斯·蒙克里夫（Lewis W. Moncrief）才认为，"怀特所引用的资料并不足以说明宗教是人类环境行为的主要调节因素"[⑤]。

　　尽管蒙克里夫的反驳并没有触及 "怀特论题" 的核心论点，但它关于中介变量 "科学技术" 的分析却属于当时的 "主流模式"。无论是

---

　　① 参见［美］L. S. 斯塔夫里阿诺斯《全球通史：从史前史到 21 世纪（第七版修订版）》，吴象婴等译，北京大学出版社 2006 年版，第 766—767 页。

　　② ［德］约阿希姆·拉德卡：《自然与权力：世界环境史》，王国豫、付天海译，河北大学出版社 2004 年版，第 288 页。

　　③ 斯塔夫里阿诺斯在《全球通史》中关于这一时期美国环境状况的描述就是明证：为从内布拉斯加到得克萨斯潘汉多的大草原提供灌溉水的巨大的奥格拉拉地下蓄水层的枯竭；加利福尼亚的牧场和长岛的马铃薯地向住宅区的转变；西北部残存的已被砍伐殆尽的原始森林；全国已知的 99% 的未被清理且仍在污染水源的有毒垃圾。参见 L. S. 斯塔夫里阿诺斯《全球通史：从史前史到 21 世纪（第七版修订版）》，吴象婴等译，北京大学出版社 2006 年版，第 779 页。

　　④ Lynn White, Jr. , "The Historical Roots of Our Ecologic Crisis", *Science*, Vol. 155, No. 3767, 1967, p.1203.

　　⑤ Lewis W. Moncrief, "The Cultural Basis for Our Environmental Crisis", *Science*, Vol. 170, No. 3957, 1970, p. 509.

对于西方还是对于中国，对技术进步或落后的主流解释都是通过特定的政治经济制度来阐述的。① "怀特论题" 显然是打破了这种思维模式。怀特为什么没有引用当时的科学技术与生态危机之间相互关联的资料，除了他所说的对这种关联当时的 "我们知之甚少" 外，更主要的是在怀特的逻辑推论中，当时的科技变革及其影响的内在逻辑与中世纪西方社会的情况是一样的，其深层根源也都是犹太—基督文化传统。就如他文中所说的，北欧农民发明破坏土壤的耕种技术，而对待自然的现代技术大部分也是这些北欧农民的后代所发明的，这并非一种巧合！②

显然，对于当时的科学技术变革所产生的影响是什么，高度盛赞过中世纪非人力技术的伟大成就的怀特应该比同时代的其他人都清楚。怀特用 "科学与技术的西方传统" 和 "人与自然关系的中世纪视角" 作为论证的主体部分，实质上就是想告诉当时的人们，拥有西方传统的科学技术越发展，灾难性的生态反弹就越有可能爆发。要想走出现在的生态困境，除非我们拒绝 "自然只为服务于人类而存在" 的基督教义。③

2. "神死" 社会运动的兴起

20 世纪 60 年代 "神死神学" 在美国兴起，是美国新教危机爆发的必然结果。"二战" 之后，美国基督教得以复兴的一个重要原因是，基督教信仰被理解成一种获得内心平安与喜乐的方法。④ 这种 "方法" 可能对大多数心理迷茫的普通人有效，毕竟这是 "宗教作为精神鸦片" 的基本功能。但是，对于怀特这类拥有深厚文化背景的知识分子来说，暂时的心理慰藉并不能遮蔽现实中的问题，只有深刻的批判

---

① 参见吕天择《林恩·怀特的中世纪技术史研究及其当代意义》，《自然辩证法通讯》2021 年第 8 期。

② 参见 Lynn White, Jr., "The Historical Roots of Our Ecologic Crisis", *Science*, Vol. 155, No. 3767, 1967, p. 1204。

③ 参见 Lynn White, Jr., "The Historical Roots of Our Ecologic Crisis", *Science*, Vol. 155, No. 3767, 1967, p. 1207。

④ 参见 [美] 胡斯托·L. 冈萨雷斯《基督教史（下卷）》，赵城艺译，上海三联书店2016 年版，第 436 页。

性反思或重建才能应对由来已久的信仰危机。这个危机的爆发有以下两个原因。

第一个是内部原因，美国基督教内部由来已久的宗派冲突是美国新教危机在 20 世纪 60 年代爆发的内在根源。在美国独立之后第一个百年中，美国的基督教就是在无数个分裂的新宗派和新运动中形成与发展的。① 美国基督教内部这种宗派林立及冲突的状况在随后的南北方冲突、天定命运论下的帝国主义扩张、"胡萝卜加大棒"的孤立主义政策、社会达尔文主义影响下的进步主义改革等历史进程中不仅没有得到缓解，反而走向更加对立。到 1921 年，美国新教已经划分出了两个对立的独立阵营：一个是由都市中产阶级组成的坚持自由主义的温和派，试图将宗教和现代科学发展结合起来，尽力使宗教适应现代世俗社会；一个是由地方阶层（大部分是乡间的男男女女）组成的奉行基要主义的正统派，极力捍卫宗教在美国生活的中心地位。② 上面提到的"猴子审判"就是这一时期两大阵营冲突的典型例子。这两大阵营对传统价值和生活方式发起挑战的文化冲突，让"一战"后崛起的美国年轻人成了"迷茫的一代"③。不管是对他口中所谓"正统的基督徒"的批判性言论，还是在研究中将宗教与科学技术的结合，1929 年获得神学硕士学位的怀特应该正是温和派中"迷茫的一代"的一分子。

第二个是外部原因，20 世纪上半叶欧洲的新教危机与改革蔓延到了美国。经济大萧条之前，被誉为 20 世纪最重要的瑞士籍新教神学家卡尔·巴特（Karl Barth，1886—1968）的《上帝的话语与人的话语》在美国出版，其思想对历经经济大萧条的美国人来说影响极大。巴特认为，传统教义中的上帝是一位永远凌驾于我们之上的上帝，所以他绝不是我们的上帝，而且他的降临给我们的生活带来的是危机而不是安逸和

---

① 参见［美］胡斯托·L. 冈萨雷斯《基督教史（下卷）》，赵城艺译，上海三联书店 2016 年版，第 319 页。
② 参见［美］艾伦·布林克利《美国史（Ⅱ）》，陈志杰、杨昊天等译，北京大学出版社 2019 年版，第 958 页。
③ ［美］艾伦·布林克利：《美国史（Ⅱ）》，陈志杰、杨昊天等译，北京大学出版社 2019 年版，第 952 页。

鼓舞。① 显然，巴特批判传统教义中的上帝的反自由主义神学思想影响到了怀特在纽约协和神学家的老师莱因霍尔德·尼布尔，因为他坚信毫无约束的资本主义是有害的。② 事实上，这个时候的美国新教界不仅批评自由资本主义经济，而且在实践中由三十三个宗派联合成立的美国循道宗和联邦基督教协会提出了被视为"社会主义"的举措，即公开支持政府参与经济决策，并采取措施保障穷人的福利。③ 尽管遭到了其他宗派的反对，许多教会所倡导的这些举措在"罗斯福新政"中仍旧得到了贯彻。

新教危机爆发的结果就是伴随着各种社会运动而兴起的各类神学④彻底摧毁了传统基督神学的根基。20世纪五六十年代各种社会运动在美国兴起，而且这些运动都伴随着相应的神学思想产生。除了下面所说的环保主义运动（对应就是生态神学）在此时萌芽并壮大外，其中影响最大的莫过于民权运动和女权运动，与之对应的则是黑人神学（Black Theology）和女性主义神学（Feminist Theology）⑤。尽管美国民权运动的重要组织"全美有色人种协进会"在1909年就成立了，但是直到20世纪60年代中期在马丁·路德·金的引导下，黑人们才确信他们必须拥有合法的权利才能彻底获得人权。因此，当"黑人灵歌"在牧师的引领下唱响于教会时，"黑人神学"就诞生了。同样地，尽管美国女性在1920年通过运动获得了合法性的选举权，但也是到了20世纪50年代女性才在教会和社会中获得更确定的地位和力量。随着女性主义神学的兴起，多数大的新教宗派在20世纪80年代开始授予女性圣职。⑥

---

① 参见［美］胡斯托·L. 冈萨雷斯《基督教史（下卷）》，赵城艺译，上海三联书店2016年版，第417页。

② 参见［美］胡斯托·L. 冈萨雷斯《基督教史（下卷）》，赵城艺译，上海三联书店2016年版，第432—433页。

③ 参见［美］胡斯托·L. 冈萨雷斯《基督教史（下卷）》，赵城艺译，上海三联书店2016年版，第433—434页。

④ 参见斯崇、政《当代西方几种新的神学理论》，《中国天主教》1989年第1期。

⑤ 参见李树琴、田薇《基督教女性主义神学研究述评》，《哲学动态》2004年第8期。

⑥ 参见［美］胡斯托·L. 冈萨雷斯《基督教史（下卷）》，赵城艺译，上海三联书店2016年版，第437—440页。

因此，在 20 世纪 60 年代的美国，批判传统基督神学是一个普遍性现象。"神死神学"是基于尼采、黑格尔、克尔凯郭尔等人的思想对传统基督神学进行的深刻反思。就如前面所说的，相比于阿尔蒂泽这样的代表性人物，作为一个历史学家和虔诚基督徒度的怀特，其批判是相对温和的，而"怀特论题"之所以会引起如此大的反响，应该是他将批判基督教与当时人们最关注的"生态危机"这一现象关联起来了。

四 个人生平

关于"1907 年美国"，对于被股票、投资、金融等词汇充斥的当代美国人来说，大家可能会记得"1907 年经济恐慌"①，因为正是这次与银行界紧密相关的经济大恐慌，导致了决定着当今世界股票金融市场起伏的巨头——美国联邦储备局（Federal Reserve System，美联储）的诞生。但是，全世界大多数的环保主义者应该都记得，1907 年的美国降生了两位伟大的环保主义先锋人物，那就是号召人们去行动的蕾切尔·卡逊和引领人们去反思的林恩·怀特。

1. 有批判精神的基督徒

怀特的父亲是长老会（Presbyterian）的基督教伦理学教授，所以怀特也是一位虔诚的基督徒。正是因为他的这一身份，所以在他发表批判犹太—基督教教义的《根源》之后，那些自称"正统的"基督徒视他为"叛徒"。但怀特最后将解决生态危机的出路指向倡导众生平等的圣方济各，这表明怀特并没有背叛他的信仰，他只是正视了基督教信仰的负面影响。

让怀特相信他自己信仰的宗教对全球生态危机负有责任的是他自己所掌握的丰富的历史证据。在 1962 年出版的《中世纪的技术与社会变迁》中已经非常明显地展现了他的研究主题，即宗教信仰与文化导向的技术（cultural orientation toward technology）之间的关联。怀特在这一问

---

① ［美］艾伦·布林克利：《美国史（Ⅱ）》，陈志杰、杨昊天等译，北京大学出版社 2019 年版，第 875 页。

题上的研究是严谨的。1964 年历史学家恩斯特·本茨（Ernst Benz）发表论文《西方技术的基督教基础》（*Fondamenti cristiani della tecnica occidentale*），文章坚持认为基督教信仰为西方技术提供了基本原理和信仰动力。但是怀特发现同样信仰基督教的希腊东部（Greek East）和拉丁西部（Latin West）在这个问题上的表现是不一样的。[1] 为此他在 1971 年发表了人类学研究的文章来比较中世纪希腊人和拉丁人对待科技的宗教态度。[2] 在《根源》一文中，怀特也明确区分了希腊人的东方神学与拉丁人的西方神学，并指出，"对自然征服的基督教暗示更容易出现在西方的环境"[3]。

作为一位讲求事实证据的历史学家，别人的批判并不能改变怀特的初衷。1978 年怀特将他最后出版的一部主要著作命名为"中世纪的宗教与技术"[4]，这部汇集了他多年发表在其他地方的文章的文集表明了他始终在关注着"宗族与技术之间的关联"这一主题。用怀特自己的话说就是："当历史学家开始捍卫他们的学术立场以反对批评者时，他们往往会陷入为自我辩护，结果却是研究没有了进展。我们必须让更长远的未来进行判断。"[5] 多年之后的今天，事实证明，怀特在 1967 年的伟大见解"已经挖掘了一个关于地球上环境破坏根源的根深蒂固但尚未解决的文化问题"[6]。

2. 有责任的历史学家

林恩·怀特的第一头衔应该是中世纪技术史学者，他在中世纪技术

---

[1] 参见 Lynn White, Jr., "The Study of Medieval Technology, 1924-1974: Personal Reflection", *Technology and Culture*, Vol. 16, No. 4, 1975, pp. 519-530。

[2] 参见 White, L., Jr., "Cultural Climates and Technological Advance in the Middle Ages", *Viator*, Vol. 2, No. 1, 1972, pp. 171-201。

[3] Lynn White, Jr., "The Historical Roots of Our Ecologic Crisis", *Science*, Vol. 155, No. 3767, 1967, p. 1206.

[4] 参见 Lynn White, Jr., "*Medieval Religion and Technology: Collected Essays*", Berkeley: University of California Press, 1978。

[5] Lynn White, Jr., "The Study of Medieval Technology, 1924-1974: Personal Reflection", *Technology and Culture*, Vol. 16, No. 4, 1975, p. 525.

[6] Elspeth Whitney, "Lynn White Jr.'s 'The Historical Roots of Our Ecologic Crisis' After 50 Years", *History Compass*, Vol. 13, No. 8, 2015, p. 403.

史领域所取得的伟大成就是举世公认的。作为美国技术史学会（The Society for the History of Technology，SHOT）最杰出的创始人之一，① 怀特不仅推动了"科学技术史"这一学科专业的发展，而且自身在这领域也取得了巨大的学术成就。早在 1940 年，怀特发表《中世纪的技术与发明》② 一文，成为美国第一位将中世纪技术与社会文化关联起来研究的历史学家。而他在 1962 年出版的代表性著作《中世纪的技术与社会变迁》则创建了中世纪环境史和中世纪技术这两个研究领域。③ 正是如此，科学史学会在 1962 年以该领域最佳著作的名义授予其辉瑞奖（Pfizer Award），而 SHOT 则在 1964 年因此授予了他最高荣誉达·芬奇奖章（the Leonardo da Vinci Medal）。除此之外，在几个重要学术组织的任职也证实了其专业认可度：美国科学史学会主席（1971—1972），美国中世纪学会主席（1972—1973），美国历史学会主席（1973），美国艺术与科学院院士。④

怀特所取得的专业成就与他敏锐而有社会责任感的性格紧密相关。1925 年正在斯坦福大学读大一的怀特意识到关于中世纪的研究发生了很大的变化，并决定成为一名中世纪历史学者。应该有两个事件影响到了他决定将中世纪作为其毕生的研究领域：一是欧内斯特·穆迪（Ernest Moody）因将有很强专业性的 14 世纪拉丁逻辑转译成规范性表达（formulaic expression）的 20 世纪符号逻辑而获得美国中世纪学会的哈斯金斯奖（the Haskins Medal of the Mediaeval Academy of America）；二是 1929 年秋天怀特有幸参加了当时美国最权威的中世纪科学史学者查

---

① 美国技术史学会创立的标志性活动是 1958 年 6 月在加州大学伯克利分校召开的 SHOT 和 ASEE（美国工程教育学会）下的人文社会部的联合会议。同年 12 月，学会在华盛顿举行第一次年会，会上选举美国社会学家奥格本（W. F. Ogbun）为首任主席、戴维·斯坦曼（David B. Steinman）和林恩·怀特为副主席。参见吴红《美国技术史学会的创立及其对技术史发展的贡献》，《科学技术哲学研究》2015 年第 6 期。

② Lynn White, Jr., "Technology and Invention in the Middle Ages", *Speculum*, Vol. 15, No. 2, 1940, pp. 141-159.

③ 参见 Elspeth Whitney, "Lynn White Jr.'s 'The Historical Roots of Our Ecologic Crisis' After 50 Years", *History Compass*, Vol. 13, No. 8, 2015, p. 397。

④ Hall, Bert S., "Lynn Townsend White, jr. (1907-1987)", *Technology and Culture*, Vol. 30, No. 1, 1989, pp. 194-213.

尔斯·霍默·哈斯金斯（Charles Homer Haskins）的中世纪科学专题研讨会。[①]

随后，怀特开始在哈佛大学跟随哈斯金斯攻读博士，并于1934年获得博士学位。在他读博期间，怀特发现关于中世纪技术的学术研究比中世纪科学至少落后了一代人。怀特自称，他于1918年到1924年在加利福尼亚的一所军事学院所接受的糟糕教育，让他对以马镫为代表的中世纪技术发生了兴趣。但在学术研究上，有两件事深刻地影响到了他。

一是在被怀特称为"中世纪技术研究的奇迹之年"的1931年出版的三部著作，即弗朗茨·玛丽亚·费尔德豪斯（Franz Maria Feldhaus）的《古代和中世纪的技术》（*Die Technikder Antikeunddes Mittelalters*）、理查德·列斐伏尔（Richard Lefebvredes Noittes）的《千古马车》（*L'attelage [et] le cheval de selle a travers les ages*）和马克·布洛赫（Marc Bloch）的《法国乡村历史的原始特征》（*Les Caractères Originaux De L'histoire Rurale Française*）。这三部著作让他意识到"中世纪技术是一个值得研究的主题"。二是1933年他阅读了阿尔弗雷德·L. 克罗伯（Alfred L. Kroeber）于1923年出版的《人类学》（*Anthropology*），让他决定用文化人类学的方法去研究中世纪技术。[②]

运用社会人类学的方法做研究，意味着怀特完成他的博士学位论文研究就必须要到意大利的西西里岛去做实地调查。1933年初，他在西西里岛做调查时，得知了德国国会大厦的火灾和希特勒上台的消息。他当时就觉得会有一场不可避免的战争，而且这场战争可能会阻止美国人访问欧洲的档案馆和图书馆。于是，他决定继续留在西西里岛，专心做一些没有档案资料的重要工作。[③] 这期间怀特所收集的实地资料不仅对于完成他的博士论文以及于1940年发表的那篇具有中世纪技术研究的参考目录式文章有着重大的帮助，而且对于研究意大利的宗教文化与社

---

① 参见 Lynn White, Jr., "The Study of Medieval Technology, 1924–1974: Personal Reflection", *Technology and Culture*, Vol. 16, No. 4, 1975, pp. 519–530。

② 参见 Lynn White, Jr., "The Study of Medieval Technology, 1924–1974: Personal Reflection", *Technology and Culture*, Vol. 16, No. 4, 1975, pp. 519–530。

③ 参见 Hall, Bert S., "Lynn Townsend White, jr. (1907–1987)", *Technology and Culture*, Vol. 30, No. 1, 1989, pp. 194–213。

会变迁也具有重要意义。正是如此，1970 年他被授予了意大利共和国荣誉勋章，而且基于他的博士论文于 1938 年出版的《诺曼西西里岛的拉丁修道主义》（Latin Monasticism in Norman Sicily）在 1984 年以意大利语翻译出版。

怀特的社会责任感不仅体现在他对中世纪技术史领域的专业贡献，也体现在他对人文艺术研究事业的关心。正是因为担心战争会损害到人文艺术的研究，他于 1943 年离开斯坦福大学到一所小型的女子人文艺术学校——米尔斯学院（Mills College）当校长，直至 1958 年。在这期间，怀特以大量的公开演讲让自己成为公开倡导人文艺术、小型学院和妇女教育的全国性知名人物。尽管怀特不认为自己是政治意义上的女权主义者，但在以他这一时期的演讲稿和杂志文章合成的《教育我们的女儿》① 中包含着许多至今女权主义仍在争论的话题。

五　拓展阅读

陈阿江：《次生焦虑：太湖流域水污染的社会解读》，中国社会科学出版社 2009 年版。

何怀宏主编：《生态伦理：精神资源与哲学基础》，河北大学出版社 2002 年版。

［英］阿利斯科·E. 克格拉思：《科学与宗教引论》，王毅译，上海人民出版社 2000 年版。

［美］Ⅰ. 伯纳德·科恩：《自然科学与社会科学的互动》，张卜天译，商务印书馆 2006 年版。

［德］莫尔特曼：《创造中的上帝：生态的创造论》，隗仁莲等译，生活·读书·新知三联书店 2002 年版。

［德］莫尔特曼：《俗世中的上帝》，曾念粤译，中国人民大学出版社 2010 年版。

Lynn White, Jr., "The Historical Roots of Our Ecologic Crisis", *Sci-*

---

① Lynn White, Jr., *Educating Our Daughters: A Challenge to the Colleges*, New York: Harper, 1950.

ence, Vol. 155, No. 3767, 1967.

Lynn White, Jr., "The Study of Medieval Technology, 1924 – 1974: Personal Reflection", *Technology and Culture*, Vol. 16, No. 4, 1975.

Lynn White, Jr., *Medieval Religion and Technology: Collected Essays*, Berkeley: University of California Press, 1978.

社会应对篇

第十章　生态现代化

一　什么是生态现代化

"生态现代化"一词兴起于 20 世纪 80 年代，最早提出这个概念的学者是德国社会学家约瑟夫·胡勃（Joseph Huber）与马丁·耶内克（Martin Jänicke）①。

1982 年，胡勃在《生态学失去清白》（*The Lost Innocence of Ecology*）一书中，提出了"绿色工业"理论，并将生态现代化看作现代社会发展的一个新的历史阶段，实质是带有绿色转向的工业社会的结构变迁。胡勃认为工业社会的发展包括了三个阶段：工业突破阶段、工业社会建设阶段以及"超工业化"过程中工业系统的生态转换，实现第三阶段的关键在于新技术的创新与使用。在生态转型方面，胡勃认为政府的干预和环境运动的作用都是有限的，最终能发挥作用的是经济部门和企业家，他们通过技术创新推动工业生产的生态转型，从而实现经济的生态化和生态的经济化。②

与此同时，耶内克完成了"作为生态现代化和结构性政策的预防性环境政策"的研究。在研究中，耶内克认为生态现代化包含了技术革新、市场机制、环境政策以及预防性原则四个核心性要素，并且将生态现代化明确为一种环境问题的解决措施：前瞻性的环境友好政策可以通

① 学界对于生态现代化概念的起源是胡勃还是耶内克并没有统一的定论。在同一时期，他们在各自的研究中都运用了"生态现代化"一词。

② 参见 Huber J., *New Technologies and Environmental Innovation*, Cheltenham: Edward Elgar, 2004。

过市场机制和技术创新促进工业生产率的提高和经济结构的升级，并取得经济发展和环境改善的双赢结果。①

在胡勃和耶内克提出了生态现代化概念后，生态现代化逐渐成为西方社会反思并应对传统现代化带来的环境和生态危机而兴起的一种社会发展理论或环境政治学说。

如果说胡勃和耶内克是生态现代化概念的提出者，那么，摩尔（Mol）则是正式将生态现代化引入社会科学理论研究领域的开拓者之一。摩尔承袭了胡勃的社会转型论，认为现代化的合理性是值得肯定的，经济发展与环境改善能够同时实现，而不必然具有相互排他性。生态现代化所期望的现代化被看作工业化社会的蜕变，工业化社会只关注生产，而生态现代化所强调的是在生产商品的同时兼顾环境保护的社会。这种转变并不意味着现代社会必须放弃技术创新，而是通过现有的制度和技术弥补环境破坏的错误。摩尔进一步强调生态现代化从本质上并不是追求资本的积累，在环境或自然资源不恶化的情况下资本仍然能够获得增长，资本也可以利用更少的自然资源来生产各种产品，并有能力对资源进行再利用，从而创造新的资本。摩尔更加关注生态现代化在社会转型中的作用，他认为生态现代化理论的目标是要深入分析现代工业化社会如何应对环境危机从而深化环境变革。因此，他认为生态现代化的核心是要关注社会结构优化的条件以及动态过程，即社会的生态化转向。

生态现代化的一个基本假设是技术的发展有助于生态和环境的进步，即通过清洁技术的发展可以有效地将环境保护和经济增长结合起来。生态现代化的核心机制是制度创新和技术创新。基于此，摩尔进一步提出了生态现代化的六大假设：（1）对生产和消费过程进行设计和评估的指标除了经济等因素外，越来越多地依赖生态（环境）因素；（2）现代科学与技术在生态诱导性转型中至关重要，且不局限于附加在生产环节的技术，而是包含了生产链、技术体系和经济部门的变化；（3）私有的经济主体和市场机制在生态重建的过程中扮演的角色越来

---

① 郇庆治、〔德〕马丁·耶内克：《生态现代化理论：回顾与展望》，《马克思主义与现实》2010年第1期。

越重要，而政府部门则从自上而下的官僚体制转变为"可协商的规则制定者"，并为这些转变过程提供有利的条件；（4）环境NGO（非政府组织）改变思想意识，将传统的把环境问题视为公共和政治议题的思想改变为与经济部门和政府代表谈判的形式直接参与，这样使它们更加接近政策决策的中心，并为环境改革提出更为细致的建议；（5）生态重构的过程与政治、经济领域的全球化进程的内在联系越来越紧密，因此，生态重构不会局限于单一的国家；（6）为了控制生态退化，去工业化的倡导只有在（生态重构的）经济可行性很差、思想落后、政治支持有限的条件下给予考虑。①

　　生态现代化的发展和成型得益于摩尔等学者的不断探索和深化。目前，生态现代化的基本观点可以总结为三大方面。一是从发展理念的角度出发，环境问题既是一次对于人类社会发展的挑战，更是一次发展的机遇，生态现代化强调人们要直面环境问题的客观存在，积极采取行动促进社会、经济和环境关系的协调。二是从技术治理的角度出发，科技水平的不断发展能够实现绿色环境的变革，经济和市场动力所激发的工业创新能够促进环境保护，并且国家通过建立具有实践意义和价值的环境管理模式，进一步化解经济增长与环境保护之间的矛盾。三是从结构转型的角度出发，要与可持续发展战略相协调，降低经济发展的总体成本，建立绿色可持续的环境友好型社会。

　　生态现代化的特征主要体现在社会、经济与环境的关系当中。首先，生态现代化强调市场的优先性，市场的作用是生态现代化最为关键的特征；其次，生态现代化认为技术革新可以同时带来环境改善与经济增长，相应地，严厉的环境标准以及政策不再被视作一种成本负担，而是成为实现技术革新与提高竞争力的外在动力。最后，环境保护与经济增长是存在相互支持与促进关系的，并不是相互抑制与冲突，经济增长与环境目标的一致性可以实现环境与经济共赢的结果。

　　总的来说，生态现代化是对人类当前面临的生态挑战做出的新阐

---

　　① 参见 Mol，Arthur P. J.，"Ecological Modernization Theory"，in Arthur P. J. Mol，*The Refinement of Production：Ecological Modernization Theory and the Chemical Industry*，Utrecht：Jan Van Arke 1/International Books，1995。

释，生态现代化将环境问题视为推动社会变革的因素，主张通过科学技术、市场体制、工业生产、政治体制等方面的变革来协调生态与经济的发展。工业化、技术进步、经济增长不仅和生态环境的可持续性具有潜在的兼容性，而且也是推动环境治理的重要因素和机制，由工业化导致的环境问题可以通过协调生态与经济和进一步的"超工业化"，而非"去工业化"的途径来解决，从而在经济发展的同时尽可能减少环境破坏。

二　学术脉络

1. 理论起源

20 世纪 70 年代，面对全球性的环境危机，许多学者开始关注环境与发展的议题，并围绕环境与经济、政治、社会的关系发展出了早期的环境理论视角，对于后来生态现代化理论的出现奠定了坚实的基础。

20 世纪 70 年代初，挪威哲学家奈斯（Naess）提出了深层生态学的思想。奈斯认为人类中心主义是环境问题的根源之所在，人类凌驾于自然之上的看法是一种相当肤浅的认识。他提倡一种深层生态学的思想主张，认为在整个生态系统中，每个物种都是具有其内在价值的，并不是经由人的选择才使其具有了价值。因而在处理人与环境关系时，应秉持一种"生态中心"的原则，而不是处处以"人类"的需求为本。[①] 奈斯由于其独特的生态关怀在西方社会赢得了许多追随者，深层生态学思想强调的要重视生态环境在人类社会中的价值，深刻影响了后来生态现代化理论中对于环境保护与经济发展之间的关系的讨论。

以莫雷·布克钦（Bookhin）为代表的社会生态学者认为深层生态学没有看到生态环境危机的真正的社会根源，环境问题日渐严重的根本原因在于没有形成完善的政治、经济以及社会结构。[②] 要想彻底解决环境问题、摆脱环境的报复，就必须改变社会政治经济安排，力图创造能耗低、与环境相协调的政治架构、经济生产消费方式以及具有环境友好性的技术。

[①]　参见 Naess A., "The Shallow and the Deep, Long-Range Ecology Movement: A Summary", *Inquiry*, Vol. 16, No. 1, 1973, pp. 95-100。

[②]　参见 Bookhin Murray, *Towards an Ecological Society*, Quebec: Black Rose Books, 1980。

布克钦强调政府的能动性以及注重技术对环境的影响与生态现代化理论的观点不谋而合，社会生态学也成了生态现代化理论的重要奠基石。

　　面对日益严重的环境衰退，环境社会学的先驱卡顿和邓拉普对社会学学科中的人类中心主义的倾向进行了严厉的批评。为此，他们提出了"新生态范式"。他们认为，首先，虽然人类具有独有的特征，但他们依然是互相依赖地包含在全球生态系统中的众多物种成员之一。其次，人类事物不仅受社会文化因素的影响，也受自然因素错综复杂的影响，因而，有目的性的人类活动会产生许多意外的结果。再次，人类生存依赖于一个有限的生物物理环境，它对人类活动施加了许多潜在的限制。最后，尽管人类的技术水平可能在一段时间内扩展环境承载力的限定，但是生态法则不可能被消除。[①] 因此，卡顿和邓拉普强调要摒弃人类中心主义价值观，约束人类自身的行为，减少人类在自然环境中的活动强度。由此，学者们基于卡顿和邓拉普的观点开始将环境问题视为一种客观的社会事实，生态现代化理论基于这种社会事实，将环境问题脱离了人类中心主义的视角，与社会的经济发展联系在了一起。

　　施奈伯格的"社会环境辩证关系"思想也是生态现代化理论的重要来源之一。施奈伯格分析了资本主义条件下环境衰退的必然机制，他认为，经济增长需要不断从环境中汲取资源，同时这一过程也会产生相应的环境问题并反过来影响或限制经济的发展。施奈伯格进一步认为在资本主义条件下，最常出现的一种情况是，在生态环境问题没有得到有效改善和解决的情况下，最大限度地追求经济增长。而有利于改善和解决环境问题的情况是，随着经济增长对环境压力的加大和环境问题的不断呈现，有选择性地解决环境问题，并继续促进经济增长，但是这种情形由于缺乏必要的社会条件和机制，往往现实中无法实现。[②] 施奈伯格认为的理想的情形正是生态现代化理论强调的环境与经济共赢的局面，"社会环境辩证关系"思想为生态现代化理论中环境与经济的关系提供

---

　　① 参见 Catton. W. R. Jr. and Dunlap. R. E.，"Environmental Sociology：A New Paradigm"，*American Sociologist*，Vol. 13，No. 1，1978，pp. 41-49。

　　② 参见 Allan Schnaiberg，"Social Synthese of the Societal-Environment Dialectic：The Role of Distributional Impacts"，*Social Science Quarterly*，Vol. 56. No. 1，1975，pp. 5-20。

了重要的辩证思路。生态现代化理论最初正是直接针对早期环境社会学发展状况提出的。[①] 在生态现代化理论家们眼中，环境如何衰退的问题已经不重要，关键是面对这样的问题应该如何解决，他们将环境问题看作推动社会、技术和经济变革的因素，而不是一种无法改变的后果。正是在早期环境社会学者们的不断思辨中，生态现代化理论日渐成形，成为目前环境社会学中的重要理论思想。

2. 理论演进

在学界不断对环境与发展二者关系的思考中，生态现代化理论问世了。生态现代化理论自20世纪70年代末80年代初产生至今经历了三个明显不同的阶段。[②] 第一个阶段是生态现代化理论的创建初期。德国环境社会学家胡勃无可争议地被认为是生态现代化理论的建立者。他关注的焦点具有明显的技术导向，在胡勃看来，生态现代化是工业社会发展的历史阶段。第二个阶段从20世纪80年代末到90年代中期。摩尔认为这个时期已经不像生态现代化理论的初创期那么强调技术创新的关键作用和价值，而是强调国家和市场在生态重构过程中的鲜明角色。第三个阶段，即20世纪90年代中期之后的整个时期。生态现代化理论的研究视域变得越加开阔。在此时期，无论在理论上还是在地理上都扩大了——非欧洲国家的生态现代化被加以研究。[③] 随着消费主义的盛行，生态现代化理论也整合了对全球和地方消费绿色转型的思考。

20世纪80年代初，许多理论学者都在分析"为什么70年代和80年代早期的社会，环境并未得到改善"，他们将原因归结于经济结构，以及国家对经济体制的依赖。约瑟夫·胡勃与马丁·耶内克发现在这样的消极的结构性分析中，无法有效地改善环境。为此，他们努力构建概念和理论来解释环境改善的现象为什么会发生，最终形成了生态现代化

---

① 参见［加］约翰·汉尼根《环境社会学》（第二版），洪大用等译，肖晨阳主校，中国人民大学出版社2009年版，第26—27页。

② 参见 Mol, A. P. J. and Sonnenfeld, D. A. (eds), *Ecological Modernisation around the World：Perspective and Critical Debates*, London：Frank Cass 2000。

③ 参见 Mol, A. P. J., *The Refinement of Production：Ecological Modernisation Theory and the Chemical Industry*, Utrecht：Jan Van Arke 1/International Books, 1995, p. 5。

理论。他们认为生态现代化不是一定与经济增长、工业发展、社会福利
增加、技术应用等背道而驰。

到了 20 世纪 80 年代末，摩尔总结了胡勃、耶内克等学者的生态现
代化的观点。他认为生态现代化表现在四个方面，一是强调社会转型过
程中科学技术是加速生态变革的诱因，科学技术重视它在解决和预防环
境问题中的潜在和现实作用。二是认为政府应该改变以往在环境改良过
程中发挥中心作用的状态，采取更加灵活的行政模式，让企业、公众以
及国内外的非政府组织在环境治理中扮演更加重要的角色，实现治理主
体的多元化。三是重视传统的国家机构和新社会运动在环境变革中的角
色，还必须对经济和市场动力在生态社会转型过程中的重要性作出深入
的分析，对生产者、消费者、顾客、保险机构等经济主体在生态重建和
改善的过程中发挥的重要作用予以关注。四是关注公众社会运动的地
位、角色及其作用在生态现代化中的变化，环境运动的参与者逐渐成为
生态重建的社会支持力量，而不是对立面。

除了摩尔对生态现代化理论进行了深入讨论，哈杰（Hajer）与克
里斯托夫（Christoff）也从不同角度进一步阐释了生态现代化理论。

哈杰认为生态现代化理论是一种能辨识生态环境问题结构特征的
话语，强调现存制度可以包容环境保护要素而使环境的改革得以实
现。[①] 此意义上，哈杰倡导通过建构主义方式深入探索围绕"环境"
展开的社会建构，关注工业化中各行动主体的互动逻辑。哈杰同样关
注到生态现代化过程中结构性要素的重要性，认为生态现代化是促进
环境改善、加速资本主义政治经济结构调整的过程，并将"整合"的
理念渗入政策策略制定的过程当中。在哈杰看来，生态现代化还是一
个企业、科学部门、环境运动以及积极倡导环境变革的政治家之间形
成的话语联盟。其中，最重要的贡献在于提出了"环境退化可计算和
量化"的概念。由此，哈杰主张将环境视为一种公共物品，实施外部成
本内部化。

克里斯托夫在分析了诸多生态现代化的解释后，根据程度和范围将

---

① 参见 Hajer，M. A.，*The Politics of Environmental Discourse*：*Ecological Modernization and the Policy Process*，Oxford：Oxford University Press，1995，p. 42。

生态现代化划分为弱生态现代化和强生态现代化两种。他认为弱生态现代化是一种技术统治主义的生态现代化。它强调用技术手段来解决环境问题，并提倡由科学界、经济界以及政界精英共同参与政策制定及掌控决策权。他指出弱生态现代化往往局限于分析发达国家且为发达国家的发展模式提供了一个封闭单一的框架。① 相比之下，强生态现代化却表现出了特有的优越性和延展性。克里斯托夫认为强生态现代化考虑到了人与生态系统间的相互作用，将关注的视野扩大到全球范围，并且更加关注环境意识形态的转变。强生态现代化还突出地表现出整体性的特点，即将生态要素纳入社会制度和经济结构发展的深层讨论之中，促使社会对生态问题做出全面的、细致的思考和回应。克里斯托夫还强调，强生态现代化与弱生态现代化特征并不总是相互排斥的。对于持续的生态发展结果而言，弱生态现代化的一些特征虽然不是先决条件，但也是非常必要的。

20 世纪 90 年代中期之后，中国等发展中国家的学者也开始关注到了生态现代化理论。中国学者洪大用、马国栋在《生态现代化与文明转型》一书中强调 21 世纪以来，中国在一定意义上呈现出经济发展与环境保护的"双赢"趋向，但是这种趋向仍然受到技术条件不足，经济发展不充分、不均衡等方面的影响，中国的发展实践十分复杂，并不是西方生态现代化所论述的完美案例。因此，洪大用也对生态现代化理论展开了质疑与批判，首先，他认为生态现代化理论缺乏对现代性风险的客观评估，本质上存在着技术乐观主义的内核，并不能应用到所有的国家和地区。其次，他认为中国的社会内部出现了生态现代化和非生态现代化共存的局面，因而对全球现代化的单向趋势提出了疑问。最后，他强调不能不假思索地将生态现代化理论移植到中国，更不能将中国的实践看作西方的产物，而是要尽可能地将生态现代化理论与中国本土实践紧密结合，不断反思提炼，进而更好地利用生态现代化指

---

① 参见 Peter Christoff, "Ecological Modernization, Ecological Modernities", in Stephen Young（ed.）, *The Emergence of Ecological Modernization：Integrating the Environment and the Economy*, London：Routledge, 2000, p. 222。

导中国的实践。①

3. 后续挑战与发展

进入 21 世纪之后，"生态现代化理论的后续发展方向在何方"成了生态现代化理论学者们讨论的重点话题。学者们质疑生态现代化理论的一致性，认为该理论是以欧美工业社会的发展为基础的，它难以指导更广泛领域的全球化实践，至少对于美国、亚洲、拉丁美洲等国家和地区还尚未印证生态现代化理论的根本预期。面对这些质疑，生态现代化理论试图以重新定位国家行动、文化变迁以及重新确认国际化角色的途径来避免旧的现代化理论的种族中心主义、进化论色彩等问题，从而以全球化的视角去审视除欧美发达国家外的生态现代化进程，但是问题的关键在于生态现代化无法完全排除国家与民族社会在环境行动中的作用。约克（York）等人认为生态现代化理论在后续的发展过程中还面临着四大挑战。② 首先，生态现代化理论不仅要说明国家与民族社会利用了制度改革的手段来应对环境问题，而且还要说明这些改革和修补确实带来了生态环境的改善。制度建设的推进必然导致生态可持续的"制度宣言"不能只停留在假定的层面上，必须加以验证。其次，生态现代化理论必须说明随着现代化过程的继续推进，生态现代化带来了生产和消费的高频率的生态转型。生态诱导下的转变能够在现代社会中成为一个常规化的过程，而不是简单的几个不具有普遍意义的个案。再次，分析生态现代化的过程，必须指明是在哪个层次上发生的，因为产业经济中的各部门是相互联通的网络，其中局部的改善很可能对总体并没有贡献，甚至可能产生负面的影响。最后，生态现代化理论不但要说明经济体向更加资源有效型转变，而且要显示出这种转变的效率增速超过生产总量的增长速率。

面对着对生态现代化理论的各种挑战和批判，摩尔等人重新反思生

---

① 参见洪大用、马国栋等《生态现代化与文明转型》，中国人民大学出版社 2014 年版。
② 参见 Richard York. Eugene A. Rosa and Thomas Dietz, "Footprints on the Earth：The Environmental Consequences of Modernity", *American Sociological Review*, Vol. 68, No. 2, 2003, pp. 279-300。

态现代化理论，并通过三种回应阐明了生态现代化理论的后续发展之路。

一是坚守理论立场，认真对待那些与己相异的理论范式和路径。摩尔等人强调解决工业化和现代化产生的各种问题，并不是一定要采取去工业化、去现代化的方法，而是通过继续现代化和超工业化的方式来寻找出路。同时，摩尔等人指出，虽然资本主义对环境问题的产生负有主要责任，但是资本主义仍然能够通过自我改进和完善来强化自身的"绿化"能力，从而实现自然、经济、社会三者的和谐共处。① 因而，摩尔等人认为，生态现代化理论的后续发展仍然离不开资本主义的参与，资本主义能够通过自身的改良，将生态现代化理论现有的不足给予完善。

二是积极发挥反思潜能，不断融入批判促进理论发展。生态现代化理论学者们认真反思与深化不同时期的理论认识，对于卓有见地的主张和看法积极加以吸收，努力提升生态现代化在理论发展上的完整性。学者们以综合性的生态现代化取向修正技术决定论的不足、权力关系的缺乏，用大量的实证研究探讨消费领域的绿化过程，在欧洲之外拓展经验空间，等等。斯帕格林（Spaargaren）面对生态现代化理论的挑战，主动调整了自己的研究，他利用吉登斯的"结构化理论"详细地阐述了生产与消费的结构链条中，生产和消费是如何相互塑造、相互影响的。他指出生活消费的生态现代化，其中心在于消费者和生产者之间信息反馈的不断发展，其目的是使信息的交换最大化，从而通过一种可称之为"共构"的过程提升环境和消费的效率。② 摩尔等人也注意到了来自欧洲中心主义的批评，他们过往的研究的确都是基于欧洲特别是北欧的社会发展现实。在生态现代化理论的后续发展中，对于北欧之外的国家、地区的研究理应加强力度。于是，越来越多的生态现代化理论研究者将视野扩大到全球范围内。

三是接受理论变化规律，启发新的研究。对于生态现代化而言，有

---

① 参见 Mol, A. P. J., David A. Sonnenfeld（eds.）, *Ecological Modernization around the World: Perspectives and Critical Debates*, Ilford, UK: Frank Cass, 2000。

② 参见 G. Spaargaren A. P. Mol and F. H. Buttel（eds.）, *Environment and Global Modernity*, CA: Sage, 2003。

些评论和批判是难以回应的，这主要是由于生态现代化理论本身的特征所致。例如生态现代化理论被指责是靠近人类豁免主义范式的，显示出强烈的自然和社会区隔。所以，最好的做法便是欣然接受这样的批判，并以此为契机，启发新的思维。比如，摩尔在生态现代化理论的后续发展中提出了环境网络流动的环境社会学思考。① 摩尔认为生态现代化理论是在国家和民族社会内寻求他们的解释，因而在分析环境问题时，会聚焦于国家和民族社会，关注国家是如何运作的。但是，目前的国家权威正在流失，所以要理解现代社会，不仅要关注国家和民族社会，还要关注环境网络和环境流动，因为环境网络和环境流动日益决定着国家的环境政策和环境改革，因此要关注人际、组织、行动者、跨国公司网络等环境网络问题，也要分析关于环境污染、环境服务、环境理念等的环境流动问题，摩尔强调这些都是生态现代化理论需要后续关注的重要部分。

三　社会背景

生态现代化理论的诞生与 20 世纪 60 年代到 80 年代的西方工业化社会的巨变息息相关。一方面，环境的不断恶化成了西方社会的焦点问题，并引起了一系列环境运动和抗议活动；另一方面，"石油危机"的爆发导致了西方国家的经济增长趋于停滞，甚至衰退，政府和人民迫切需要振兴经济。正是在这种环境运动与经济衰退相交的社会背景中，环境开始步入社会生活的核心领域，而与此同时经济的衰退激化了人们对于生存发展的渴望，当这些因素纠结在一起需要更精深的思想来回应时，生态现代化理论便随之出现了。

1. 欧洲的环境保护与生态运动

"二战"后，欧洲各国都在忙于战后重建的工作，为了能够更快地从战争的创伤中恢复过来，欧洲各国开始加快对资源的开发力度。生态

---

① 参见 Mol, A. P. J., *Environment Reform in the Information Age：The Contours of Informational Governance*, New York：Cambridge University Press, 2008, p. 71。

资源的巨大消耗，不仅远远超过了自然环境的承载力，给生态系统带来了巨大的破坏，而且带来了严重的环境问题。1962 年，美国学者蕾切尔·卡逊出版了《寂静的春天》，使得环境污染问题得到了更多公众的关注，由此引发了一系列的环境保护与生态运动。

20 世纪 60 年代至 70 年代，欧洲的地方环境抗议行动较为活跃，比如这一时期西德的环保人士发起了针对黑森林地区的大坝建设的抗议，相继成立的环境保护协会征集了近 20 万民众的集体签名，并为此持续抗争达十余年，最终这个项目不得不在民众的抗议运动中停止建设。此外还有大气污染方面的环境保护与生态运动。西德的鲁尔区是欧洲有名的煤矿开采地，战后鲁尔的煤矿区的发展达到了新的高度，但同时带来了严重的大气污染，在当时鲁尔煤矿区的单位降尘量几乎达到了人类可接受范围的两倍，严重的大气污染使得鲁尔区大量树木枯萎死亡。于是，当地掀起了一场大规模的大气保护运动，1962 年随着政府颁布《大气污染防治法》，该运动以胜利而告终。1971 年，作为一个新兴环保组织——地球之友，在法国建立了它的第一个也是最成功的一个分支机构，当时动员了两万人在巴黎进行"Vélorution"抗议活动。欧洲的这些环境保护与生态运动切实关注到了生态环境与民众生活之间的问题，其规模和影响力已经远超之前的欧洲环境运动。

20 世纪六七十年代的欧洲环境保护与生态运动的大规模爆发让一向专心于工业化发展的政府倍感压力，此起彼伏的环境浪潮越发对政府的行政能力以及企业社会的发展构成威胁。这主要表现在以下三个方面。

第一，越来越多的人员卷入反抗环境污染的抗议活动中来。政府的经济发展政策以及自由市场的环境污染产品生产带来的副产品严重损害了公众的身体健康。无论男女老少、穷人富人、从业者还是失业者都包含在受害者之中，这构成了呼吁政府、企业改变传统运作模式的社会基础。

第二，环境运动的重点逐渐超越地域的限制，转而成为全国性的运动类型，影响不断增大。在地方层次上，环境运动聚焦于可见的环境破坏，如河流污染、废物堆积、土壤退化等，然而出于环境问题发生频率的增加以及媒体的横向和纵向传播，环境运动的响应范围也逐步扩大到更广阔的区域，成为具有全国性的群体性行为事件。

第三，环境运动在六七十年代确实产生了许多具有实质性的影响。一方面，从内部影响来看，环境运动团体的成员构成日渐丰富，团体因环保而获取的身份合法性得到彰显，团体的结构进一步优化；另一方面，从外部影响来看，环境运动不但发出了要求政府将环保纳入议事日程的宣言，而且确实将污染工厂推向关闭和转型的境地，而受环境运动阻挠的高速公路建设项目以及占用自然保留地进行建设等工程破产，所有这一切都迫使政府采取必要的策略手段以解决日益严重的环境保护问题。

2. "石油危机"后西方经济的衰退

在环境恶化引起了社会广泛关注和抗议的同时，西方发达国家又遭遇了自身经济停滞的困境。20世纪60年代末，随着现代工业发展的推进，单纯追求经济增长的发展策略在许多国家遭遇挫折。除了爆发了相当严重的生态环境问题，还有大量的社会问题接踵而来，例如贫富分化加剧、社会失业严重等。特别是当60年代末到70年代初的"石油危机"爆发之后，欧洲在70年代到80年代经历了长达十年的经济衰退。

导致"石油危机"的导火索是由于欧佩克（OPEC）石油输出国组织认为发达国家在石油消费方面没有照顾到其他成员国的利益，并且以极其低廉的价格掠夺性地获取了石油这种不可再生的重要资源。20世纪70年代初，原油的价格被欧美发达国家人为地压制得很低，平均每桶1.80美元，仅为当时煤炭价格的一半左右，经过OPEC的斗争，到1973年1月才上升到2.95美元一桶，但价格仍然处于低位。因此，一些石油大国开始对资本主义旧的石油体系，特别是价格过低表现出不满。欧美发达国家对石油的需求日益增长，但是，西方石油公司却不肯对主要生产石油的发展中国家的提价要求作出让步，双方的矛盾日益尖锐。为了改变这种不对等的贸易关系，一些石油输出国联合起来将原油出口的价格抬高，1973年10月17日，中东阿拉伯产油国决定减少石油生产，并对欧美发达国家实行石油禁运。当时，包括主要资本主义国家特别是西欧和日本用的石油大部分来自中东，美国用的石油也有很大一部分来自中东，石油提价和禁运立即给欧美发达国家的经济造成了沉重打击，最终引发了 1973 年至 1975 年的战后资本主义世界最大的一次经济危机。经济危机导致欧美发达国家出现了一系列经济与社会问题，诸如出现了大量员工失业浪潮、工作岗位数量断崖式下降、政府财政赤字增多等问题。经济的停滞不前，社会失业现象凸显，让人们开始期盼经济的再度复苏。

在 20 世纪 60 年代以前，西方社会处于一种迷恋经济发展的状态。财富的增长、工业化水平的提升成为整个社会追求的唯一目标，污染只不过是经济发展的一种微不足道的衍生物，而不断累加的工业污染和环境风险所带来的一系列问题也被有意无意地简单化处理了。"石油危机"爆发后，经济飞速发展的美梦被破灭，环境问题开始进入了人们的视野，人们开始重新反思经济发展与环境问题。面对如此严重的经济与社会问题，西方社会开始质疑传统经济学以环境为代价的理论主张，这使得越来越多的公众认为环境问题不是一个单纯的环境问题而已。尽管人们依旧对经济发展抱有好感，认为经济发展在改变公众生存状态、提升生活质量方面作出了重要贡献，但是在经历了"石油危机"的经济衰退后，人们看到了经济发展并不是万能的，也会给社会带来灾难。

因此，一些政策制定者、企业家、学者开始对经济发展和环境改善的关系进行重新思考和界定，他们试图找出如何使经济发展能够得以不断延续，而环境污染、生态破坏的悲剧不再重演的途径。于是生态现代化理论呼之欲出，该理论正是在经济发展与环境保护之间寻求新的解决路径，在一定程度上驱散了当时西方社会面对各种社会问题而产生的悲观情绪，成为一种满足社会期待的新的理论尝试。

四　个人生平

阿瑟·摩尔是国际知名的环境社会学家，曾任荷兰瓦赫宁根大学校长、环境政策系主任。他的研究领域涉及社会理论与环境、环境转型与变革、社会运动、信息化与全球化，等等。如果将胡勃视为生态现代化理论的创建者，那么，摩尔应当被看成最重要的富有成果的开拓者之一。

1978—1985 年，摩尔在瓦赫宁根完成了环境科学专业学士和硕士阶段的学习，并顺利取得了学位。在那时，环境科学更多意义上是为学术设置的一门自然科学课程。摩尔在硕士阶段学习了关于社会学、科学哲学和法学等方面的课程，这些课程在 20 世纪 80 年代早期并不是常设的课程，摩尔通过自己的努力，以优异的成绩完成了相关的课程，为之后从事环境社会学的相关研究奠定了坚实基础。

1985 年，摩尔取得硕士学位之后，进入了荷兰阿姆斯特丹自由大学工作，在那里摩尔进行了为期 2 年的环境社会学研究。尽管摩尔在当时具有新马克思主义的理论背景，研究的重心也是偏向经典的社会学研究，但是他对经典社会学解释环境改革的方法并不满意，于是他开始寻求其他不同的观点和理论视角，试着发展自己的理论。由于摩尔懂德语，因而他选择了马丁·耶内克、约瑟夫·胡勃和其他一些只用德语写作的学者的著作，并且进一步深化了他们的理论观点，在概念化以及生态现代化理论体系建设方面作出了巨大的贡献，这成为摩尔在 80 年代的主要工作，并一直持续到 90 年代。

1990 年，摩尔到阿姆斯特丹大学攻读环境社会学博士，同时担任瓦赫宁根大学环境社会学专业的助理教授。1995 年，摩尔关注欧洲化工工业引起的环境变化，并进行了一系列环境方面的社会科学研究，顺利获得了社会学博士学位。在当时，摩尔与丹麦、德国、英国的学者及环保人士展开了密切合作，并且形成了关于生态现代化理论研究的学术团队。1999 年，摩尔晋升为瓦赫宁根大学环境政策系教授，并担任该系系主任。在此期间，摩尔承担了多项工作，其中包括担任了 4 年的国际社会学协会环境与社会研究委员会主席。

摩尔在成为环境政策系主任之后，更进一步关注环境方面的问题，他所有的训练和科研工作都围绕着环境退化和环境改革展开，摩尔的研究视域从水污染、废弃物污染这样的地方性问题扩展到跨国环境研究的全球性问题。摩尔在担任国际社会学协会环境与社会研究委员会主席期间，为"地球之友"撰写关于可持续经济发展的报告和书籍，以及一些关于可持续消费的报告，虽然这些并非严格意义上的科学报告，但能够为环境非政府组织制定策略提供参考。

进入 21 世纪，摩尔又担任了联合国粮食与农业组织（FAO）环境与粮食可持续发展问题的研究顾问，以及联合国环境可持续发展委员会的顾问，主要关注环境领域当中的环境问题、环境治理以及环境改革，并且为政府、企业和社会中的环保人士提供一些建议，以增进他们在环境影响中的功能。

2009 年 12 月，因为摩尔在环境社会学方面作出的杰出贡献，中国人民大学将其聘请为环境学院讲座教授。2010 年，摩尔获得了国际环境社会学界的两项荣誉，一项是由国际社会学学会（ISA）颁发的"Frederick H. Buttel 杰出环境社会学家"奖，该奖项是为了纪念著名环境社会学家 Frederick H. Buttel 而设立的，每 4 年颁发一次，被公认为环境社会学界的最高奖项之一；另一奖项是美国社会学学会（ASA）颁发的"杰出贡献奖"，摩尔是该奖自 1983 年设立以来第一位非美国籍获奖者。此后，摩尔受聘成为清华大学、马来西亚国家大学、日本千叶大学的教授，又担任了瓦赫宁根大学校长。一直以来，摩尔积极参与学校之间的学术交流与合作，推动着环境社会学的进一步发展。

五　拓展阅读

洪大用、马国栋等：《生态现代化与文明转型》，中国人民大学出版社 2014 年版。

［荷］阿瑟·摩尔、［美］戴维·索南菲尔德编：《世界范围的生态现代化——观点和关键争论》，张鲲译，商务印书馆 2011 年版。

［荷］阿瑟·摩尔、邢一新：《生态现代化：可持续发展之路的探索——阿瑟·摩尔教授访谈录》，载陈阿江主编《环境社会学是什么：中外学者访谈录》，中国社会科学出版社 2017 年版。

Hajer, M. A., *The Politics of Environment Discourse: Ecological Modernisation and the Police Process*, Oxford: Oxford University Press, 1995.

Janicke, M., *Preventative Environmental Policy as Ecological Moderni-*

sation and Structural Policy, Paper 85/2, Berlin：Wissenschaftszentrum, 1985.

Murphy, D. F. and J. Bendell, *In the Company of Partners. Business, Environmental Groups and Sustainable Development Post-Rio*, Bristol：The Policy Press, 1997.

Mol, A. P. J., *The Refinement of Production：Ecological Modernisation Theory and the Chemical Industry*, Utrcht：Jan Van Arke l／International Books, 1995.

Mol, A. P. J. and Sonnenfeld, D. A. eds., *Ecological Modernisation around the World：Perspective and Critical Debates*, London：Frank Cass, 2000.

Stephen Young ed. , *The Emergence of Ecological Modernization：Integrating the Environment and the Economy*, London：Routledge, 2000.

Wood, C. , *Trading in Futures*, Lincoln：Royal Society for Nature Conservation, 1995.

第十一章　生活环境主义

一　什么是"生活环境主义"

现代化伴生的种种环境问题凸显了人类生产生活与环境的尖锐矛盾，那么，理想的人与自然环境的关系是怎样的？保护区域环境时，当如何处置当地人的生产生活？鸟越皓之等日本学者提供了一种环境保护的新思路。他们在反思与批判以生态学为中心发展起来的生态论的基础上，[1] 构建一种崭新的理论范式，即生活环境主义范式。这一理论范式基于这样一个基本事实——在日本传统水田、森林等人类长期干预的区域，所形成的是稳定的生态系统，在当地人生活智慧的作用下，"自然之力"与"人的力量"取得了均衡。[2] 因而，生活环境主义认为，在处理人与自然、人类与社会发展的关系问题上，应注重本土生活环境，站在生活者立场，重视发掘和应用生活者的日常实践活动以及在此基础上形成的环境态度、实践知识和生活智慧，在利用自然的过程中保护自然。

对如何看待琵琶湖的开发和环境保护，当时有两种主要观点：一种是基于生态学的，认为不经人为干预的纯粹的自然是最理想的，鸟越皓之等人称之为"自然环境主义"；另一种观点认为可以完全信赖近代技术来修复被破坏的环境，这一观点被称为"近代技术主义"。虽然双方

---

① 参见［日］鸟越皓之《环境社会学——站在生活者的角度思考》，宋金文译，中国环境科学出版社2009年版，第47页。

② 参见［日］鸟越皓之《环境社会学——站在生活者的角度思考》，宋金文译，中国环境科学出版社2009年版，第31页。

各自所坚持的生态保护和近代科技观点都具有其自身的价值,然而在将它们应用到琵琶湖的环境保护时,都表现得不相适宜。一方面,自然环境主义显然不切实际,为了保护环境将琵琶湖周边数百万居民迁出并不可行。另一方面,在近代技术主义的思路下,采取了系列工程型措施,比如在琵琶湖岸边填湖建造废水处理厂,在一些河流的两侧及河床三面浇筑水泥以改善水质,结果使河流沦为纳污的臭水沟,反而加速了对自然环境的破坏。① 也因此,当地人对作为既定政策的近代技术主义治理模式感到不满。较之"自然",鸟越皓之等社会学者将"人们的生活"作为考察的着重点。他们发现当地人过去经常在小河里捕鱼、洗菜、冰镇水果,孩子们更是喜爱在小河戏水玩耍,因为生活与河流的紧密相融,人们非常爱护河流。换言之,"只要当地人过着充分利用自然的生活,他们就不会破坏环境"②。在此基础上,鸟越皓之等提出他们的政策主张,即需要了解当地人对河流的利用方式并尊重这一事实。

鸟越皓之等社会学者后续在对日本森林环境的考察中,也发现了类似现象。虽然日本国土中森林覆盖率高达68%,但在日本几乎找不到没有人类"染指"的纯原生林。通过利用来维护森林,防止森林的荒芜和破坏,是日本森林长久以来独特的保护方式。在山村里生活的村民长期在生活中利用和保护着森林。因此,在鸟越皓之看来森林政策应当关注如何继续确保森林的维护者即山村居民的"生活"。③

在环境问题和区域发展的研究中,将分析的重点放在当地人的生活体系上,这逐渐成为生活环境主义范式独树一帜的特点。鸟越皓之、嘉田由纪子指出,只有生活在当地的居民最有发言权,地域开发必须顺应当地的生活结构。④生活环境主义强调通过尊重、挖掘并激活当地生活

---

① 参见〔日〕鸟越皓之《日本的环境社会学与生活环境主义》,闫美芳译,《学海》2011年第3期。

② 〔日〕鸟越皓之《日本的环境社会学与生活环境主义》,闫美芳译,《学海》2011年第3期。

③ 参见〔日〕鸟越皓之《环境社会学——站在生活者的角度思考》,宋金文译,中国环境科学出版社2009年版,第50—51页。

④ 参见鳥越皓之、嘉田由紀子編《水と人の環境史》,東京:御茶の水書房1984年版。

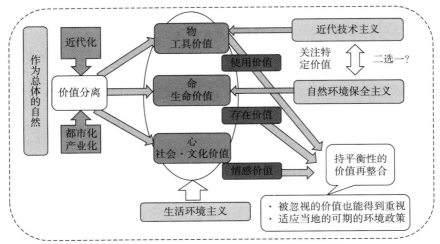

**图 11-1　近代化过程中的近代技术主义、自然环境主义
与生活环境主义的价值取向**

资料来源：嘉田由紀子：《琵琶湖をめぐる住民研究から滋賀県知事としての政治実践へ ——生活環境主義の展開としての知事職への挑戦と今後の課題》，《環境社会学研究特集：環境社会学と「社会運動」研究の接点》2018 年第 24 卷，第 92 頁。

中的智慧，把环境问题交还给当地人来解决。生活环境主义的基本立场是生活而不是生存，主张从生活的角度"安抚"自然，[①] 自然只有为生活所用，丰富人们的生活，才能得到可持续的改善和维系。

　　经过理论化构建后的生活环境主义由所有论、组织论、意识论三个层次构成，这三个层次内部各有一个重要的分析概念。

　　其一，所有论层次内的"共同占有权"。与私有制对所有权的强调有所不同，生活环境主义所有论重视地方习惯性的利用权，并用"共同占有权"加以表达。无论是在水、土地还是森林等多个领域，"共同占有权"在日本社会是事实性的存在。具体到土地使用领域，日本每个社区都有自己的土地使用规则（local rule），"较之土地的所有权，人们更加重视土地的使用权"[②]。或者说，"在地区社会中使用者比拥有者更具

_____

　　① 参见 ［日］ 鸟越皓之《日本的环境社会学与生活环境主义》，闫美芳译，《学海》2011 年第 3 期。

　　② ［日］ 鸟越皓之：《日本的环境社会学与生活环境主义》，闫美芳译，《学海》2011 年第 3 期。

有规定秩序的地位"①。在保护环境方面,"共同占有权"对于资源空间共同利用十分重要且非常有效。因此,生活环境主义提倡尊重地方历史积淀而成的"共同占有权",以此为基础思考如何制定适合当地生存与发展的环境政策。

其二,意识论层面的"生活常识"概念。生活常识,亦作"生活知",是人们在当地生活体验中所得到的知识。② 同时,也是人们作为个人行为判断基准的知识依据。③ 生活环境主义范式下的社会调查和分析尤为注重对生活常识的分析,并将生活常识分为以下三种类型。(1)个人的经验知,是个体在其生活经历基础上知识化了的独有认知。(2)村落、社区等生活组织内部的生活常识。是指在生活组织内部逐渐形成的生活智慧的积累,人们在生活组织内从年长者、同辈群等习得这些生活智慧。(3)生活组织外部的通俗道德。主要是指国家创立的社会道德,人们在日常生活中不知不觉地内化社会道德,并在社会交往中实践社会道德。④

生活环境主义范式强调生活常识或者说生活知的重要性,是因为在应对地方社会的环境问题时,这类从当地生活中所得到的知识是非常有效的知识。⑤ 生活环境主义肯定了生活者的主体性知识的重要性,主张通过尊重、挖掘并激活当地的"生活知"来解决环境问题。如鸟越皓之提倡将民间信仰中"禁止"和"愉悦"的思想上升为理论,就可以为政策制定提供具体建议。⑥ 生活知形成的基础往往局限于相关民族或地区所处的特定生态系统,一般只适用于该地区所在或相类似的生态环

① [日]鸟越皓之:《环境社会学——站在生活者的角度思考》,宋金文译,中国环境科学出版社 2009 年版,第 65 页。
② 参见[日]鸟越皓之《环境社会学——站在生活者的角度思考》,宋金文译,中国环境科学出版社 2009 年版,第 167 页。
③ 参见[日]鸟越皓之《日本的环境社会学与生活环境主义》,闫美芳译,《学海》2011年第 3 期。
④ 参见[日]鸟越皓之《日本的环境社会学与生活环境主义》,闫美芳译,《学海》2011年第 3 期。
⑤ 参见[日]鸟越皓之《环境社会学——站在生活者的角度思考》,宋金文译,中国环境科学出版社 2009 年版,第 167 页。
⑥ 参见王书明、张曦兮、[日]鸟越皓之《建构走向生活者的环境社会学——鸟越皓之教授访谈录》,《中国地质大学学报》(社会科学版)2014 年第 6 期。

境，因此具有更好的适应性和针对性。科学知追求共性，具有广泛的适用性，但具体到特定地区的生活环境，往往会因为过于普同而无法立足本土。只有生活知与科学知互相配合，取长补短，才可以最大程度上发挥两种知识的应用价值。将"科学知"和"生活知"加以整合势在必行，这些知识经验在构建环境社会学政策论方面加以活用。①

其三，组织论层次的"说法"概念。生活环境主义范式极为重视居民的意见，但在具体的议题上居民们并非众口一词。居民意见的不统一，往往阻碍了政府人员对居民意见的采纳。面向这一社会现实，从环境纷争提炼出的重要思路是：相比分析居民个人感觉层次上的意见，分析个人所属小集团或派别中成员共有的"说法"（saying）更为关键。②故此，生活环境主义范式在组织论层次的核心议题是"说法"建构过程，主要关注不同派别的居民依据"说法"不同而分化的组织结构。

那么，何谓"说法"？鸟越皓之解释道：当地方社会出现了某个问题时，居民们最初只是在"感觉"层次上各抒己见，继而慢慢地因为立场的不同分化为各种小集团或者说派别，比如赞成派、反对派等，在各派别内部形成"我们的意见"，并各自为之酝酿和编造出"有说服力的理论"，即"说法"。"说法是追求正当性的理论"，赋予居民派别内的共有意见以理论性和正当性。"说法"具有"战略性色彩"，各派别都从战略上将其利益隐藏，不直白地表达其利益诉求，代之以大家都能接受的表述。③生活环境主义主张研究者在面对具体环境问题时采用这样一种调查方法，"通过考察各派别的理论和各派别构成人员的社会属性，弄清居民的意见和组织特性"④。只有以此为基础，才能进一步考察得出所有居民都能信服的"理论"，生成居民群体性主导话语权，建构整合性生活环境话语体系。

---

① 参见鸟越皓之《環境社会学ー生活者の立場から考える》，東京：東京大学出版会 2004 年版，第 210—211 頁。

② 参见［日］鸟越皓之《环境社会学——站在生活者的角度思考》，宋金文译，中国环境科学出版社 2009 年版，第 59 页。

③ 参见［日］鸟越皓之《环境社会学——站在生活者的角度思考》，宋金文译，中国环境科学出版社 2009 年版，第 59—60 页。

④ ［日］鸟越皓之：《日本的环境社会学与生活环境主义》，闫美芳译，《学海》2011 年第 3 期。

生活知、生活体系、地方历史积淀的共同占有权、不同居民群体内部的说法及话语体系等分析概念，突显了生活环境主义理论重视"经验"和"历史的个性"的特点。① 一方面，不同于社会学领域的一种将"行为"作为分析单位的元素主义传统，生活环境主义的"经验论"认为相比分析行为，分析村落、社区等生活组织的集体经验更有用，具有整体主义的特点。另一方面，有别于自然科学对一般性法则的看重，生活环境主义强调区域社会有其历史个性，并将这种个性的重要性置于整体社会的共通性之上。鸟越皓之认为，至少在需要应对具体环境问题的环境社会学领域，再好的环境问题应对策略，如果缺少了对历史的个性的考虑，只能是纸上谈兵，无济于现实问题的解决。

综上所述，生活环境主义相比其他理论概念有其自身的特点。在宏观层面上，生活环境主义理论是融会社会学、人类学、民俗学、经济学和生态学的交叉整合型学科知识体系。既强调传统理论社会学的结构性分析路径，又注重探索人与环境关系层面上的具体应对机制。在中观层面上，处理人与自然、人类与社会发展的关系时，强调从生活者的视角出发，重视生活者的经验、知识和智慧，主张从当地人的生活历史和环境态度中，寻找解决环境问题的不同答案。因此治理环境问题应站在生活者主位，尊重当地生活实践与地方性知识。生活是实现环境治理的重要机制，环境保护必须与当地的生活结构相适应。在微观层面上，生活环境主义领域的研究者一直有条不紊地进行细致扎实的环境调查和田野工作。

二　学术脉络

1. 国民生活研究背景

对明治维新以来近现代化过程伴生的诸多社会问题展开观察与思考，是日本现代社会科学研究的起点。

---

① 参见［日］鸟越皓之《日本的环境社会学与生活环境主义》，闫美芳译，《学海》2011年第3期。

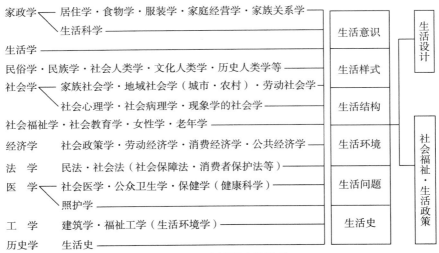

图 11-2　生活研究的谱系

资料来源：本多勇：《生活概念の検討と整理——生活研究のレビユー》，《国際医療福祉大学紀要》1998 年第 3 卷，第 13—23 頁。原図出自山手茂《社会福祉形成とネットワーキング》，東京：亜紀書房 1996 年版，第 24 頁。

从"一战"前后关于战争贫困、劳动力及生产生活的先驱调查（横山源之助等），到"二战"时期以"生活"为课题的研究活动在"经济学、社会政策的生活研究（篭山京、中钵正美等）、社会学的生活研究（铃木荣太郎、青井和夫等）、居住学的生活研究（西山卯三等）、生活学的生活研究（今和次郎等）、社会福祉学的生活研究（冈村重夫等）等"[1] 主要领域充分展开，形成了蔚为壮观的国民生活研究浪潮。国民生活研究尚难进行统一概括，但内容广泛、视角多样的研究成果体现出几点共性：（1）对近现代背景下社会意识变动的关注；（2）对阶层、家庭等社会结构变迁的关注；（3）在时间、空间维度中对社会系统的探索与解释。

"二战"之后，日本社会实现战后复兴和快速发展的同时，以农山渔村为代表的地域社会面临越来越严重的传统结构崩解、资源环境等问

---

① 本多勇：《生活概念の検討と整理——生活研究のレビユー》，《国際医療福祉大学紀要》1998 年第 3 卷，第 13—23 頁。

题，推动社会学逐渐成为国民生活研究的重镇，具体展开为都市社会学、农村社会学、家族社会学、地域社会学几个研究分支。

环境问题早在明治维新甚至江户时代就出现了。到 20 世纪 60 年代，日本社会前脚刚从战后贫困中拔出来，后脚又陷入急速开发导致公共灾害与社会运动的泥淖，研究者着眼于"生活构造"从都市社会学（如仓沢进）、家族社会学（如松原治郎）和农村社会学（如莲见音彦和布施铁治）等几个方面展开了深度研究。① 在日本环境社会学研究会于 1990 年成立之前，公害·环境问题研究、生活环境调查研究就是在地域性社会问题的研究讨论中发展起来的。②

2. 跨学科的研究方法

社会学研究关注社会问题并将其实践建立在经验基础之上。作为方法的日本环境社会学研究的社会调查，可考察的学术渊源有两个方面。

其一是来自欧陆美国的现代科学调查方法训练，已积累调查成果如 1960—1970 年日本社会学会开展的两次全国规模 SSM 调查，影响显著的代表作有《日本农村的社会性格》（福武直，1949）、《社会流动研究》（安田三郎，1971）、《日本的阶层结构》（富永健一，1979）等已发表涉及社会变迁和环境问题关系的多学科共同研究成果及各类调查报告，如《近现代矿工业与区域社会的形成与发展》（1955）、《佐久间水库》（1958）和《水库建设的社会影响》（1959）等等，这些为生活环境主义研究团队在开展水质检测、传统排水系统与水资源利用方式等领域的调查奠定了基础。

另一是日本本土的文化人类学传统，尤其是柳田国男的近代民俗学思想，被视为生活环境主义的思想渊源。③ 于考察微小事实开始，以生

---

① 参见本多勇《生活概念の検討と整理——生活研究のレビュー》，《国際医療福祉大学紀要》1998 年第 3 卷，第 13—23 页。

② 参见堀川三郎《戦後日本の社会学的環境問題研究の軌跡 環境社会学の制度化と今後の課題—》，《環境社会学研究》1999 年第 5 号，第 211—233 页。

③ 参见東京大学東洋文化研究所，現代民俗学会第二回研究会，"民俗学の思想を問い直す——生活環境主義とは何か"，2013 年 11 月 16 日，https://www.ioc.u-tokyo.ac.jp/news/news.php? id=SatOct260708362013，2024 年 1 月 12 日。

活知识及其认识框架为媒介，从主张以生活解释实践的本居宣长到柳田国男的国学·新国学的系谱，都和以他文化为对象的人类学的认识论大有交叉的可能。① 鸟越皓之、嘉田由纪子、松田素二、古川彰等研究者跨越学科壁垒、将民俗学和社会学的方法理论交叉导入琵琶湖综合开发与生活环境研究，入村开展调查时为了"切近把握'他们'的生活保全理论"，需要将自己的思考融入当地人们的立场中去，摸索一种"沉浸"式的调查方法，把"缄默知识 tacit knowledge"（波兰尼）、"惯习 Habitus"（布迪厄）等抽象用语挂起，探求一种既不是建构主义的，也不是本质主义的，而是生活环境主义的特有的调查规范和方法。②

3. 新环境主义范式的诞生

琵琶湖生活环境调查开展之前，当地已经有针对地域综合开发政策的环境保护运动在活动了，持生态论观点的人们主张把环境保护置于首位。但在鸟越皓之看来，这只是一种远离现实的都市的理论，把人看作混乱肇因的思考本身也许不错，但若是以"无人居住"为前提，无视环琵琶湖1500万居民的存在与生活，那它于琵琶湖治理而言只能是无用策略。③

同时，政府的河川政策则信奉"控制"理论，如果控制不了，就归结于技术太弱，相信只要用技术就能解决问题，却看不到技术治理带来的副作用。如《水与人的环境史》记录的一条小河"前川"，在治理政策下实施了水泥硬化，河道变成暗渠了，居民们无须清理了，孩子们不再下水玩耍，河流最终化身为上下水道，其历史文化与价值意义也都与人们无关了，行政管理逐渐取代了居民的权利和义务。④ 至于大坝水

① 参见松田素二《生活環境主義における知識と認識：日常生活理解と異文化理解をつなぐもの》，《人文研究》1986 年 38 卷 11 号，第 703—725 頁。
② 参见松村和则《「動かないムラ」に考える——他者の「心意」に迫るフィールドワークは可能か》，《社会学年報》2007 年第 36 卷，第 61—90 頁。
③ 参见鳥越皓之《生活環境主義から見た共生の行方：アジアと日本の水文化》，ミツカン水の文化センター　機関誌《水の文化：共生の希望》30 号，mizu. gr. jp/kikanshi/no30/05. html，2024 年 1 月 12 日。
④ 参见鳥越皓之《生活環境主義から見た共生の行方：アジアと日本の水文化》，ミツカン水の文化センター　機関誌《水の文化：共生の希望》30 号，mizu. gr. jp/kikanshi/no30/05. html，2024 年 1 月 12 日。

库等大型项目建设导致的后果，可见于 1972—1997 年持续 25 年完成的琵琶湖综合开发，嘉田由纪子说，通过投入大量资金技术实现了保障用水和减少水灾的目标，也把琵琶湖变成了巨型水库，造成了人与水的分离以及沿岸鱼类等生物生态系统破坏。①

　　然而调查研究者们的实地调查发现，传统生活中地方居民的自有规则，虽然与国家政策、地方自治条例等规则都不同，却对环境保护有积极意义。作为实例，鸟越皓之提到曾有一个倡议生物多样性的 NGO 想把他关于村落的民俗学讲稿翻译成英文，因为他们尝试建造自然保护区来保护濒危物种，但包括政策在内各种努力在日本国内外都失败了，之后在探寻哪里有成功的经验时发现某些地方村民对动植物的使用方法和生活经验反倒是有效的。②

　　这种基于传统经验智慧提出的理论，就是生活环境主义。

　　从政策的立场上说，它是与"自然环境主义"和"近代技术主义"形成对立的第三种主义。③ 从研究的视角上说，生活环境主义力图把地方居民的日常生活重新拉入分析的视野，这与主流研究着眼于环境问题及其宏观结构的矛盾分析所有不同。

　　小共同体的生活系统保护应是环境保护的重要意义所在。因为"即便是被置于结构弱势中的农山村的小社区共同体，他们也在通过自己的方式保全其生活世界"④。鸟越皓之在演讲中公开表明，"生活环境主义这个想法，就是看到了共同生活逐渐变得薄弱、成长起来的人们也没有能够继承传统的智慧经验的问题。如今当然不可能再重新建立过去的三

---

　　① 参见嘉田由纪子《琵琶湖をめぐる住民研究から滋賀県知事としての政治実践へ——生活環境主義の展開としての知事職への挑戦と今後の課題》，《環境社会学研究特集：環境社会学と「社会運動」研究の接点》2018 年第 24 号，第 89—105 頁。

　　② 参见鸟越皓之《生活環境主義から見た共生の行方：アジアと日本の水文化》，ミツカン水の文化センター　機関誌《水の文化：共生の希望》30 号，mizu. gr. jp/kikanshi/no30/05. html，2024 年 1 月 12 日。

　　③ 参见松村和则《「動かないムラ」に考える——他者の「心意」に迫るフィールドワークは可能か》，《社会学年報》2007 年第 36 巻，第 61—90 頁。

　　④ 古川彰、松田素二：《観光と環境の社会理論——新コミュナリズムへ》，载古川彰、松田素二編《シリーズ環境社会学 4 観光と環境の社会学》，東京：新曜社 2003 年版，第 212 頁。

代世系家庭这种社会结构，作为代替的方法，就是在共同体内实现不同世代之间的交流，建立起超越血缘关系的传承与交流。纵向组织关系的建立具有难度，这是共通的问题，因此就更要尝试建立不同代际之间的水平的组织关系与交流"①。

从这个立场出发，生活环境主义不啻为开辟了一种新的视角，② 可以被视为一种站在结构弱势群体立场上的运动论，赋予小共同体主体性重要意义。通过强调人与自然的共生关系及其生活文化，生活环境主义在不同的"主义"以及"理论"的对抗关系中，找到其独特的生态位，确定了自身的有效性和价值意义。③

堀川三郎在纪念日本环境社会学研究会创立 10 周年的学术研究动态论述中，将生活环境主义列为日本环境社会学研究的四大范式之三。④ 第一、第二个范式分别是饭岛伸子提出的"受害结构论"和舩桥晴俊等提出的"受益圈·受苦圈论"，都是公害问题研究的重要成果。日本环境社会学会首任会长饭岛伸子在《讲座社会学 12 环境》"总论"中论述了"环境问题的社会学研究"和"环境共存的社会学研究"两大研究领域，⑤ 正是在日本环境社会学研究范式转换过程中，舩桥晴俊的环境控制系统论和鸟越皓之等的生活环境主义分别成为前后两者的代表。⑥

---

① 鳥越皓之：《生活環境主義から見た共生の行方：アジアと日本の水文化》，ミッカン水の文化センター　機関誌《水の文化：共生の希望》30 号，mizu. gr. jp/kikanshi/no30/05. html，2024 年 1 月 12 日。

② 参见古川彰、松田素二《観光と環境の社会理論——新コミュナリズムへ》，载古川彰、松田素二編：《シリーズ環境社会学 4 観光と環境の社会学》，東京：新曜社 2003 年版，第 214 頁。

③ 参见脇田健一《「環境ガバナンスの社会学」の可能性——環境制御システム論と生活環境主義の狭間から考える》，《環境社会学研究 特集：環境ガバナンス時代の環境社会学》2009 年第 15 号，第 5—24 頁。

④ 参见堀川三郎《戦後日本の社会学的環境問題研究の軌跡 環境社会学の制度化と今後の課題一》，《環境社会学研究》1999 年第 5 号，第 211—223 頁。

⑤ 参见飯島伸子《総論環境問題の歴史と環境社会学》，载舩橋晴俊、飯島伸子編：《講座社会学 12 環境》，東京：東京大学出版会 1998 年版，第 1—42 頁。

⑥ 参见脇田健一《「環境ガバナンスの社会学」の可能性——環境制御システム論と生活環境主義の狭間から考える》，《環境社会学研究 特集：環境ガバナンス時代の環境社会学》2009 年第 15 号，第 5—24 頁。

4. 后续的发展与批评

生活环境主义被提出并持续发展，逐渐发挥出其新范式的影响力，体现在此后展开的关于农田、森林、河流、垃圾处理以及大规模开发建设等环境课题研究中。生活环境主义建构出一种从地域社会及其生活的立场进行观察剖析追问的研究方式和方向，[1] 在鸟越皓之等学者的后继年轻研究者的努力下，进一步将包括震灾及灾后重建、人口减少、少子高龄化、地域振兴、观光环境等在内的现代化社会课题都逐渐纳入环境社会学研究的视野。[2] 20 世纪 90 年代后，环境民俗学、环境人类学、生态工学等重视人类与自然关系的研究兴起，注重调查地域社会中自然与人类的关系状态及其历史变迁，思考如何让资源利用管理的经验智慧技术在可持续环境保护中发挥积极作用，都显示出地域环境问题的研究分析框架已经发生变化，越来越重视人们的生活以及维护人类与自然的关系。[3]

生活环境主义的另一方面的影响体现在环境政策实践中。琵琶湖综合开发于 20 世纪 90 年代末收尾，特别是 1997 年日本水法体系中最基本的《河川法》修订，被视为环境政策史上的标志性事件，相对于明治时期的"治水"政策、昭和时期的"利水"政策，平成时期政府在新河川政策目的中增加了"环境保护"，并把"居民参与"列入政策方法之中，通过日本河川管理政策调整反映出人们思想认知上的变化。[4] 在琵琶湖流域，2001 年成立"淀川水系流域委员会"可以看作其成果，更有主要倡导者之一嘉田由纪子，于 2006—2014 年连续两届任滋贺县知事期间，以生活环境主义为指导原则努力推动政策改革，不但完善了

---

① 参见嘉田由纪子《琵琶湖をめぐる住民研究から滋賀県知事としての政治実践へ——生活環境主義の展開としての知事職への挑戦と今後の課題》，《環境社会学研究特集：環境社会学と「社会運動」研究の接点》2018 年第 24 号，第 89—105 頁。

② 参见鸟越皓之、足立重和、金菱清《生活環境主義のコミュニティ分析——環境社会学のアプローチ》，東京：ミネルヴァ書房 2018 年版。

③ 参见松村正治《生活環境主義のコミュニティ分析——環境社会学のアプローチ》，2020 年 6 月 1 日，https://nora-yokohama.org/reading/? p=5056，2024 年 1 月 12 日。

④ 参见松村正治《生活環境主義のコミュニティ分析——環境社会学のアプローチ》，2020 年 6 月 1 日，https://nora-yokohama.org/reading/? p=5056，2024 年 1 月 12 日。

琵琶湖博物馆的规划建设运营，更成功推动了6个水库建设项目的中止或者冻结。

尽管如此，成就并不能掩盖生活环境主义自提出以来受到的各种批评，其中就包括来自琵琶湖环境政策实施现场的猛烈攻击。在《人与水的环境史》的"补论 作为方法的环境史"部分，鸟越皓之说，生活环境主义采用的"环境史"方法，是一种分析传统的立场，由于那些传统所带有的"逆反性"和"个别性"，而被琵琶湖环境政策的相关者所不喜，尤其是自视握有正当性的理工学专家们和行政人员们。① 基于实践立场的主要批评可概况如下几点。

（1）"生活"概念过于宽泛，难以把握和理解。生活环境主义的目标是从"生活"层面进行生活与环境的理论建构，环境社会学的研究对象由此从自然环境扩展到了历史环境和文化环境，这同时导致了一些问题，如生活环境所包含的内容过多，甚至在某些方面和社会福祉、居住规划等领域发生重合等。②

（2）到底是"从当地人的立场出发"，还是"从当地人的生活的立场"出发，提出者在表述上的犹疑本身就说明了主体论在实践上的困难。即便"主体立场"确定下来，又受到长谷川公一质疑："谁应该知道'生活'的立场是什么样，谁能够从这样的立场来进行分析呢?"③

（3）有学者批评主张保护历史环境和文化环境的生活环境主义，本质上是一种文化保守论，④ 认为从传统生活和地方生活中寻求解决近现代造成的环境系统问题的答案这个命题并不成立，因为根本不存在脱离现代化影响的传统智识，即便真有，其经验也不足以有效应对

① 参见胁田健一《「環境ガバナンスの社会学」の可能性——環境制御システム論と生活環境主義の狭間から考える》，《環境社会学研究 特集：環境ガバナンス時代の環境社会学》2009 年第 15 号，第 5—24 頁。

② 参见野田浩資、鸟越皓之《書評鸟越皓之著『環境社会学の理論と実践——生活環境主義の立場から』》，《ソシオロジ》1998 年 43 巻 1 号，第 166—171 頁。

③ 松村和則《「動かないムラ」に考える——他者の「心意」に迫るフィールドワークは可能か》，《社会学年報》2007 年第 36 巻，第 61—90 頁。

④ 参见安彦一恵《「生活環境主義」の発想の批判——「環境プラグマティズム」との関係づけにおいて》，《DIALOGICA》（滋賀大学教育学部倫理学・哲学研究室）2008 年第 11. 11 号，第 1—34 頁。

现代化之病。虽然堀川认为文化论可能既是生活环境主义的优势，也是其弱点。[1]

随着社会认知和环境政策的变革调整，生活环境主义自身也面临着发展命题，在对 2018 年出版的鸟越皓之退官纪念文集的评论中，松村正治就提出"政策论上表现出陈腐化，因为新的环境政策已经在考虑居住者的立场"，而认识论上仍然可以再讨论。[2]

对于各种批评声，鸟越皓之的一次讲座谈话可以视作部分回应："生活环境主义提出来后遭受过两次集中批评，第一次是指摘说这不是社会科学，而最近的又一次批判呢，则是说生活论是老调重弹、没有新意了。但生活环境主义提出的环境政策模型却切实好用，比如对于地方的环境事业，生活环境主义的做法就是集中起当地生活者，征询他们的经验和看法，最后也是通过聚集他们的力量来实践操作，到最后不但不需要行政预算，当地的人们共同出力完成了公共事务之后还都能因为感到有价值意义而高兴"[3]。

三　社会背景

生活环境主义的诞生具有深刻的经济发展动因和社会变迁动力背景。"二战"后日本经济的高速增长以及伴随而来的工业化和城市化是环境问题产生的现实因素，由此导致一系列社会问题，而社会问题的应对，又促使草根环境运动的爆发。生活环境主义作为日本本土社会学研究范式，其反思逻辑和理论脉络是在此复杂背景中形成发展而来的。

---

① 参见堀川三郎《戦後日本の社会学的環境問題研究の軌跡 環境社会学の制度化と今後の課題―》，《環境社会学研究》1999 年第 5 号，第 211—223 頁。
② 参见松村正治《生活環境主義のコミュニティ分析——環境社会学のアプローチ》，2020 年 6 月 1 日，https://nora-yokohama.org/reading/？p=5056，2024 年 1 月 12 日。
③ 鸟越皓之：《生活環境主義から見た共生の行方：アジアと日本の水文化》，ミッカン水の文化センター　機関誌《水の文化：共生の希望》30 号，mizu.gr.jp/kikanshi/no30/05.html，2024 年 1 月 12 日。

1. 工业化、城市化与环境问题

"二战"后，日本社会学界重要的使命之一是社会学家如何应对高速增长时期产生的日益严重的环境污染及各种社会问题。

一方面，日本在短短几十年内迅速完成了城市化，达到了欧美发达国家需要 100 多年才能实现的高度城市化水平。[①] 但同时，大型工业发展和城市扩张带来的负面影响，包括公共环境问题等十分严重。如本书提到过的日本四大公害病。除了工业污染造成的社会问题，复合原因造成的湖泊污染问题同样突出，琵琶湖环境问题便是典型的案例。20 世纪 70 年代开始，琵琶湖频发蓝藻类浮游植物大量繁殖，水体富营养化问题严重，直接影响了当地人的生活。[②]

作为社会学界对这一系列问题的回应，日本环境社会学领域的主要研究范式正是在上述现实背景下形成的。例如，被尊称"日本环境社会学之母"的饭岛伸子，在对水俣病等环境问题的研究中提出"受害结构论"[③]。该理论认为，像水俣病一类的患者不仅受到医学层面的伤害，也会因为随着水俣病症状的出现而受到社会歧视。[④] 再如，舩桥晴俊、梶田孝道等学者基于新干线公害研究而提炼形成"受益圈·受苦圈论"，探讨"环境负荷外部转嫁"的相关关系及"封闭式受益圈的阶级构造"问题[⑤]，关注环境问题所带来的社会影响，以及这些社会影响在不同空间、不同群体的分布状况。[⑥] 在琵琶湖污染问题严峻但工程型治理效果不佳的背景下，鸟越皓之等学者注意到居民在琵琶湖环境治理中

---

① 参见王莉《日本城市化进程·特点及对中国的经验借鉴》，《安徽农业科学》2018 年第 15 期，第 212—216 页。

② 参见杨平、[日] 香川雄一《琵琶湖的环境治理与政策：环境社会学视角的探索》，《环境社会学》2023 年第 1 期，第 141—158 页。

③ 鸟越皓之：《環境社会学——生活者の立場から考える》，東京：東京大学出版会 2004 年版，第 64 頁。

④ 参见鸟越皓之《環境社会学——生活者の立場から考える》，東京：東京大学出版会 2004 年版，第 128—129 頁。

⑤ 舩橋晴俊：《環境社会学》，東京：弘文堂 2011 年版，第 15 頁。

⑥ 参见李国庆《日本环境社会学的理论与实践》，《国外社会科学》2015 年第 5 期，第 124—132 页。

的重要作用，由此提出了"生活环境主义"。

2. 历史环境保护运动

生活环境主义诞生的一个宏观背景是 20 世纪六七十年代全面爆发的日本本土环境运动。从 20 世纪 60 年代后期开始，来自居民的历史环境保全运动经过媒体的宣传，成为人们关注的焦点。"琵琶湖本身就是珍贵且固有的生息环境，因此它成了作为自然环境的琵琶湖的重要保全依据。另一方面，作为'近江八景'的绘画与诗歌素材，被文人墨客所喜爱，故在某种意义上琵琶湖也可谓文化遗产。文化到历史的累积空间即是历史性环境"[①]。

1970 年以后出现的环境保护运动，则向人们展示了一个与以往完全不同的理念，即"保存才是真正的开发"的构想，突破了两者对立，并逐渐演变成了与"第一次历史环境保全运动"相衔接的理论。第二次保护历史环境的居民运动所要保护的是那些历史并不久远的东西。即居民群体要保护的是与人们的生活密切相关的建筑物等，包含能够带来"生活的安逸""给生活添加情趣"之类的东西。相比"经济上的富裕"，更重视"心灵上的富裕"，不是单纯追求当地经济的发展，而是要感到在当地生活"有魅力"[②]。

早在 1962 年，日本土木学会开始使用"亲水"这个词语[③]，旨在恢复人们对于自然环境的情感。自 20 世纪 70 年代开始，日本政府大规模进行亲水设施的建设。在环境问题逐渐得到重视、生活环境得到改善的同时，河川的环境价值得到重新认识，恢复河川自然环境的呼声也越来越高。在应对方面，日本政府精准施策发挥法治长效机制，系统推进以湖泊流域为单元的生态修复，并引导公众自觉在湖泊治理中共建共享。社会对"环境"的认知发生巨大变化，实现了从公害、环境破坏

---

① 野田浩資：《歴史的環境の保全と地域社会の再構築》，載鳥越皓之《講座環境社会学：自然環境と環境文化》（第三巻），東京：有斐閣 2001 年版，第 210 頁。

② 鳥越皓之：《環境社会学——生活者の立場から考える》，東京：東京大学出版会 2004 年版，第 154 頁。

③ 参见杨平《从生活环境主义的立场解读琵琶湖流域的河川管理》，《水资源保护》2015 年第 1 期，第 16—21 页。

等"受害性环境"向如何将环境改变为更具魅力的"创造性环境"方面的转变。①

3. 琵琶湖水环境治理实践

环琵琶湖的近畿地区，生活着 1500 万人。随着日本经济高速发展，琵琶湖周围区域人口和工厂剧增，工业废水与生活污水排放量增大，湖泊水环境深受影响。作为日本全国综合开放政策方案的一部分，从 1972 年到 1997 年持续 25 年的琵琶湖综合开发，在推动基础设施建设和地方社会经济发展的同时，环境问题日益突出。早在"20世纪 70 年代末，就由于湖中黄色鞭毛藻类美洲辐尾藻大量滋生，琵琶湖连续 3 年发生了赤潮"②。基于对由中央集权自上而下推行的发展规划与政策实践的利与弊反思，出现了不仅要注重政治经济发展，也要注重社会生活发展的批评意见。③ 诞生生活环境主义的琵琶湖综合环境调查就是在这种背景下组织发动的，嘉田由纪子的文章对其过程进行了简要介绍：

> 1970 年代是全国范围内以水俣病为中心的公害问题形成社会问题的时期。在琵琶湖，以 1977 年的淡水赤潮暴发为契机爆发了"减少肥皂使用"主题的住民运动，推动了《滋贺县琵琶湖富营养化防止条例》于 1979 年 10 月制定出台。武村正义担任当时的滋贺县知事，认为县行政方面的知识储备不足以研究赤潮发生根因，于是和国立民族博物馆馆长梅棹忠夫商议后，在 1982 年设立了滋贺县琵琶湖研究所。对于研究所的基本方针，梅棹忠夫强调，琵琶湖与人们的生活密切相关，所以要推动包括人文社会学科学在内的文理协同课题解决型研究，"社会学·人类学"就被纳入在研究人员构成中。

---

① 参见鸟越皓之《環境社会学——生活者の立場から考える》，東京：東京大学出版会 2004 年版。
② 种鹍：《水源之"危"：日本琵琶湖水污染事件》，《学习时报》2021 年 10 月 13 日第 7 版。
③ 参见李国庆《日本农村的社会变迁：富士见町调查》，中国社会科学出版社 1999 年版。

　　琵琶湖研究所采用项目研究方式，嘉田由纪子分别参加了"以昆虫之眼看湖畔居民的生活变迁和琵琶湖印象"和"以鸟类之眼看琵琶湖地域环境的地图信息化"两个项目，鸟越皓之作为"昆虫"项目的团队领导，深入到水系湖岸的村落村庄，并以其中的知内村为平台实施了延续数年的集中调查。1984 年鸟越皓之、嘉田由纪子共同编著的《水与人的环境史》和 1989 年鸟越皓之编著的《环境问题的社会理论》正是调查研究结果的总结。[①]

　　在琵琶湖治理过程中，研究人员逐渐认识到虽然社会由多个独立个体构成，但完全的自主独立并不存在，必然要形成相互间的依存援助关系，而且要建立起对等关系，[②] 尤其是在生活环境问题的解决上，决策者不能被某一固定个体或组织左右，要重视社区和居民群体对策划和行动的支持参与。政府（地方自治体）、国民与地域环境的关系发生了急剧的变化。[③] 鸟越皓之提出"参划与协动"[④] 来形容上述变化之后所出现的新尝试。"参划"比单纯"参加"具有更强的参与意味，"协动"既包括市民之间的共同行动，也有期待政府与市民协调配合之意。鸟越皓之认为，社会学关心的对象包括分析国家以及地方自治体的政策定位和实际使用相关政策的 NPO 社团的活动，包括"环境社团的主体性、自立性的确立"等议题。[⑤] 也就是在政策具体实施阶段，应重视市民的想法以及环境实践的研究。[⑥] 环境志愿者与环境

---

　　①　嘉田由纪子：《琵琶湖をめぐる住民研究から滋賀県知事としての政治実践へ——生活環境主義の展開としての知事職への挑戦と今後の課題》，《環境社会学研究特集：環境社会学と「社会運動」研究の接点》2018 年第 24 号，第 89—105 頁。

　　②　参见［日］鸟越皓之《日本社会论：家与村的社会学》，王颉译，社会科学文献出版社 2006 年版，第 94 页。

　　③　参见鳥越皓之《環境社会学——生活者の立場から考える》，東京：東京大学出版会 2004 年版。

　　④　鳥越皓之：《環境社会学——生活者の立場から考える》，東京：東京大学出版会 2004 年版。

　　⑤　参见鳥越皓之等《環境ボランテイア・NPOの社会学》，東京：新曜社 1999 年版，第 134 頁。

　　⑥　参见田窪裕子《エネルギー政策の転換と市民参加》，《環境社会学研究》2002 年第 8 号，第 24—37 頁。

组织（以 NPO 为主）在日本迅速发展。鸟越皓之将环境志愿者定义为：以环境保护为目的的，善意地开展自发性活动的人。① 鸟越皓之认为，一个能使居民和行政人员都能接受的相对较好的模式十分有必要。②

在琵琶湖的治理和维护中，由家庭主妇发起的不使用合成洗衣粉的运动促进了琵琶湖富营养化防治条例的制定工作，突出展示了居民的行动以及生活行为等在水环境改善方面发挥的作用。③ 在参划和协动前提下，当地政府推动琵琶湖环境持续不断完善的法规措施包括：《琵琶湖富营养化防治条例》（滋贺县政府，1979）、"生态景观形成地域"（1986）、"母亲河 21 世纪"（2000）以及《琵琶湖森林保护条例》和《野生动植物保护条例》（2004）等。生活环境主义范式的提出及相关实践基本上与琵琶湖综合治理是同一时期。④

生活环境主义理论的提出，重新定位了人类社会与湖泊自然之间的共生关系，并通过理论指导实践，影响了琵琶湖的 40 余年治理工作，这些经验，对于中国湖泊环境治理课题而言具有重要借鉴参考价值。⑤

四　代表性人物生平

鸟越皓之和嘉田由纪子是提出生活环境主义的代表学者，在理论研究和实践探索中为生活环境主义理论构建所作的贡献和影响力最为深广。

---

① 参见鸟越皓之《環境社会学——生活者の立場から考える》，東京：東京大学出版会 2004 年版，第 178—179 頁。
② 参见鸟越皓之《環境社会学——生活者の立場から考える》，東京：東京大学出版会 2004 年版，第 66 頁。
③ 参见杨平《从生活环境主义的立场解读琵琶湖流域的河川管理》，《水资源保护》2015 第 1 期。
④ 参见鳥越皓之《環境問題の社会理論》，東京：御茶の水書房 1989 年版。
⑤ 参见杨平《人与自然关系的修复——日本琵琶湖治理与生活环境主义的应用》，《湖泊科学》2014 年第 5 期。

1. 鸟越皓之

鸟越皓之，社会学家、民俗学家，研究领域有环境社会学、环境民俗学、文化人类学，著名的"生活环境主义"环境理论的主要提出者。

1944 年 4 月，鸟越出生于冲绳县今归仁村，父亲是日本宗教史学、历史学家鸟越宪三郎。在家庭环境的熏陶影响下，鸟越的大学是在东京教育大学文学部研习民俗学中度过的，并于 1969 年获得文学学士学位。1969—1975 年，鸟越在东京教育大学大学院社会学研究科继续攻读硕士、博士课程。1983 年，以《（日本九州）吐噶喇列岛的社会研究：年阶制度与土地制度》研究获得筑波大学文学博士学位。其后就任日本佛教大学社会学部讲师、桃山学院大学社会学部助理教授、关西学院大学社会学部教授（1991—1999）及副校长、筑波大学社会学部和人文社会科学研究科教授（1999—2005）、早稻田大学人间科学学院教授（2005—2014）及人间科学研究科长。2015—2021 年，担任大手前大学综合文化学部和比较文化研究科教授及校长，同时担任早稻田大学名誉教授。

鸟越的研究从民俗学/人类文化学出发，学术兴趣分布在环境社会学、环境民俗学、文化人类学等领域，在社区政策、地方振兴规划、景观学、水资源保护利用以及地方自治会、非营利组织等研究领域均有造诣。民俗学方面有对奈良县吉野山的樱花和民间信仰的民俗历史学分析，在水资源利用和水环境研究方面，除了日本国内琵琶湖、霞浦湖等多地，对英国、危地马拉、中国等海外国家的调查和研究也多有论文著述，并关注着印度、蒙古国、不丹等发展中国家的资源环境与可持续发展问题。以地方自治会研究成果获得 1995 年福武直奖。

鸟越围绕环境社会学理论和生活环境主义研究范式发表和出版了系列学术论著，包括《环境问题的社会理论——从生活环境主义立场出发》①、《环境社会学理论与实践——从生活环境主义立场出发》②、《自

① 鸟越皓之编：《還境問題の社会理論——生活環境主義の立場から》，東京：御茶の水書房 1989 年版。
② 鸟越皓之：《環境社会学の理論と実践——生活環境主義の立場から》，東京：有斐閣 1997 年版。

然环境与环境文化》①、《环境社会学——站在生活者角度思考》②、《霞浦湖环境与水边生活——友好型发展论的可能性》③、《生活环境主义的社区分析》④ 等重要著作。

因其学术成就和影响贡献，鸟越历任亚洲农村社会学会理事 National Delegate of International Sociology Association（1992—2002）、日本环境社会学会会长（1997—1999）、日本村落研究学会会长（2007—2010）、日本社会学会会长（2012—2015）、日本生活文化史学会会长（2014—2020）、顾问（2016—终身）。

2. 嘉田由纪子

嘉田由纪子，生活环境主义的另一位主要创始人，农学者、环境社会学者、文化人类学者、政治家。1950 年 5 月，嘉田出生于日本埼玉县本庄市的一个蚕农之家，生活在一个三代 13 人共居的大家庭中。父亲和姐姐都曾出任本庄市议会议员。

嘉田从埼玉县立熊谷女子高中毕业后，考入京都大学农学部，1973 年农学本科毕业并继续入农学研究科修读硕士学位，这期间留学美国威斯康星大学，从社会开发与环境角度研究亚非地区经济发展。1974 年，因日本农村研究的需要，在指导教授的督促下中途归日，一边参与琵琶湖畔的农村生活形态调查，一边在海外开展调查研究。1981 年，在京都大学大学院获得农学博士学位，博士论文题为"关于琵琶湖水问题的生活环境史研究"。

1981 年 4 月，进入滋贺县政府，被聘用为正在筹备成立的"滋贺县琵琶湖研究所"研究员，其后参与了一系列围绕琵琶湖周边农村生活

---

① 鳥越皓之、宮内秦介、嘉田由紀子、橋本道範、柿沢宏昭、德野貞雄、青木辰司、堀川三郎、野田 浩資、松村和則、古川彰：《自然環境と環境文化》，東京：有斐閣 2001 年版。
② 鳥越皓之：《環境社会学——生活者の立場から考える》，東京：東京大学出版会 2004 年版。
③ 鳥越皓之、荒川康、五十川飛暁、小野奈々、川田美紀、平井勇介、宮崎拓郎：《霞ヶ浦の環境と水辺の暮らし：パートナーシップ的発展論の可能性》，東京：早稲田大学出版部 2010 年版。
④ 鳥越皓之、足立重和、金菱清：《生活環境主義のコミュニティ分析：環境社会学のアプローチ》，東京：ミネルヴァ書房 2018 年版。

与环境问题的调查研究。1989 年，担任滋贺县立琵琶湖博物馆研究顾问的嘉田发起了琵琶湖"萤火虫足迹"活动，通过生活活动的开展提高了环境和生态保护的意识，传播了通过生活和生活中的智慧、习惯减少水污染的意识。①

2000 年起，嘉田至京都精华大学人文学部环境社会学研究科担任教授，并历任滋贺县琵琶湖博物馆研究顾问。2003—2005 年曾担任日本环境社会学会长。

2006 年，嘉田决心参政以通过实践推动研究思想和环境政策的进步，竞选成功就任滋贺县知事后，在 2006 年至 2014 年的两届任期内，推行"冻结/再思 新干线新车站、生产废弃物处理设施、水库项目"的政策主张，相继成功实现了新干线新车站和废弃物处理厂项目的停建。在嘉田的主持推动下，滋贺县采用"生活环境主义"的思想方法，从修复水田稻作"生活"中人与自然建立的关系入手，构思"摇篮水田"项目，推动"母亲湖 21 世纪计划"（1999—2020，横跨 22 年）继承"琵琶湖综合开发事业计划"基本理念的同时，在土地使用、水质保护和水源涵养等方面整合出新的可行性措施。"母亲湖 21 世纪 II 期计划"就是嘉田生活环境主义治理理念的具体反映，为琵琶湖的综合治理注入了更加丰富的人与自然和谐共生的内涵。

嘉田由纪子的相关研究著作有《生活世界的环境学》②、《水边游玩的生态学》③、《共鸣的环境学》④、《水边生活的环境学——基于琵琶湖与世界湖泊》⑤、《环境社会学》⑥、《里川的可能性——创造利水·治

---

① 参见杨平《人与自然关系的修复——日本琵琶湖治理与生活环境主义的应用》，《湖泊科学》2014 年第 5 期。

② 嘉田由紀子：《生活世界の還境学：琵琶湖からのメッセージ》，東京：農山漁村文化協会 1995 年版。

③ 嘉田由紀子、遊磨正秀：《水辺遊びの生態学：琵琶湖地域の三世代の語りから》，東京：農山漁村文化協会 2000 年版。

④ 嘉田由紀子、槌田劭、山田国広：《共感する環境学：地域の人びとに学ぶ》，東京：ミネルヴァ書房 2000 年版。

⑤ 嘉田由紀子：《水辺ぐらしの環境学：琵琶湖と世界の湖から》，京都：昭和堂 2001 年版。

⑥ 嘉田由紀子：《環境社会学》，東京：岩波書店 2002 年版。

水·守水的共有》[①] 等。

五　拓展阅读

［日］鸟越皓之：《环境社会学——站在生活者的角度思考》，宋金文译，中国环境科学出版社 2009 年版。

嘉田由紀子：《生活世界の遺境学：琵琶湖からメッセージ》，東京：農山漁村文化協会 1995 年版。

鳥越皓之、嘉田由紀子編：《水と人の環境史》，東京：御茶の水書房 1984 年版。

鳥越皓之編著：《環境問題の社会理論》，東京：御茶の水書房 1989 年版。

鳥越皓之：《環境社会学の理論と実践——生活環境主義の立場から》，東京：有斐閣 1997 年版。

鳥越皓之：《環境社会学——生活者の立場から考える》，東京：東京大学出版会 2004 年版。

鳥越皓之編著：《霞ヶ浦の環境と水辺の暮らし——パートナーシップ的発展論の可能性》，東京：早稲田大学出版部 2010 年版。

［日］鸟越皓之：《日本的环境社会学与生活环境主义》，闫美芳译，《学海》2011 年第 3 期。

---

① 鳥越皓之、嘉田由紀子、陳内秀信、沖大幹、荒川康、菅豊、太田隆之、諸富徹、平田オリザ、島谷幸宏、難波匡甫、吉見俊哉、古賀邦雄：《里川の可能性：利水·治水·守水を共有する》，東京：新曜社 2006 年版。

第十二章　共域之治

一　什么是共域之治[①]

所谓共域之治（the governance of commons），是陈阿江在研究太湖流域传统水域治理时提炼出来的，包括有治（共治）、兼治理和无治三个理想类型（见图 12-1）。他以族门—河埠头的共享状态为例，阐释了族人借由实践规范、教化约束、熟人监管等约束机制所形成有治（共治）格局；以村落—河道的管控关系为例，阐释了村民以河道治理为主兼顾生产或以生产为主兼顾环境治理的兼治活动何以可能；以渔民—水面的互利形式为例，阐释了渔民基于传统水域"准无限"的资源特征所采用的捕捞方式而自动达成人与自然、人与人之间平衡的"共水无治"状态。共域之治虽然源于传统水域，但它对共域治理有普遍的意义。

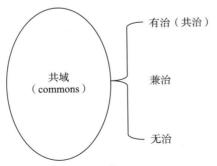

图 12-1　共域治理类型的框架图

---

① 本节内容除单独注释外，其他引文均来自陈阿江《共域之治：传统水域的治理研究》，《环境社会学》2023 年第 1 期。

1968 年哈丁发表在《科学》杂志上的名篇 *The Tragedy of the Commons* 被译成《公地的悲剧》被广为接受。陈阿江通过辨析，认为将 Commons 翻译成"共域"更接近它的本义，也更能适应于不同的应用场景。

一是基于汉字"公"与"共"的辨析。中文的"共"是共同、共有的意思，"共"的核心是日常生活中的共同体，其边界并不像政府、公司组织那样确定，现实中的共域往往是根据情境来定义，而"公"是指国家或集体的，其在当前中国国情之下的边界是清晰明确的。

二是后来的经济学或管理学将 Commons 作为研究对象时，不管是奥斯特罗姆关于公共池塘（common-ponds）的阐释，还是日本学者对河川"共有资源"的研究，都窄化了 Commons 这一概念，即仅仅关注了它的资源特性，而忽视了许多其他的综合特性。现实中的 Commons，特别是传统社会中的 Commons，从某种意义上说，它是人的生活世界。如果把 Commons 译成公地，便丢失了它原本的含义，而用共域则可包容除公地以外的含义。

与西方的产权观念相比，中国传统的产权往往不表现为绝对清晰的状态。因此，陈阿江认为传统的江南地方水域绝大多数都属于"共域"，他将之称为"共水"。作为环境治理的一种类型，治水很大程度上是对共水进行治理，以实现这一"域"中人与水、人与人的共存共生。因此，与其他学科关注于水资源稀缺性的经济价值相区别，陈阿江基于对太湖流域水环境问题的多年实地观察所凝练出的三种治理类型包含了更多中国传统智慧中的治理理念。

一是有治（共治）。这是围绕太湖流域村落用水群体与共域空间的关系对族门（同族门里的人）与河埠头（村民利用河道水源建造的取水用水之地）的水域治理所概括出来的一种实践类型。村落族门围绕河埠头形成用水共同体，对河埠头进行合作建设和管护，通过实践规范、传承规则、教化约束、熟人监管等形成共治格局。从实践内容上看，共治主要依赖的传统的习俗道德，是用私域的管控方式去处理共域中的事情。在实践中，只要社会结构不发生变化，共治所依据的习俗道德一旦形成就能产生长久长效的治理效果。因为，"在一个熟悉的圈子里，

'我们'所需要共同承担的后果是清楚的，因此，'我们'的权力、'我们'的责任相对而言都是清楚的、可操作的"。

二是兼治。这是围绕村庄河道与村民生产生活的关系对村民管护、利用门前港（村民家门前的河道）的水域治理所概括出来的一种实践类型。作为村落成员的共同事务，门前港的管护主要有两种方式。第一种方式是对河道进行清淤。处于太湖东南岸的伍村，因其所处的气候与地理条件而形成了必须年年清淤的村落公共事务。将河道中淤积的沉淀物挖掘出来，以保障河道畅通及村民的正常用水，同时清淤也抬高了太湖南岸沿湖地区的盖度，改善了土壤结构。第二种方式是以积肥为主要目的罱河泥活动，将富含大量有机质及微生物的河泥罱上来积储肥料。积肥是罱河泥的显性社会功能，而它的潜在社会功能则是疏通了河道，无成本地完成了河道水域公共事务的治理。小范围的水域兼治主要通过族门或村落共同体的协商、合作与竞争等方式实现，而更大范围的河道治理则需要国家力量的介入。不管是哪种形式，从效果来看，兼治是一种典型的生产生活与环境治理相融合的实践策略。

三是无治。这是围绕渔民捕捞活动与鱼类繁殖能力的关系对传统渔民无意识地合理利用水产资源所概括出来的一种实践类型。无治就是无为而治，但并不是无所作为，而是一种无须刻意作为就能达成秩序的治理策略。它不是一种特别"用力"的治理，而是一种轻治或根本不需要"用力"的治理策略。[①] 在分析江南水乡的捕捞业时，他发现处于特定水域中的传统渔民对其生存所依赖的水产资源形成一种接近于"共水无治"的状态，即不同捕捞人群依据水产资源的不同类型和区域分布而采用不同方式的捕捞手段和不同程度的捕捞强度，使得他们的捕捞活动与生计资源之间处于一种自动的平衡状态。

比较而言，在产权清晰、责任明确的前提条件下，有治（共治）

---

① 陈阿江在研究太湖流域面源污染问题时，发现浙江湖州农村"稻鳖共生"的新型种养结合模式，在获得良好的经济收益同时，稳定了粮食生产，解决了化学农业生产存在的负外部性问题，达到了无治而治的效果。参见陈阿江《无治而治：复合共生农业的探索及其效果》，《学海》2019年第5期。在《共域之治：传统水域的治理研究》一文中，陈阿江对"无治"与"兼治"重新进行了阐释，"稻鳖共生"更符合"兼治"，而"无治"更加强调人们的行动力与自然力之间达成了无意向的平衡。

的研究是充分的。兼治是兼顾生产生活与环境治理，是常处于现实与理想、现代技术与传统智慧相结合的行动策略，它更具经济价值与社会意义，在现实情境中更容易找到它的实践路径。陈阿江等人在对库布齐沙漠治理的调研中发现了光伏发电与沙漠治理的融合，他冠之于"寓治于产"①，是属于"兼治"类型。与治水相似，库布齐沙漠光伏项目的治沙同样也根植于中国本土的社会文化：光伏设施植入沙漠，并逐渐从生态上、经济社会上融入沙漠，延伸出光、林、草、牧等多业样态；在以土地为依托的背景下，"地尽其力，多业并举"为其生存与发展的基本策略，"物尽其用，变废为宝"则是其践行的基本原则。从中可以看出，"寓治于产"的核心理念就是把环境治理融合在生产过程中，通过开发新的生产模式有效地解决环境问题，最终实现经济发展与环境治理双赢的格局。与培育无治而治的社会机制的难度相比，"寓治于产"这一实践路径更加依赖理性的科学技术，而发展高度理性的科学技术恰好是人类现代社会发展的方向。但是，任何人为设计都是存在不足的，所以自动达成秩序的"无治"，虽然是一种理想类型，却为我们的环境治理提供了最高境界的标的。

二　学术脉络

共域之治主要有三方面的学术渊源：对公地悲剧及公共池塘治理理论的反思，对中国传统社会治理智慧的思考，以及关于自然秩序的理解与转化。

1. 反思公地悲剧及公共池塘治理

哈丁公地的悲剧（the Tragedy of the Commons）在国内有广泛的学术影响，并被大量引用。该理论以美国资本主义经济体系为分析背景，认为美国现代社会严重缺乏公地管理传统，当产权不清，人口与资源关系不协调时，不受管理的公地终将造成环境悲剧。陈阿江及其团队在中

---

① 陈阿江、李万伟、马超群：《寓治于产：双碳背景下的沙漠开发与治理》，《云南社会科学》2022 年第 6 期。

国田野调查时却发现了许多公地的悲剧的反例，即"私地的悲剧"①，比如在北方地区，草原在承包到户以后草场的破坏依然愈演愈烈，山林从集体转向家庭承包之后也曾出现了大量砍伐的现象。因此，他觉得需要对哈丁公地的悲剧理论背后的预设加以分析，对中国学者简单地从"产权清晰"出发的推断进行反思，同时对中国传统村落社会治理的智慧需要再认识。他认为公地悲剧理论是在资本主义经济体系中孕育而生，天然地将产权制度清晰作为经济社会运行的前提条件，在中国情境下，特别是保留较多传统要素的社会中并不能准确地解释，简单套用也容易出现水土不服。他倡导要清醒地阅读、理解，思考西方社会理论的应用场景，减少误用和滥用。认为如果从中国社会历史文化逻辑出发，共域之治或许可以提供更宽广的视野。

他对哈丁公地悲剧理论假设的反思有三方面。首先，产权清晰是西方社会特别是现代西方经济学的基本逻辑起点，而非中国传统社会所倡导的"共治"以及"义""利"等超越工具理性的文化逻辑。如哈丁说所假设的公共草地，任何理性人都会做出利益最大化的抉择，从而导致牧场超载。假设的情形符合西方社会 20 世纪资本主义现代社会的基本运行逻辑，但这一理想类型并不存在于所有地区、所有发展阶段的社会中。其次，即使产权清晰可以防止人们的竞争，也没法避免"内卷"而导致的资源过度消耗。例如私地所有者，每个人都有权阻止其他人使用该资源或相互设置使用障碍，但私有者可以无限地使用他自己的资源，中国某个特定时期的草原、林地等私地悲剧现象说明了这一点。最后，借鉴中国传统治理中有益成分，因地制宜设计合理的制度是可以有效避免悲剧，如传统水域共域之治所带给我们的启示，修复核心的共治机制、发挥关联群体的共赢机制，巧用生产生活与环境治理的融合机制，适度借用竞争平衡的自然秩序，可以建立真正的多元治理机制。

"共域之治"另一个反思性对话理论，是奥斯特罗姆的公共池塘治理理论。奥斯特罗姆的理论，对理解公共事务的治理产生了深远的影响。她的主要观点分为三个层面。第一，研究聚焦于公共资源管理，如

---

① 陈阿江、王婧：《游牧的"小农化"及其环境后果》，《学海》2013 年第 1 期。

渔业、森林、水资源等的管理。她认为，有效的公共资源管理需要"长期存续的公共池塘资源治理制度"，其中社区成员共同管理资源，可确保资源的可持续性和公平性。第二，设计一套原则，帮助社群有效管理公共资源。这套原则包括明确的资源边界、合适的社区参与、监督和惩罚机制以及决策权下放等。第三，公共池塘治理制度的多样性。她在世界多地进行了广泛而深入的研究，强调了不同社群和环境的多样性，因此没有一种单一的治理模式适用于所有情况，需要根据具体情境来制定管理规则。① 总体而言，奥斯特罗姆的研究拓展了新的认知，鼓励人们认识到社区自组织规则和合作的作用，为公共资源管理提供了实用的指导原则。

"共域之治"的提出者尝试拓展公共池塘的认知。陈阿江认为，奥斯特罗姆从经济学角度出发，把公地（commons）变成了公共池塘（commons-ponds）②，聚焦于公共池塘的资源特性，把公共池塘窄化为资源，剥离出了环境背后作为人们居住的生活世界。作为一项经济学研究，这种剥离似乎是无可厚非的，但如果从环境治理的角度思考公共池塘，公共池塘资源以外的社会价值、审美价值等要素恰恰是构建生活世界的重要组分，是不能忽视的。"共域之治"理论期望站在更为广阔的视角去关注环境治理，是社会学的视角，而非单一的经济学视角。与此同时，奥斯特罗姆的理论聚焦于"有治"，并且强调"有治"中的多元主体的共治。"共域之治"从另一个维度提出与"有治"相对应的"兼治"与"无治"类型，倡导超越"为治理而治理"工具理性现象，中国特色的"兼治"和"无治"，针对某些类型的环境治理，"兼治"与"无治"类型会更经济、更有效。

2. 重视和借鉴中国传统智慧

从方法论来看，陈阿江的研究深受费孝通和陆学艺两位学者的影

---

① 参见［美］埃莉诺·奥斯特罗姆《公共事物的治理之道——集体行动制度的演进》，余逊达、陈旭东译，上海译文出版社 2012 年版，第 106—122 页。

② 参见［美］埃莉诺·奥斯特罗姆《公共事物的治理之道——集体行动制度的演进》，余逊达、陈旭东译，上海译文出版社 2012 年版，第 35—36 页。

响。首先，两位学者都非常关注现实中国中的重大议题，无论是学理性的探讨，还是政策指向的应用研究，都直面中国社会现实中的重大议题，甚至文字表达都呈现特别的中国化特点。其次，两位学者都重视实地调查，重视从现实生活，特别是农村现实中汲取养分获得灵感，从实求知。最后，他们都很重视中国传统，包括中国社会的大传统，如儒家思想，以及中国社会的小传统，如民间社会的特点。

共域之治理论在方法论上受到费和陆的影响。一是从实求知。中国社会异常复杂，学习西方但不能简单照搬西方的理论、方法，而需要从中国社会的现实出发，从中国本土社会的现实出发去理解治理议题。二是以史为鉴。作为历史悠久的农业大国，农耕文明源远流长，无论是农学文献还是农业实践，都有重要研究价值。"共域之治"作者将环境治理之道放在中国的传统与现实中，汲取中国多元独特的地方知识，将环境治理之道放在中国快速剧变且急需学术反馈的时代情境中，深耕中国本土社会并提出解决之道。

"共域之治"深受中国传统农业与农村生活实践的影响。早在读博期间，陈阿江就非常注重观察农村现实，他从农村社会实践中注意到农村废弃物的循环特点，概括了"有垃圾无废物"的特征。中国传统社会，尤其是在人多地少物资稀缺江南地区，不仅形成了节俭、循环利用的特点，还善于在现实的生产生活中综合利用，巧作兼作。"兼"是农村社会中广泛存在的现象，如日常生活中"兼业"、农业生产中"间作套种"，等等。陈阿江提出的兼治类型，是从日常生活里理解、提炼出来的。

从思想脉络来看，"共域之治"的研究深受道家自然观和道家治理思想的影响。以老子为代表的道家学说，强调自然之治。道家学说因其所探讨的内容并没有在现实社会中普遍存在而常常遭到批评，但作为一种理想类型对现实有着十分重要的意义。就环境治理而言，道家学说提供了双重价值：对自然的态度以及人在环境治理中的作为。道家要求人要顺应自然，遵循自然规律，平等对待自然万物，以此实现人与自然的和谐统一；道家强调"无为而治"虽然并不一定都能行得通，但对于"蛮治""硬治"，恰恰是一个很好的平衡策略。

3. 对话自然秩序

"共域之治"中的"无治"类型除了传承中国道家的治理理念，也与西方自然秩序论有相通之处。一般认为，启蒙时代哲学家让-雅克·卢梭倡导自然秩序对后来者产生重要影响。卢梭主张社会契约是人们自愿达成的协议，政府的权威应当建立在一般意志之上，以维护公共利益。总的来说，自然秩序理论强调了社会契约的自愿性、一般意志的重要性以及政府的角色，以维护公共利益和社会公平性。这一理论为政治哲学、政治学和社会学领域提供了重要的观点，对后来的政治思想和民主制度产生了深远的影响。

后续弗里德里希·哈耶克也提出过自然秩序（或译为自发秩序）的概念，强调市场竞争是最有效的资源分配机制。他认为自由市场经济能够自发地调整供求关系，以满足人们的需求，促进创新和提高效率。他警告称政府的干预和管制可能会扼杀市场的竞争力，导致资源浪费和经济衰退。哈耶克的理论中，自然秩序是一个基于法治原则、个体自由和私有财产权的社会结构。他主张政府的角色应该是维护法律和秩序，而不是直接干预市场和经济，认为政府应当受到法治的限制，以保护个体的自由和权利。

其实"共域之治"理论最早更为关注的是亚当·斯密的理论，认为"兼治"和"无治"不仅受到老子道家的影响，还和斯密的某些理论有异曲同工之妙。亚当·斯密是一位苏格兰经济学家和哲学家，被认为是现代经济学和政治经济学的奠基人之一。他的理论和思想对经济体系、自由市场经济、劳动分工、价值理论和政治哲学等领域产生了深远的影响。他的某些假设与主张与"共域之治"所建构的开放性讨论有着某种关联。在斯密看来自然秩序可以达成一种自发的均衡。他总结人类的行为是由六种自然的动机所推动的：自爱、同情、追求自由的欲望、正义感、劳动习惯和交换倾向。这些动机经过各种社会机制的细致平衡，会使一个人的利益不至于与其他人的出现强烈的对立，由此而产生的自利行动必然在个人的利益追求中考虑到其他人的利益。由于深信人类动机的自然平衡和对自然秩序的信仰，斯密提出了他的论断：每个人在追求自身利益时，都会"被一只看不见的手引导着去达到并非出于其本意的目的"①。通过"看不见的手"的调节，市场经济实现了从无序的、自利的个体到共利的系统均衡。从个体到系统的这个"黑箱"过程，是一种无须刻意作为的自动达成秩序的治理策略。

历史上水域的治理，存在基于自然秩序的假设（暗含的假设）而形成自然平衡的"无治"状态。以南方水网地区的水域为例，本身就发挥了许多重要的社会功能，包括农业的灌溉水源、农田排涝的蓄储以及河道的航运功能等，但由于水域在发挥这些功能的时候，大多呈现"无限"或非稀缺的特征，似乎没有被纳入治理而加以关注。这里所说的无限或非稀缺特征，实际上是指人与自然以及人与自然关系所体现的人与人之间尚未呈现紧张的关系。无限或非稀缺是一个特定时空情境形成的特定的状况，一旦时空或情境条件改变，无限或非稀缺状态就不再显现。技术的进步以及产业革命后的规模化生产，很容易改变这种无限或非稀缺的特征，但传统的理念、治理策略对今天的环境治理仍然有启发价值。

三 社会背景

1. 对现实低效治理的反思

20世纪80年代后，随着乡镇企业的异军突起，太湖流域经历了一场史无前例的快速工业化。工业化在创造巨额财富的同时，也引发了一系列环境问题。其中，工厂向水域排污造成的损害最为迅速，也最为严重，水污染一度成为制约太湖流域经济社会可持续发展的顽疾。严峻的污染形势得到了社会各界的广泛关注，各级政府也出台了相关的政策法规，太湖也在"九五期间"被列入"三河三湖"环境保护重点区域，并在1998年开展了轰轰烈烈的太湖治理"零点行动"。然而，由于"发展是硬道理"，水污染治理效果往往难以持续。《中国环境公报》显

---

① ［英］亚当·斯密：《道德情操论》，蒋自强、钦北愚、朱钟棣、沈凯璋译，商务印书馆2020年版，第3—272页。

示，2005 年，太湖湖体 21 个国家监测点中 V 类和劣 V 类水质的点位分别占 33% 和 67%，① 太湖流域基本处于"有水皆污"的状态。

2007 年，随着太湖蓝藻事件的暴发，水污染不仅严重制约了当地经济社会可持续发展，还危及当地居民的日常生活，因而受到了中央政府的高度重视，太湖流域水污染治理由此进入了全新的时期。随着党的十八大的召开，生态文明被纳入经济社会发展"五位一体"总体布局之中，环境保护得到了前所未有的重视。近年来，随着经济社会走上高质量发展阶段，粗放型的发展方式已经不适应时代的要求，如何能够在经济发展的同时兼顾环境保护成为新时期发展亟待解决的难题。正是在此背景下，无论是官方还是民间都广泛开展了一系列环境治理行动，改善水环境状况，保护河湖生态。

治理的成效是显著的，如今的太湖流域的水质总体得到了极大的改善，生物多样性也得到了逐步的恢复。《中国环境状况公报》显示，2015 年太湖湖体水质平均为 IV 类，在国控点位中 IV 类占 75.0%，V 类占 5.0%，② 水污染形势发生了根本性的逆转。目前，新一轮的太湖治理也正在全力推进，太湖水环境治理仍在进一步改善之中。不过在广泛开展的治理实践中，局部地区也出现了一些治理误区，低效的环境治理不仅浪费了社会经济资源，也制约了经济社会可持续发展。总的来说，有以下几方面的不利表现。

首先，从治理的目标来看，许多地区为了完成某些指标，出现了"为治而治"的误区。对单一目标的追求往往忽视了环境治理的系统性和复杂性，容易出现"头痛医头，脚痛医脚"的情况，使得环境治理难以持续。在某些乡村地区，为了环境的美观、整洁，出现了不准养鸡、养猪的地方政策。还有一些地区在水环境治理中特别注重景观的营造，忽视了当地人的日常生活，常见的是在河道两旁种植了大量的景观植被，非但影响了河道正常的行洪功能，还阻碍了村民日常用水，如果

① 参见中华人民共和国生态环境部《中国环境状况公报》（2005），https://www.mee.gov.cn/hjzl/sthjzk/zghjzkgb/201605/P020160526558688821300.pdf，2024 年 8 月 1 日。
② 参见中华人民共和国生态环境部《中国环境状况公报》（2015），https://www.mee.gov.cn/hjzl/sthjzk/zghjzkgb/201605/P020160602333160471955.pdf，2024 年 8 月 1 日。

不及时收割，这些植被在冬季又会枯萎，成为新的污染源。更为极端的是，有些地区为了实现更为彻底的治理目标，缺乏对环境治理系统性的认识和统筹安排，通过采取"休克疗法"的措施，引发了当地居民的就业危机。①

其次，从治理的手段来看，虽然近些年来一些非工程措施逐渐得到重视，但专家主导的工程措施依然是水环境治理的主要方式，对专家的遵从和对技术的崇拜依然广泛存在。在水环境治理实践中，某些地区为了改善水环境质量斥巨资引进先进设备对水体进行净化，效果却杯水车薪，末端治理往往难以从源头上解决问题。自然科学主要研究水污染的物质形态，关心污染物的物理、化学和生物特性，但在物质形态背后其实是人的问题，水污染是因为人的行动不当所造成的。② 所以，单方面注重物质方面的治理，忽视污染发生的社会情境和结构，难以从根本上解决问题。

最后，由于社会各界对环保的重视，大量环保项目匆忙上马，但由于缺乏相应的经验和监管，造成了许多不必要的浪费。以某湿地示范项目为例，投入上亿资金，但实际效果甚微，非但没有从根源上解决环境问题，后续高额的管护费用使得本已艰难的地方财政更加捉襟见肘。在一些富裕地区，不计代价的环境治理更为普遍。如为了实现村内的人居环境整治目标，一些地区盲目移植城市小区物业管理模式，物业不仅负责公共空间的环境，甚至还要负责本应由村民管理的院落。这种过度的干预不仅浪费了大量的资金，还剥离了村民的责任，从长远来看也不利于提高环境治理的效能。

单一化的治理目标、强制性的工程手段以及不计代价的投入在一定程度上改善了当地的环境质量。但脱离当地居民生活、经济社会条件和生态基础的治理方式通常并不能持续，那么探索一种适合地方的、多目标、低成本的并且可以持续改善环境的治理方式成为克服当下低效治理的关键。

---

① 参见陈涛、李鸿香《环境治理的系统性分析——基于华东仁村治理实践的经验研究》，《东南大学学报》（哲学社会科学版）2020 年第 2 期。

② 参见陈阿江《水污染的社会文化逻辑》，《学海》2010 年第 2 期。

2. 地方价值的探索

随着水污染形势发生的转变，中国传统的和当下地方实践为环境治理提供了新的思路。与工业化产生的污染相比，面源污染因缺乏明确的责任边界，呈现出弥散性特征，虽然没有像早期工业化产生的污染那么严重，却像慢性病那样解决起来非常棘手。由于缺乏对污染源的控制，长期以来对面源污染的治理主要采取末端治理，往往是投入大，但收效微。针对这一阶段的治理，传统农业讲求的多目标和综合效益虽不能直接解决现代性所带来的环境问题，但却为环境问题的解决开辟了新的思路。

环境史的研究表明，虽然中国社会的环境退化是长期而且明显的，但中国的农作制度又具有非凡的可持续性。[①] 土地可持续利用的关键就在于肥料的使用。在化学农业尚未出现的传统社会，中国农民特别注重对现代意义上的废弃物进行收集和利用，如动物的粪便就是农业肥料的重要来源。以太湖地区的"稻作—生猪"实践为例。如果从现金流去看，养猪不容易赚钱，有时甚至是亏本的，但养猪为农业生产提供充足的肥源。某种程度上看，猪被看成是一个"肥料加工厂"，通过将日常生活生产中的废弃物转化为农业生产中的宝贵肥料，因此当地流传着"秀才不读书，种田不养猪，必无成功"[②] 之说。桑基鱼塘是另外一种可持续农业的典范。在长期的农业实践中，农民将低洼之地开发为鱼塘和桑地，在充分利用土地资源的前提下，巧妙地把鱼塘和桑地的利用互为补益。农民将蚕砂、残叶等有机质投入鱼塘喂鱼，之后定期从鱼塘中取出富含有机质的淤泥，在抬高桑基、避免水淹的同时，为桑树的生长提供丰富的肥料。长成的桑叶用来喂蚕，养蚕过程中产生的"肥料"又成为鱼的饲料，从而开启新一轮的循环。与现代社会单一的治理目标相比，种养结合实现了多目标的综合效益，养殖业不仅可以为种植业提

---

① 参见［美］马立博《中国环境史：从史前到现代》，关永强、高丽洁译，中国人民大学出版社2015年版，第446页。

② 中国农业科学院、南京农业大学、中国农业遗产研究室、太湖地区农业史研究课题组编著：《太湖地区农业史稿》，农业出版社1990年版，第132—133页。

供宝贵的肥料，还能增加家庭收入，而种植业则为养殖业提供饲料，通过物质和能量的循环利用，传统农业在满足农户生存需要的同时尽可能地减少了对环境的影响。

随着农业现代化的到来，想要复制传统农业的生产模式已经十分困难，但种养结合的理念却并没有随着现代化的到来而失去其价值，而是在农业化学化所引发的环境污染和食品安全日趋严重的当下，可以有效缓解现代农业发展中的外部性困境。从实践来看，出于解决环境问题的紧迫性，地方社会早已展开了丰富的探索。如太湖流域的"稻鳖共生""茭鳖共生""稻虾共作"为代表的复合农业生产模式，在获得良好经济效益的同时，维持了农田生态系统平衡，对农业生产的负外部性顽疾具有"无治而治"的效果。[1] 以"稻鳖共生"模式为例，稻鳖共生是指在稻田中放养甲鱼。在此生产模式中，水稻为甲鱼提供丰富的草、虫等食物以及优良的活动、栖息环境；利用甲鱼的杂食性为稻田除草、除虫，利用甲鱼的活动行为水稻驱虫；甲鱼的排泄物即为水稻的肥料。水稻与甲鱼共处一地、相互依赖、相得益彰。[2] 这种生态模式的建立，使得稻鳖共生模式可全程不用化肥、不用农药。不仅可以减少面源污染，恢复生态系统平衡，还能在强化食品安全、降低健康风险的同时，稳定粮食产量，强化粮食安全，通过利用动植物的自然习性实现了经济—生态—社会的综合效益。

与现阶段不少地区环境治理存在"重治""蛮治""为治而治"的误区不同，中国社会的农业传统以及广泛的地方实践是一种多目标、低成本、利用自然机制、结合社会生活，不是刻意治理但却达到治理效果的高效治理方式，为共域之治提供了重要的启发。

四　拓展阅读

陈阿江：《次生焦虑：太湖流域水污染的社会解读》，中国社会科

---

[1]　参见陈阿江《无治而治：复合共生农业的探索及其效果》，《学海》2019 年第 5 期。

[2]　参见陈阿江、罗亚娟等《面源污染的社会成因及其应对——太湖流域、巢湖流域农村地区的经验研究》，中国社会科学出版社 2020 年版，第 205 页。

学出版社 2009 年版。

费孝通：《江村经济——中国农民的生活》，戴可景译，江苏人民出版社 1986 年版。

林耀华：《义序的宗族研究》，生活·读书·新知三联书店 2000 年版。

罗亚娟：《乡村工业污染的演绎与阐释》，中国社会科学出版社 2016 年版。

〔美〕马立博：《中国环境史：从史前到现代》，关永强、高丽洁译，中国人民大学出版社 2015 年版。

张俊峰：《水利社会的类型——明清以来洪洞水利与乡村社会表现》，北京大学出版社 2012 年版。

〔美〕埃莉诺·奥斯特罗姆：《公共事务的治理之道——集体行动制度的演进》，余逊达、陈旭东译，上海译文出版社 2012 年版。

〔日〕菅丰：《河川的归属——人与环境的民俗学》，郭海红译，中西书局 2020 年版。

后　记

　　经过十多年的酝酿、讨论、撰写与修改，这部环境社会学的教科书终于在龙年新年即将到来之际定稿，可以付梓出版了。

　　和环境社会学的同行交流时，多半会谈到教材问题。我自己在讲环境社会学课程时，也感觉当时市面上的教材不是那么好用，所以一直有编写一本环境社会学教材的想法。这本环境社会学的教科书最直接的起源应该是在十多年前的一次会议上，一位出版社的老师提出是否可以编写一本环境社会学的教材。

　　2013年11月，第四届东亚环境社会学国际学术研讨会期间我们进行"环境社会学是什么"的学术访谈工作。这项工作算是我们编写教材的热身活动，访谈结束后，我们想编写一本关于环境社会学教材的目标更清晰了。2016年7月，中国社会学会学术年会（兰州）之后，在同门博士毕业生聚会上，我们明确了编写计划。2017年7月，中国社会学会学术年会（上海）之后，我和程鹏立、任克强、陈涛、罗亚娟、耿言虎在浙江湖州莫干山进行了为期两天的专题会议，讨论环境社会学教材的编写计划，随后，在更大的范围内拟定了教材大纲和编写任务。

　　两年后，我推翻了这个构想，重新拟定了框架。我觉得若是采用常规思路的教科书编写方式，很难避免与现行教科书雷同的风险，同时也难以克服很好地整合现有环境社会学知识的困难。所以我想另辟新路。

　　在社会学理论教材中，科塞撰写的《社会思想名家》令人印象深刻。这本书的优点，主要不是它有"多理论"，或者有多么深刻的再理论化，相反，科塞对理论的呈现是朴素的、简洁的，但他花了大量的笔墨介绍社会思想名家的生平、学术背景和社会背景。大家都知道西方理论不易读懂、弄通，但通常只是认为理论太"高大上"，而不明白影响我们理解西方理论的拦路虎是我们不了解理论产生的社会背景和学术背景。一旦明晰相关的背景，理论就不是那么陌生了。

借鉴科塞《社会思想名家》的布局，我和三位副主编反复讨论这本教科书的体例。依据环境社会学的实际情况，我们选择核心的理论（概念）作为章，章内主要介绍该理论（概念）的基本含义，以及产生这一理论的学术渊源与社会背景，对于国外的学者都编撰了个人生平或者理论代表人物的个人生平。作为先行的探索，我撰写了《环境社会学体系之建构》作为环境社会学教材的导论，发表在《环境社会学》集刊创刊号上。唐国建、王婧、耿言虎分别选择"寂静的春天""公地的悲剧"及"生产跑步机"三章编撰期间多次集体讨论，探索章节的基本内容，形成模板。根据这个模板陆续编写了其他章节。

日本环境社会学几个重要理论，除生活环境主义是我2008年邀请了鸟越皓之教授为中文读者撰写并发表在《学海》上，还有几个重要的理论我一直有介绍给中文读者之意。饭岛伸子、舩桥晴俊两位先生已过世，所以我邀请日本的两位学者来介绍饭岛伸子、舩桥晴俊两位先生的理论。现任教于日本早稻田大学的浜本笃史教授是饭岛伸子的关门弟子，我请他撰写"受害结构论"并发表于《环境社会学》上。堀川三郎是舩桥晴俊在法政大学多年的同事，我请他撰写了"受益圈·受苦圈论"并发表在《学海》上。改编为教科书的时候，我又请他们根据教科书的要求修订、增补了新内容。

之后邀请了内蒙古大学孟和乌力吉教授撰写了"生活环境主义"。洪大用教授推荐了北方民族大学马国栋教授，由他撰写"生态现代化"和"环境问题的社会转型论"两章。

2023年8月，同门在兰州聚会期间，谢丽丽、罗亚娟、吴金芳和主编、副主编对初步完成的书稿从书名、体例及具体内容进行了更深入的研讨，为本书最终定了调，并提出了进一步完善的建议。

本书各章的撰写任务分工如下：陈阿江撰写前言、第一章及后记，唐国建撰写第二章、第九章，浜本笃史撰写第三章，堀川三郎撰写第四章，耿言虎撰写第五章、第七章，王婧撰写第六章，马国栋撰写第八章、第十章，孟和乌力吉撰写第十一章，唐国建、王婧和马超群共同撰写了第十二章。此外，夏多曼协助我补充了第四章社会背景的部分内容，修订了第十一章的学术背景部分。罗亚娟协助我修订了第十一章第一部分内容。耿言虎、杨林楠协助我修订了第八章，杨林楠还协助我修订了第十一章。我和唐国建作了最后的统稿。诸葛涵逸同学通读了初稿，订正了若干错误，提出了有益的建议。

　　这里需要说明一点的是，限于时间、容量等因素，还有诸多国内外环境社会学者提出的理论（概念）未能纳入这一版本中，希望学者和读者予以理解并给我们提出有益的建议，以便我们在下一次修订中进一步完善。

　　这本并不厚重的教科书凝结了很多人的劳动和才智，我要特别感谢参与本书编撰、研讨的各位同人。感谢《学海》杂志社允许我们改编已经发表的文章；社科文献出版社允许我们改编已经发表在《环境社会学》集刊上的文章。感谢河海大学教务处和公共管理学院给予的出版资助，使它有机会顺利出版。感谢中国社会科学出版社哲学编辑室主任朱华彬编审、李立编辑认真细致的编辑工作。

陈阿江

2024 年 2 月于南京